理工系 コンピュータリテラシーの活用

―MS-Office2016対応―

加藤　潔
田中　久弥
飛松　敬二郎
山崎　浩之
著

共立出版

はじめに

コンピュータが世に誕生したのは 1942 年である。その後コンピュータは多くの人々の熱い期待と努力により性能が向上し，今日では社会のすみずみまで普及して我々の生活を支えている。1970 年代になるとマイクロプロセッサが誕生し，加速度的に普及してきた。今やコンピュータは我々が普段使っているスマートフォン，家庭用電気製品，自動販売機，自動車など至るところに組み込まれている。コンピュータ間の通信網である情報ネットワークも大いに発展した。国境を越えて世界に広がるインターネットにより，誰でも容易に世界中の情報を即時に得ることができる。高度に情報化した現代社会に生きる我々にとって，コンピュータに関する基礎的な素養（コンピュータリテラシー）を身につけることは必要不可欠になっている。

本書の目的は，はじめてコンピュータを学ぼうとする人たちに向けて，学生であっても社会人になっても必須であるパソコンやネットワークの基礎知識，情報の検索や利用のあり方，情報発信の心得と情報セキュリティについて解説するとともに，パソコンの基本的な扱い方やソフトウェアの利用法をできる限り広範囲にかつ平易に解説することにある。本書は理工系学部・学科の初年度の大学生を対象とする情報処理の入門的授業の教科書として使用することを前提に記述されているが，独学で利用する場合であっても，インターネットの情報検索で用語を調べるなどすれば，十分読みこなせるであろうと期待している。

本書は第 1 章“コンピュータ入門”の中で，パーソナルコンピュータ，ソフトウェア，ネットワーク，情報の表現について解説する。第 2 章で Windows とウェブブラウザの操作方法，第 3 章ではインターネット情報の検索と利用について解説する。後続の章では演習項目として，電子メール，ワードプロセッサ，表計算，プレゼンテーション，ウェブページの制作，文書処理システム LaTeX を取り上げている。これらは今日の理工系学生ならばマスターしておきたいコンピュータリテラシーといえよう。

本書は Windows 10 のパソコンを用いて演習内容を実際に読者が体験して学習することを想定している。その具体的なコンピュータ利用の過程で多くの生きた知識を獲得するとともに，情報処理の重要性と可能性を体験することになる。その経験はコンピュータを自分の専門分野の中で活用するときにも必ず役立つことになるものと期待している。

本書は工学院大学で 1991 年に開始された全学的情報基礎教育科目「情報処理概論及演習」の 1 学期（15 週）分の教材として，大学の情報基礎教育運営委員会のメンバーによって議論と実践を繰り返しながら開発されてきたものである。授業で使用する計算機システムの更新のたびに，当委員会は新しい教材を開発するワーキンググループを構成して抜本的改訂作業を重ねてきた。今回は基本ソフトウェアとして Windows 10 を搭載した Microsoft Office 2016 を含む新しい共同利用教育研究システムの稼働開始に合わせて改訂を行った。

本書の開発の経緯から，これまで多くの先生方にご協力をいただいた。この場を借りて厚く御礼申し上げたい。今回も共立出版の協力により，前著『理工系コンピュータリテラシー』を改訂する機会を得て，新しい装丁で Microsoft Office 2016 対応版を出版することとなった。本書の出版にあたり，共立出版株式会社の寿日出男氏および同編集制作部の吉村修司氏には大変お世話になった。

2018 年 3 月吉日

工学院大学情報基礎教育運営委員会
執筆担当者　加藤　潔
田中　久弥
飛松　敬二郎
山崎　浩之

セキュリティについて

—コンピュータネットワーク社会を正しく安全に生きるために—

○ ネットワークの光と影

コンピュータは単独でも優れた機能をもつが，それらがネットワークを組んで相互に接続されることによってその真価が発揮される。ネットワークによって，私たちは世界中の知恵を集め，人々と情報を交換し，メッセージを発信し，資源を共有することができるようになった。政治的な統合が生まれる前に，コンピュータネットワーク上では地球規模の平等な情報空間が生まれている。

しかし，このネットワーク社会は危険も孕んでいる。どのような社会や人間集団にも，悪意を持つメンバーや，理解しがたい振る舞いをするメンバーがいるものである。あなたは，このネットワーク社会を利用しつつ，悪意を持ったメンバーがもたらすトラブルに巻き込まれないよう，警戒もしなければならない。しかも，その「敵」は地球上のあらゆる場所からあなたのコンピュータに忍び込んでくる。

人間の技術には常に人間によって出し抜かれる可能性がある。どのように頑丈な扉でも，侵入に対して絶対に安全とはいえない。しかし，鍵が2重3重にかかっているドアを泥棒は敬遠するであろうし，不用意に夜間，裏路地を歩かなければ暴漢に会う危険性も減るであろう。現在の社会人に必要とされているのは，可能な限りの用心をしたうえで，コンピュータネットワークを活用することである。

あなた自身も，他者や他のシステムに悪い影響を与える行為をしてはいけない。注意すべきは，そのつもりがなくても，結果的に不適切な行為や犯罪行為をしてしまう場合があるということである。著作権や肖像権などは尊重すべきだし，他のシステムに不正なアクセスを行ってはいけない。

電話が盗聴できるように，ネットワークを流れている情報を傍受することが技術的には可能である。将来はネットワーク上の情報がすべて暗号化されるようになるかもしれないが，現在はそうではない。現在のコンピュータネットワークが必ずしも安全ではないということを，十分認識しておく必要がある。自衛手段として，万が一にも他者に知られたくないような内容は，電子メールでやり取りしないことなどが推奨される。

○ ユーザーIDとパスワード

計算機システムでは個々の利用者にユーザーIDが発行される。そのユーザーIDに対して1つのパスワードが設定される。あなたのユーザーIDは公開されており，あなたの氏名のようなものである。一方，あなたのパスワードは秘密にしておく必要がある。パスワードは計算機システム全体を安全に保つ重要な鍵となるため，システムの全利用者には，パスワードの管理に細心の注意を払う義務がある。

パスワードはキャッシュカードの暗証番号と同じようなものである。あなたの暗証番号を他人に知られると，かってに預金を引き出されてしまう危険があるように，あなたのパスワードが明らかになると，コンピュータを利用してあなたにできるすべての事が，他人にもできるようになってしまう。あなたが保存しておいた文書が読み取られてしまうだけでなく，あなたになりすまして勝手に商品を注文することも，悪口を書いた電子メールを友人に送ることもできるのである。

我が国では，「不正アクセス行為の禁止等に関する法律」により，他人のユーザーIDやパスワードを無断で使用する行為，本来使用する権利をもたないコンピュータへ侵入する行為，他者が不正アクセスを行うことを助長する行為などは，犯罪として処罰されることになっている。また，法律にふれなくても，無作法な使い方，他人を傷つけるような使い方はいけない。読者はぜひマナーを守って利用してもらいたい。

通常，パスワードは利用者が自分で変更できる。パスワードは，破られる危険性を考慮して定期的に変更することが推奨されるが，他人にパスワードを知られたかもしれないという不安を感じたなら，何時でも直ちに変更することが望ましい。

○ ウイルス

ファイル（各種のソフトウェアや文書など）にはコンピュータウイルスが含まれている場合がある。ネットワークからダウンロードしたソフトウェアや，他のコンピュータで使われたUSBメモリなどの記録メディアを使用する際には，それが信頼できるものであるかどうか注意してもらいたい。ウイルスの感染により，パソコンが起動しなくなったり，ハードディスク上のすべてのファイルが消去されるといった，システムに致命的な障害が発生することもあるので十分な配慮が必要である。

しばしば電子メールには，Wordの文書やExcelのワークシートなどの添付ファイルが付随してくるが，これらのファイルに感染するウイルス（マクロウイルス）もある。ウイルスに感染した添付ファイルを開くと，その結果，あなたのパソコンに保存されているすべての文書やワークシートがそのウイルスに感染してしまう。さらに，あなたがそれに気づかず，自分の知人にそれらの文書を送ってしまえば，その人の使っているパソコンも同様に汚染されてしまう。このように，あなた自身が気づかずに被害の範囲を拡大することを手助けしてしまうことも起きる。

ウイルスを防止するためワクチンソフトウェアを導入するのもよい手段であるが，ウイルスも日々進化していることに留意し，ワクチンに全面的に頼ってはいけない。

感染を予防するため，素性のはっきりしないソフトウェアを実行することや，知らない人から送られてきた添付ファイルを開くことは，極力避けたほうがよい。また，素性のわからないファイルを知人に転送するのも危険である。受け取った相手が，あなたからなら信頼できる，と思って開いてしまうかもしれない。

○ ネットワーク利用のモラルとマナー

本書にはホームページを制作する演習が含まれているが，ネットワーク上で情報発信を行うときは，その情報が不特定多数の人の目に触れるものであることを忘れてはならない。出版物を無断掲載して著作権を侵害したり，特定の個人のプライバシー権を侵害したりするのは違法行為である。デマや中傷など，無責任な情報を発信することも許されない。

Twitter, Facebookや電子掲示板など，一般にSNSと呼ばれるサービスを介して様々な人々とコミュニケーションを行う場合にも，同様のモラルやマナーを守るべきである。自分の書き込んだ不適切な情報がネットワーク上で拡散され，他人を傷つけたり，社会に大きな損害を与えたりする恐れがあることを，想像してみるべきである。

電子メールを利用するときも，マナーや気配りは無視できない。携帯端末が普及した現在，あなたは家族や友人の間でなされる気軽なメールのやり取りに慣れ切っているかもしれない。だが，誰にでも気楽にメールを送ってよいわけではない。礼儀にもやり取りの内容にも配慮が必要な相手に，不躾な送り方をしたり，意味不明な文面を送りつけたりすれば，自分に対して否定的な評価をされたり，無用の反感を買ったりすることにもなる。

メールの本文では一部の文字が送信されなかったり，相手の利用環境によっては文字化けを起こしたりすることがある。半角カナや環境依存文字などの使用は避けたほうがよい。

目　次

第1章

コンピュータ入門

1.1　パーソナルコンピュータ

1.1.1　パソコンの種類

パーソナルコンピュータ（Personal Computer）とは，個人向けの小型コンピュータである。略称はパソコンである。現在，一般ユーザが購入できるパソコンは，Windows パソコンと Macintosh（マッキントッシュ）である。Windows パソコンは，Windows がインストールされたパソコンである。Windows パソコンは多くのメーカーから発売されているが，すべてのハードウェアは 1984 年にアメリカの IBM 社が発売した PC/AT（ピーシー エーティー）の互換機である。一方，Macintosh はアメリカの Apple 社のパソコンであり，macOS（マック オーエス）がインストールされている。Windows パソコンの略称は PC，Macintosh の略称は Mac である。

パソコン形状はデスクトップ型，ノート型，タブレット型に分けられる（図 1.1）。

デスクトップ型パソコン　デスクトップ型パソコンは，机上に設置して使う。パソコン本体にディスプレイ，キーボード，マウス，LAN ケーブル，電源コンセントを接続し使用する。パソコン本体は拡張性があるので，高性能ビデオカードを載せたり，HDD/SSD を換装したり，メモリを増設したりすることができる。

ノート型パソコン　ノート型パソコンは，持ち運びが可能でどこでも使用できる特徴がある。キーボードとディスプレイが二枚貝のように折りたためる構造で，バッテリー駆動で使うことができる。マウスの代わりにタッチパッドなどのポインティングデバイスが搭載されている。インターネットは主に無線 LAN（Wi-Fi）が使われる。

タブレット型パソコン　タブレット型パソコンは，タッチパネルディスプレイを搭載した一枚板のような形状である。キーボードやマウスは搭載せず，指のタッチジェスチャで操作する。その他の機能はノートパソコンと同じなので，キーボードやマウスを接続すればノートパソコンと同等に使用できる。

図 1.1　パソコンの種類

1.1.2　パソコンの構造

デスクトップ型パソコンの構造を図1.2に示す。デスクトップ型パソコンは複数の装置が組み合わさってできている。購入後でも装置を追加・換装することによって性能を向上させることができる。以下に主要な装置を説明する。

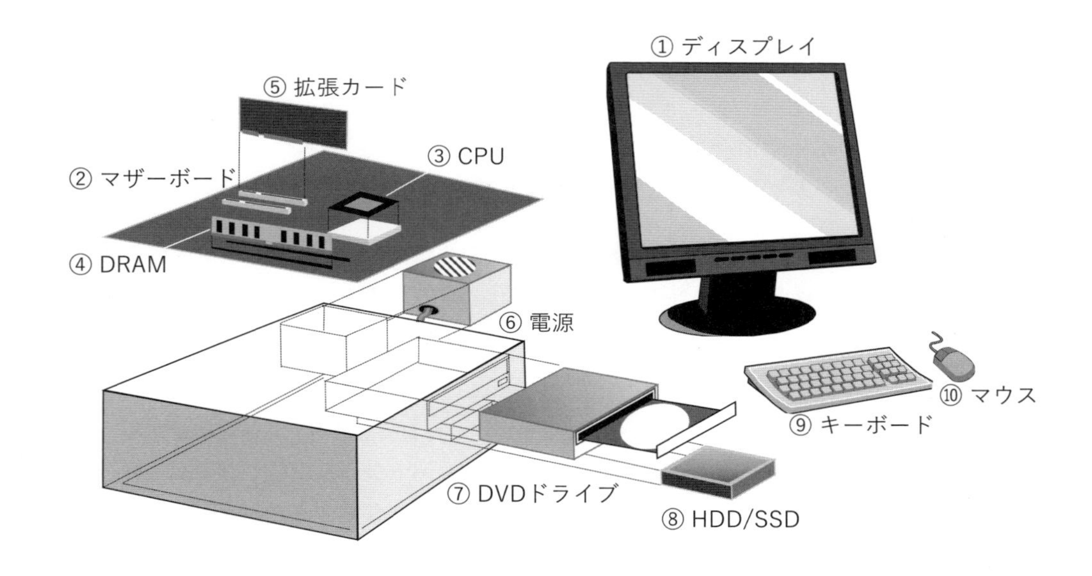

図 1.2　デスクトップ型パソコンの構造

① **ディスプレイ**　　ディスプレイは画像を表示する装置であり，現在の主流は液晶方式（Liquid Crystal Display:LCD）である。ディスプレイのサイズは画面の対角の長さで表され，単位はインチである。横：縦の画面比率は，16:9，16:10，4:3 などがある。16:9 は地デジの画面比率と同じである。ディスプレイの画像はドットと呼ばれる点の集合で表され，表示総画素数が多いほど解像度が高い。代表的

な解像度は，Full-HD（または 2K）と呼ばれる横 1920 ドット縦 1080 ドット，Quad Full-HD（または 4K）と呼ばれる横 3840 ドット縦 2160 ドットである。パソコン本体との接続方式は，アナログ方式の RGB（アール ジー ビー），デジタル方式の HDMI（エイチ ディー エム アイ），DisplayPort（ディスプレイポート）などがあり，それぞれ伝送方式とコネクタ形状が異なる。

② **マザーボード**　マザーボード (motherboard) はパソコンを構成するための電子回路基板である。パソコンの電源が入ったときに最初に動く BIOS プログラム（バイオス，Basic Input Output System）が搭載されている。マザーボードには CPU やメモリなどが装着されている。DVD ドライブやハードディスクドライブ（HDD）はシリアル ATA（SATA）ケーブルで接続されている。パソコン本体裏側にある USB 端子や HDMI 端子などもマザーボードに接続されている。その他，ディスプレイの表示処理を行うビデオカード（グラフィックボード），音の処理を行うサウンドカード，インターネット通信を行う LAN カードなどはマザーボード上の拡張スロットに装着する。なお，これらの機能はマザーボードに搭載されていることもある（オンボード）。

③ **CPU**　CPU（シー ピー ユー，Central Processing Unit）は，プログラム命令に従って動作し，マウス，キーボード，ハードディスク，メモリ，周辺機器を制御し，データの送受信を行い，演算をする半導体部品である。中央処理装置，あるいはプロセッサと呼ばれる。CPU の性能のひとつに動作周波数（クロック）がある。現在のパソコンに搭載されている CPU の動作周波数は，1.3 GHz（ギガヘルツ）程度から 4.3 GHz 程度まであり，数字が大きいほど制御や演算が高速である。また演算桁数が 64 bit（2 進数 64 桁）の 64bitCPU と，32 bit（2 進数 32 桁）の 32bitCPU がある。64bitCPU を x64 プロセッサ，32bitCPU を x86 プロセッサと呼ぶこともある。CPU を製造している主なメーカーは，Intel 社（インテル），AMD 社（エー エム ディー），ARM 社（アーム）であり，これらの CPU は Windows，Mac の他，スマートフォンやゲーム機にも搭載されている。

④ **DRAM**　DRAM（ディー ラム，Dynamic Random Access Memory）とは，データやプログラムを記憶する半導体部品である。DRAM の記憶容量は GB（ギガバイト=10^9 バイト）という単位で表される。現在のパソコンに搭載されている DRAM の容量は 2 GB 程度から 16 GB 程度まである。DRAM はマザーボードに増設できるのでパソコンの主記憶容量を増やすことができる。数字が大きいほど HDD/SSD へのアクセス頻度が減り，パソコンの処理は高速になる。

⑤ **拡張カード**　拡張カード（extension card）は，マザーボードに装備されている拡張スロットに装着し，パソコンの機能を強化したり，新たな機能を付加したりするための電子回路基板である。拡張スロットに装着された拡張カードは，拡張バスと呼ばれるインタフェースを通じて，CPU とデータのやり取りをする。拡張カードは機能によって，ビデオカード（グラフィックボード），サウンドカード，ネットワークカードなどに分類される。

⑥ **電源**　電源はパソコンの各装置に電力を供給する装置である。電源容量は 200 W（ワット）程度から 1000 W 程度のものがあり，数字が大きいほど高性能の装置を複数接続して利用できる。

⑦ **DVD ドライブ**　DVD ドライブは，光ディスクのデジタルデータを読み書きする装置である。DVD ドライブの用途は，映画・音楽の再生，ソフトウェアのインストール，または自作データの保存である。DVD ドライブが搭載されていないパソコンもあるが，その場合は外付け DVD ドライブを USB ケーブルで接続して使う。読み書きできる光メディアは，DVD ディスク（4.7 GB～8.5 GB），

CD（700 MB）である。また大容量規格としてBlu-ray ディスク（25 GB〜128 GB）がある。

⑧ **HDD/SSD**　HDD（ハードディスクドライブ，Hard Disk Drive）は，データやプログラムを記憶する磁気記録方式の補助記憶装置である。SSD（エス エス ディー，Solid State Drive）は，半導体メモリ方式の補助記憶装置である。記憶容量はそれぞれ128 GBから4 TB（テラバイト$=10^{12}$ バイト）程度まである。読み書きの速度は1秒間に100 MB以上（メガバイト$=10^6$ バイト）である。HDD，SSDの他に，USBメモリ，SDカードメモリ，外付けHDDと呼ばれる持ち運び可能な補助記憶装置がある。

⑨ **キーボード**　キーボードは，文字の入力装置である。アルファベット，数字キー，記号キーの他，[Ctrl] キー（コントロールキー），[Shift] キー（シフトキー），[Alt] キー（オルトキー），[Esc] キー（エスケープキー），Windowsキーなどの制御キーがある。日本語キーボード（JISキーボード）には [全角/半角] キー，[変換] キー，[無変換] キー，[カタカナ/ひらがな] キーなどの漢字変換用キーが追加されている。

⑩ **マウス**　マウスは，画面のポインタを操作し，メニューを選択し決定する入力装置である。左ボタンは画面オブジェクトの選択に使われ，右ボタンはコンテキストメニュー（ポップアップメニュー）を出現させるために使う。左右ボタンの中央にあるスクロールホイールは，回転させることで画面のスクロールができる。なおノート型パソコンにはタッチパッドが，タブレット型パソコンにはタッチパネルあるいはタッチペンが備わっている。

1.1.3 パソコンの性能の調べ方

パソコンの性能を調べておくと，ソフトウェアをインストールするとき，装置を追加するとき，パソコンの動作不良の原因を調べるときに役立つ。例えば，Microsoft Office Personal 2016 をインストールするには，次のパソコン性能が必要である。1 GHz 以上の x86 ビットまたは x64 ビット プロセッサ，2 GB RAM，画面解像度 1024 ドット × 768 ドット，オペレーティングシステム Windows 10, Windows 8.1，Windows 8（Microsoft Office のシステム要件より抜粋）。つまり，性能要件に書かれている性能と同等かそれ以上の性能であればそのソフトウェアは期待通り動作するという意味である。

Windows の DirectX 診断ツール（ダイレクト エックス）を起動してパソコンの性能を調べる手順を説明する。まず，Windowsキーを押しながら [R] キーを押し，［ファイル名を指定して実行］パネルを表示する。次いで，名前の欄に **dxdiag** と入力し [Enter] を押すと DirectX 診断ツールが起動する。すると図1.3のようなシステム性能を表示する画面が表れる。画面上の［ディスプレイ］を押すと図1.4のようなディスプレイ性能を表示する画面が表れる。

オペレーティング システムは，このパソコンにインストールされている OS の項目である。この例では Windows 10 Home 64 ビット（10.0, ビルド 14393）がインストールされている。

プロセッサは，CPU の性能の項目である。この例では Intel 社の Core i5-6200U と呼ばれる CPU が使われていることがわかる。動作周波数は 2.30 GHz である。

メモリは DRAM の容量を表す項目であり，この例では，8192 MB である。GB に換算するには 1 GB = 1024 MB なので，$8192 \div 1024 = 8$ GB である。

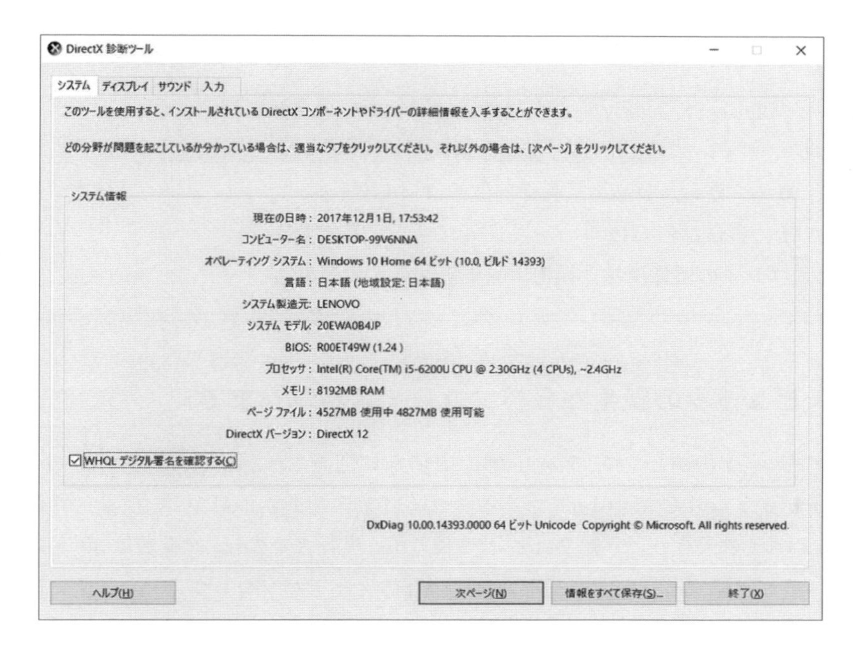

図 1.3 パソコンのシステム性能

図 1.4 パソコンのディスプレイ性能

ディスプレイのモードは，画面の解像度の項目であり，この例では 1920×1080 なので，画面の横 1920 ドット，縦 1080 ドットの Full-HD である。

演習 1.1

Windows の DirectX 診断ツールを起動してパソコンの仕様を調べなさい。

(1) オペレーティング システムの種類は何か

(2) CPU のメーカー，製品名，動作周波数は何 GHz か

(3) DRAM の容量は何 GB か

(4) ディスプレイの解像度は，横何ドット×縦何ドットか

1.1.4 コンピュータの誕生からパソコン・スパコンまで

史上初のコンピュータのひとつに，アメリカで 1946 年に開発された ENIAC（エニアック，Electronic Numerical Integrator and Computer）がある。ウェブブラウザで ENIAC を検索してその様相を確認してほしい。ENIAC の大きさは，幅 24 m，高さ 2.5 m，奥行き 0.9 m，総重量は 30 トンあり，現在のパソコンと比べると大型であった。消費電力は，現在のノートパソコンが 50 W（ワット）程度に対して，ENIAC は 150 kW（キロワット）と大きかった。一方，ENIAC の演算性能は 10 進数 10 桁の加減算を 1 秒間に 5000 回行えたのに対して，現在のパソコン（intel core i7, 4core, 3.33 GHz）は 1 秒間に 500 億回以上の浮動小数点演算が行える 50 GFLOPS（ギガフロップス）の性能である。これらのことより，いかにコンピュータが小型に省電力に高性能に進化したかわかるだろう。

コンピュータの進化は第 1 世代から第 4 世代まで分類される。表 1.1 にコンピュータの世代を示す。世代の違いは主に演算素子の違いである。ENIAC（第 1 世代）の演算素子は真空管である。一方，パソコン（第 4 世代）の演算素子はトランジスタであり，それを 10 万個以上詰め込んだ VLSI（ブイ エル エス アイ，Very Large Scale Integration）である。新しい演算素子が研究開発されるたびに，コンピュータの性能が 1000 倍変わるほどの進化があった。ENIAC に搭載されていた演算素子は真空管 17468 本に対して，パソコンの CPU（Intel Core i7）に集積されているトランジスタ数は約 7 億個である。そのおかげで，高精細な写真，ビデオ，3D グラフィックスなどをパソコンで手軽に楽しめる時代が訪れたといえよう。

一方，大規模な高性能コンピュータであるスーパーコンピュータの開発も世界的に行われている。日本での略称はスパコンである。スパコンの計算性能は，パソコンとの単純比較では百万倍以上であり，1 秒間に 1 京回の浮動小数点演算が行える 10 PFLOPS（ペタフロップス）の性能である。スパコンの用途は，構造解析，気象予測，天文学のシミュレーションなどの計算科学である。これらの成果をもとに工業製品の設計や評価が行われている。世界のスパコンの計算性能は TOP500 と呼ばれるランキングによって年 2 回順位リストの更新が行われている。スパコンの計算性能は指数関数的に伸びている。

1.1.5 コンピュータの 5 大装置

コンピュータの基本構成は概念的に，① 制御装置，② 演算機能，③ 記憶機能，④ 入力機能，⑤ 出力機能の 5 大装置（5 大機能）に分けられる。これはパソコンでもスパコンでも同じである。

5 大装置に基づいたコンピュータの基本構成図を図 1.5 に示す。各装置は制御装置から制御信号によっ

表 1.1 コンピュータの世代

世代	演算素子の特徴	代表的なコンピュータ
1 1950 年代	真空管	ABC（1942 年，J.V.Atanasoff 氏 と C. E. Berry 氏） ENIAC（1946 年，J.W.Mauchly 氏 と J.P.Eckert 氏）
2 1960 年代前半	トランジスタ	IBM 7070（1958 年，アメリカ IBM 社） IBM 1401（1959 年，IBM 社）
3 1960 年代後半	IC（トランジスタの集積回路） ～1000 トランジスタ	System/360（1959 年，IBM 社） ・・・通称「メインフレーム」
3.5 1970 年代	LSI（大規模集積回路） ～10 万トランジスタ	PDP-11（1970 年，アメリカ DEC 社） ・・・通称「ミニコン」
4 1980 年代 ～現在	VLSI（超大規模集積回路） 10 万トランジスタ以上	SPARC station 1（1989 年，アメリカ Sun 社） ・・・略称 EWS（Engineering Workstation） PC-9801（1982，日本 NEC 社）・・・略称 PC98 PC/AT（1984，アメリカ IBM 社 他）・・・略称 PC Macintosh（1984，アメリカ Apple 社）・・・略称 Mac

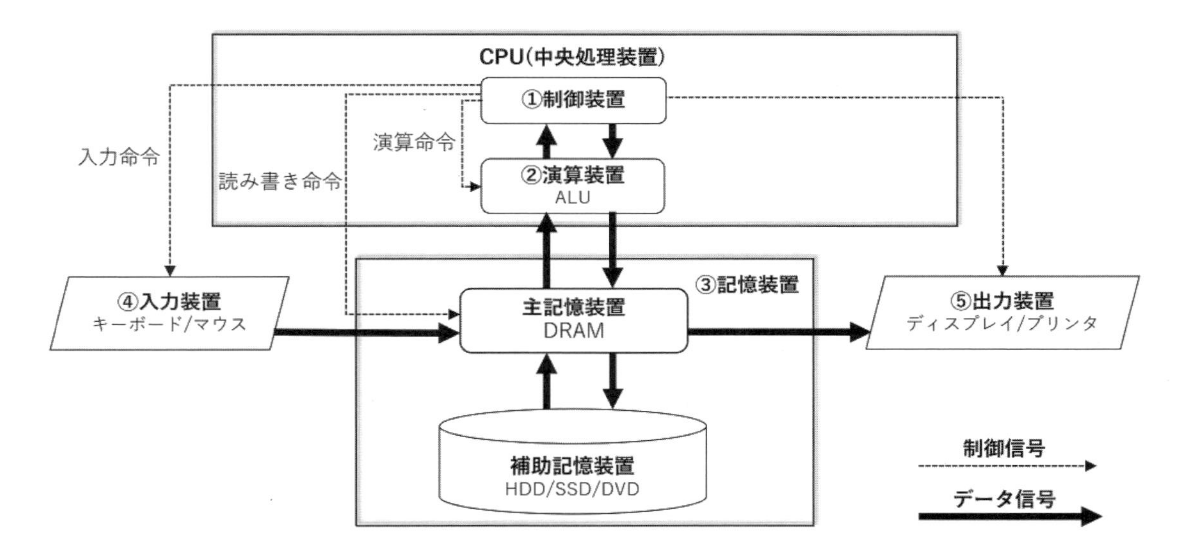

図 1.5 コンピュータの装置とデータ・制御信号の流れ

て制御され，制御信号に従ってデータが各装置に受け渡される。

① **制御装置**　制御装置は，プログラムの命令を解読し，他の各装置に指示を出す装置である。パソコンにおける制御装置は CPU である。CPU の制御装置は，一定のタイミングで演算装置（ALU）に命令を送る。同様に，主記憶装置に読み書き命令を送り，入力装置に入力命令を送り，出力装置に出力命令を送る。

② **演算装置**　演算装置は，論理演算や四則演算などを行う装置である。パソコンにおける演算装置は CPU である。狭義には CPU 内部にある ALU（エー エル ユー，Arithmetic and Logic Unit）と呼ばれる算術論理演算装置である。

③ **記憶装置**　記憶装置は，プログラムやデータを一時的に保存する主記憶装置と，半永久的に記憶する補助記憶装置がある。パソコンにおける主記憶装置は DRAM である。補助記憶装置は HDD, SSD, DVD などである。

④ **入力装置**　入力装置は，コンピュータにプログラムやデータを入力する装置である。パソコンにおける入力装置はマウス，キーボードなどである。その他，画像入力のためのカメラやイメージスキャナ，音声入力のためのサウンドカードも含まれる。

⑤ **出力装置**　出力装置は，コンピュータで処理された結果を表示または印字する装置である。パソコンにおける出力装置は液晶ディスプレイ，プリンタ，スピーカーなどである。

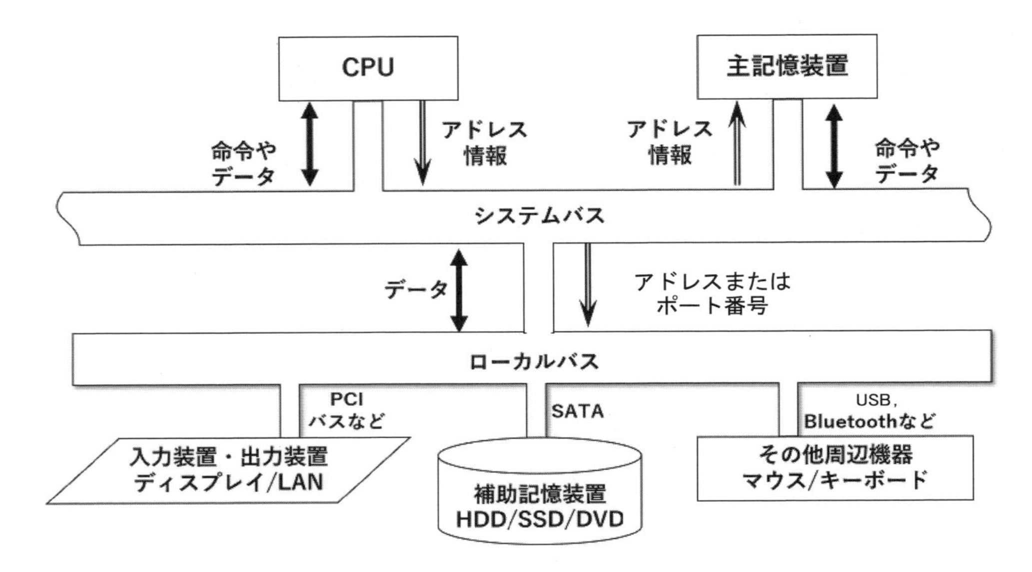

図 1.6　パソコンのバスと各種装置との構成図

コンピュータの5大装置がパソコンにどのように実装されているか説明する。パソコンの CPU はバス（bus）と呼ばれる伝送路を使ってデータのやり取りを行っている。図 1.6 にパソコンのバスと各種装置との構成図を示す。CPU と主記憶装置（DRAM）はマザーボードのシステムバスで接続されている。CPU はシステムバスを介して主記憶装置（DRAM）の記憶番地（アドレス）を指定し，そこに格納されているプログラム命令やデータを CPU 内に読み込み実行する。また，CPU 内で演算されたデータが主記憶装置に書き込まれる。

一方，CPU と周辺機器はマザーボードのローカルバスを介してデータのやり取りをしている。PCI（ピー シー アイ，Peripheral Component Interconnect）は入力装置・出力装置とデータをやり取りするバスである。ディスプレイや LAN などはこのバスを介して接続する。SATA（シリアル エー ティーエー）は補助記憶装置のバスである。HDD/SSD/DVD ドライブなどを接続する。USB（ユー エス ビー，Universal Serial Bus）はその他の周辺機器を接続するためのバスである。USB はコンピュータの電源が入っていても取り外しができるバス規格である。USB キーボード，USB マウス，USB メモリといった周辺機器はこのバスを使って接続する。なお無線化技術として Bluetooth（ブルートゥース）が実装されている。

1.2 ソフトウェア

1.2.1 ソフトウェアの階層構造

コンピュータを構成する電子回路や周辺機器などの物理的実体をハードウェアと呼ぶのに対して，形をもたない命令およびデータをまとめてソフトウェアと呼ぶ。図 1.7 にソフトウェアの階層構造を示す。ソフトウェアは，アプリケーション，ミドルウェア，オペレーティング・システムの 3 つに大別される。

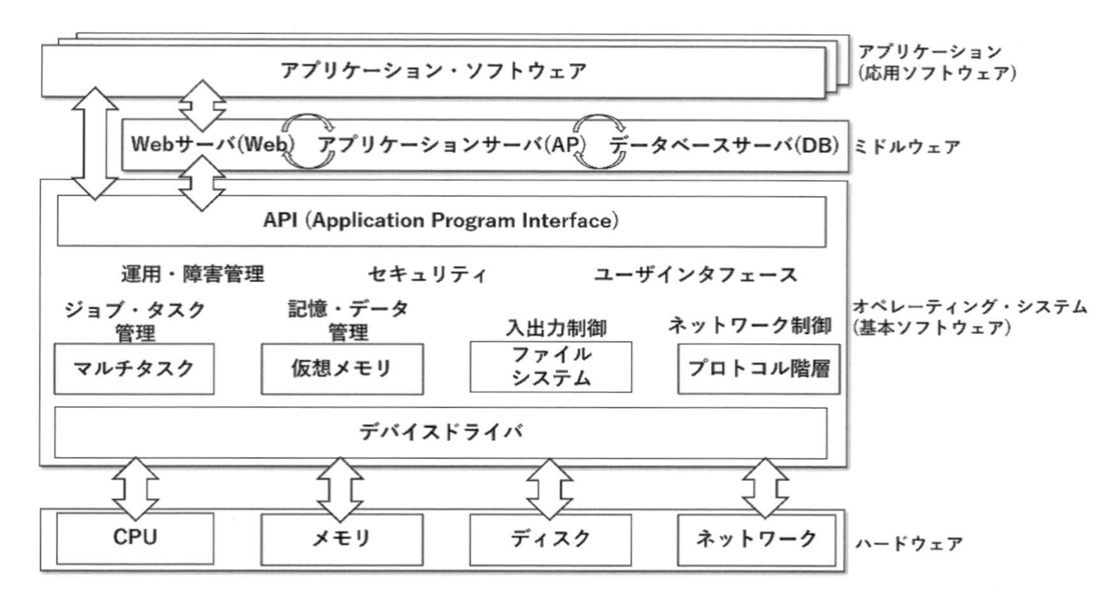

図 1.7 ソフトウェアの階層構造

アプリケーション

アプリケーションは，Word（ワープロ），Excel（表計算），PowerPoint（プレゼンテーション），メモ帳（エディタ），ソリティア（ゲーム），Internet Explorer（ウェブブラウザ）など，特定の目的のために作られたソフトウェアである。アプリケーションは OS に付属しているものもあるが，ユーザが製品パッケージを購入したり，インターネットからダウンロードしてインストールする。

アプリケーションをコンピュータに導入する作業をインストールという。アプリケーションはその OS の機能を使って作られるので，動作する OS が決まっている。例えば Windows 用のアプリケーションは Windows でのみ動作し，macOS では動作しない。また，同じ Windows であっても，バージョンやビルド番号の違いで動作しないこともある。さらには，そのソフトウェアが要求するハードウェア性能要件を満たしていることも必要である。

ミドルウェア

ミドルウェアは，インターネット上のアプリケーション，コンテンツ，サービスを作成・動作させるためのソフトウェアである。例えば，パソコンでインターネット上のウェブページにアクセスしたときに，アクセスされたサーバから文字や画像をパソコンに送信する役割がミドルウェアである。Amazon

や楽天市場のようなインターネット・ショッピングサービスもミドルウェアで作られている。つまりミドルウェアは，サーバコンピュータのソフトウェアであり，パソコンのソフトウェアではない。そのため，一般ユーザはミドルウェアの存在を意識することはほとんどない。

ミドルウェアは，ウェブサーバ（Web），アプリケーションサーバ（AP），データベースサーバ（DB）に分かれており，これらを組み合わせてインターネット上のアプリケーション，いわゆるウェブアプリケーションが作られている。したがってウェブアプリケーションの実体はパソコンではなく，インターネット上のどこかのサーバ上にあり，ユーザはパソコンのウェブブラウザなどを通して利用している。つまり，ウェブブラウザとインターネットさえあれば，自分のパソコンでなくてもウェブアプリケーションが利用できる。例えば，Microsoft Word や Excel はアプリケーション版とオンライン版があり，前者はパソコンにインストールするアプリケーションであるが，後者はミドルウェアによるウェブアプリケーションである。

オペレーティングシステム（OS）

オペレーティングシステム（OS：Operating System）は，アプリケーションの実行を制御するためのソフトウェアである。パソコン用 OS は，Windows，macOS が主流である。サーバコンピュータ用 OS は Linux が，スマートフォン用 OS は Android，iOS が主流である。OS は，コンピュータ購入時に初めからインストールされている場合が多いが，別の OS に入れ替えることも可能である。例えば，Windows がインストールされている PC/AT 規格のコンピュータに Linux をインストールすることができる。

OS の役割は，ジョブ・タスク管理，記憶・データ管理，入出力制御，ネットワーク制御，運用・障害管理，セキュリティ，ユーザインタフェースなどである。実装されている機能は，マルチタスク，仮想メモリ，ファイルシステム，プロトコル階層，デバイスドライバなどがある。アプリケーションは API（Application Program Interface）と呼ばれる仕組みを介して OS の各種機能を利用して動作する。

1.2.2 プログラミング

プログラミングから実行までの流れ

アプリケーションを作成する作業をプログラミングと呼ぶ。図 1.8 にソフトウェアのプログラミングから実行までの流れを示す。プログラマは，プログラミング言語（C，C++，C #，Java など）の文法に従ってソースプログラムを記述する。次に，コンパイラと呼ばれるアプリケーションで，ソースプログラムをオブジェクトプログラムに変換する。ソースプログラムは人間が理解できる文字と文法で書かれているのに対して，オブジェクトプログラムは CPU が理解できる機械語，あるいは仮想機械が理解できる中間言語で書かれている。オブジェクトプログラムが実行されると主記憶装置のプログラムエリアに読み込まれる。次いで CPU がオブジェクトプログラムの先頭から機械語の命令を読み込んで実行していく。このときライブラリ関数と呼ばれる汎用プログラムや API も利用される。

プログラミングの考え方

コンピュータで問題を解決するためには，コンピュータの計算手順に考え直す必要がある。例として

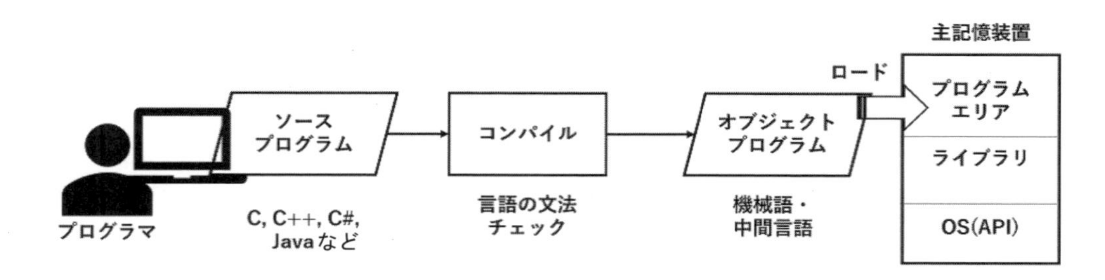

図 1.8　プログラミングから実行までの流れ

1 から 10 までの和を考えてみよう。数学的には，$1+2+3+\cdots+10=55$，あるいは等差数列の和で $\frac{1}{2}\times 10\times(1+10)=55$ と考えるだろう。コンピュータでは，0 に 1 を加えて 1 になり，1 に 2 を加えて 3 になり，3 に 3 を加えて 6 になり，…，45 に 10 を加えて 55 になり，ここで 10 回足し算したから終わり，というように，単純な足し算の繰り返しに考え直す必要がある。

図 1.9 に 1 から 10 までを加算する計算手順の流れ図（フローチャート）を示す。開始に次いで，合計を格納する変数 SUM，カウンタの変数 C を用意する。それぞれの初期値は SUM = 0，C = 1 を代入しておく。ひし形の処理は条件分岐である。C ≦ 10 ならば YES の分岐処理へ，そうでないならば NO の分岐処理を行う。YES ならば，SUM に C の値を加算し，次いで C に 1 を加算してから条件分岐に戻る。YES の条件分岐の処理は C が 1, 2, 3, …, 10 となるまで 10 回繰り返される。それに伴って SUM の値は 1, 3, 6, …, 55 と変化していく。最後に C が 11 になったとき，NO の条件分岐の処理が行われる。NO の条件分岐では SUM の値を表示して終了となる。

このように問題を解くための具体的な手順をアルゴリズム（algorithm）という。コンピュータは，四

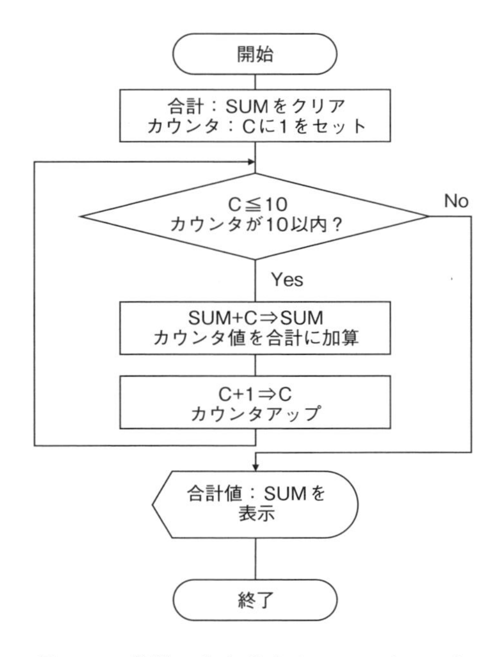

図 1.9　整数の和を求めるフローチャート

則演算，代入，条件分岐，繰り返しが得意なので，アルゴリズムに考え直せる問題はすべてプログラミング可能である。

プログラミングの実際

図1.10にMicrosoft Visual Studio（ヴィジュアル スタジオ）で1から10まで加算するプログラムを実際に入力・実行している画面を示す。言語はC＃（シー シャープ）である。Visual Studioとは，ソースプログラムを記述するエディタ，機械語に変換するコンパイラ，ライブラリ関数を組み合わせてアプリケーションを組み上げるリンカ，エラーを修正するデバッガを連携させた統合開発環境ソフトウェアである。図1.10右のForm 1はアプリケーションの実行結果である。Button 1というボタンを押すと，1から10まで加算してテキストボックスに合計55が表示される。

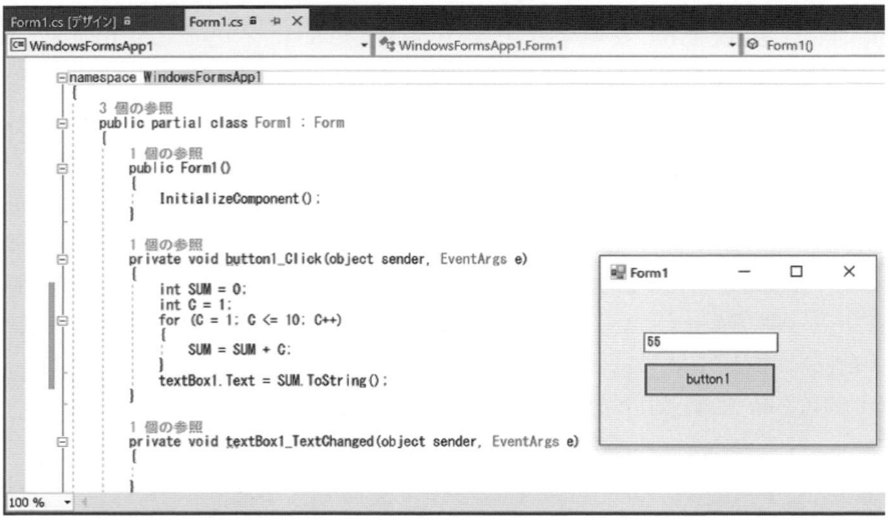

```
Form1.cs [デザイン]    Form1.cs
WindowsFormsApp1    WindowsFormsApp1.Form1    Form1()

namespace WindowsFormsApp1
{
    3 個の参照
    public partial class Form1 : Form
    {
        1 個の参照
        public Form1()
        {
            InitializeComponent();
        }

        1 個の参照
        private void button1_Click(object sender, EventArgs e)
        {
            int SUM = 0;
            int C = 1;
            for (C = 1; C <= 10; C++)
            {
                SUM = SUM + C;
            }
            textBox1.Text = SUM.ToString();
        }

        1 個の参照
        private void textBox1_TextChanged(object sender, EventArgs e)
        {

        }
100 %
```

```
Form1
55
button1
```

図 1.10　Visual Studio（C＃）のプログラミング画面

なお，数学関数やグラフィックスなど汎用的なプログラムはプログラミング言語のライブラリを使い，ネットワークやユーザインタフェースなどのOSの機能はAPIを通じて利用すると，効率的にアプリケーションが開発できる。例えば，図1.10のアプリケーションのユーザインタフェース部は，Visual Studioの機能を利用してWindowsのAPIを介して表示している。このとき，プログラマはボタンやウィンドウ表示プログラムを作成する必要はなく，1から10まで加算するソースプログラムに専念できたといえよう。

プログラミング言語や開発環境は数多くあるので，どんなことをコンピュータにさせたいかで選ぶとよい。計測制御やゲーム開発など特定の問題解決のためのプログラミング言語もある。それらの機能を使うとデータを抽象的に扱えるので効率的に楽しくプログラミングができる。

演習 1.2

1 から 10 まで加算するプログラムを VBScript（ブイ ビー スクリプト）でプログラミングしなさい。Windows のメモ帳を起動し，図 1.11 の手順で入力実行する。プログラムソースの文字は大文字・小文字の区別はないが，半角文字で入力すること。ファイルを保存する場所はデスクトップなど，どこでもよい。

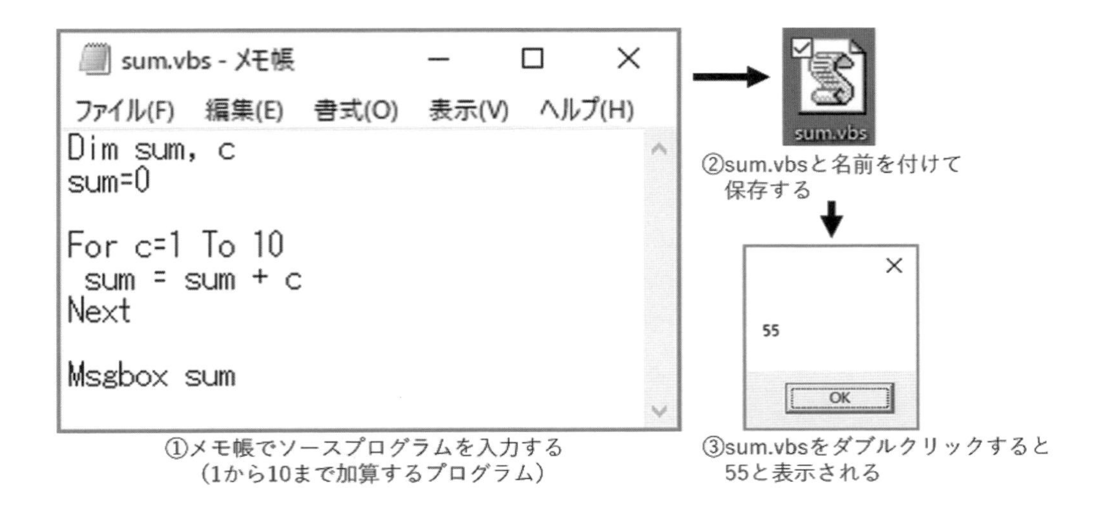

図 1.11 VBScript によるプログラミング手順

1.3 ネットワーク

1.3.1 インターネット

インターネットは，世界規模のコンピュータネットワークである。通信回線を介して，世界中のサーバコンピュータ，パソコン，スマートフォンがつながっている。図 1.12 にインターネットと WAN，LAN の関係図を示す。組織や家庭などの小規模のコンピュータネットワークをLAN（ラン，Local Area Network），LAN 同士を接続する広域ネットワークを WAN（ワン，Wide Area Network）と呼ぶ。LAN と WAN の相互接続全体がインターネットである。なぜ異なるコンピュータ，異なる OS 同士がインターネットでつながるかというと，TCP/IP（ティー シー ピー アイ ピー，Transmission Control Protocol/Internet Protocol）と呼ばれる共通の通信プロトコルでデータをやり取りしているからである。

1.3.2 TCP/IP の階層モデル

パソコンをインターネットに接続するには，LAN ケーブルあるいは無線 LAN（Wi-Fi）でネットワーク・ルーター（router）に接続する。ネットワーク・ルーターとは，LAN と WAN，あるいは LAN と LAN を接続する通信機器である。しかし，単につないだだけでは通信が行われないので，通信ができ

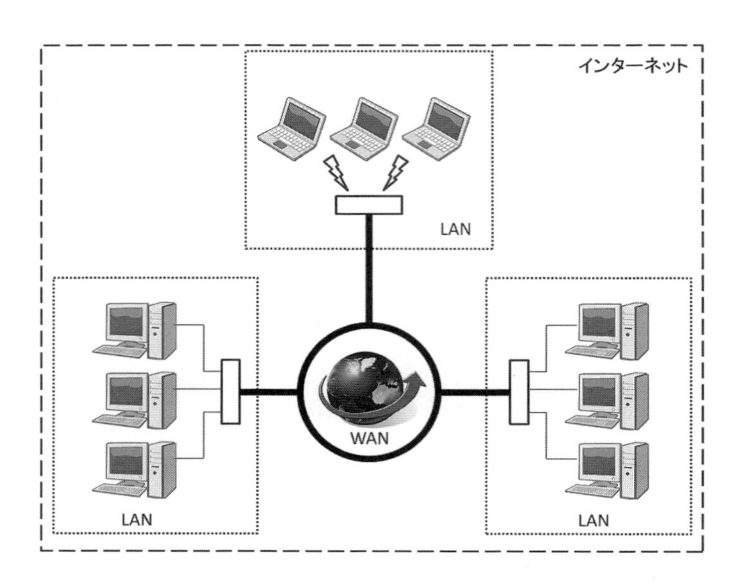

図 1.12 インターネットと WAN・LAN の関係

るように OS やアプリケーションでネットワーク設定をしなければならない。この際に必要な知識が TCP/IP の階層モデルである。図 1.13 に TCP/IP の階層モデルを示す。OSI 参照モデル（7 層）は，ISO（国際標準化機構）で決められた統一規格であり，それに基づいて TCP/IP の階層モデル（4 層）が策定され事実上の標準規格となっている。インターネットに接続するということは，この 4 層すべてを接続するということである。

OSI 参照モデル	TCP/IP の階層モデル	各種プロトコル	コンピュータ上の処理
アプリケーション層	アプリケーション層	HTTP SMTP/POP3 FTP SSH DNS など	Web (HTTP) メール (SMTP/POP3) ファイル転送 (FTP) リモート通信 (SSH) ドメインネーム (DNS) など
プレゼンテーション層			
セッション層			
トランスポート層	トランスポート層	TCP, UDP	オペレーティング システム (OS)
ネットワーク層	ネットワーク層	IP, ARP, ICMP など	
データリンク層	ネットワーク インタフェース層	Ethernet, PPP など	デバイスドライバ ネットワークカード
物理層			

図 1.13 TCP/IP の階層モデル

ネットワークインタフェース層

ネットワークインタフェース層は物理接続の層である。電話で例えるなら電話線の接続に相当する。ネットワークカードと呼ばれる拡張カードと LAN ケーブル，あるいは無線 LAN の機能が必要である。

L2 スイッチと呼ばれるスイッチング・ハブ（switching hub）もこの層の装置である。スイッチング・ハブは複数のパソコンを LAN 接続する際のケーブルの集線・中継装置である。

ネットワーク層 / トランスポート層

ネットワーク層とトランスポート層はデータ接続の層である。この層は，コンピュータ同士を IP アドレスと呼ばれるコンピュータ固有の番号で呼び出してデータを送受信する。IP アドレスはコンピュータごとに異なった番号が割り振られなければならない。電話で例えるなら電話番号である。IP アドレスは 133.80.11.100 のように，4 つの数字をピリオドで区切って表現する。データはパケットと呼ばれる一定サイズのデータのかたまりで送受信される。

この層の設定は OS で行い，設定項目はパソコンの IP アドレス，LAN のサブネットマスク，デフォルトゲートウェイ，そして DNS サーバの IP アドレスである。サブネットマスクとは，IP アドレスのうちネットワークアドレス（LAN の区別）とホストアドレス（パソコンの区別）を識別する数値，デフォルトゲートウェイとはその LAN のルーターの IP アドレス（WAN への出口）である。DNS サーバとは，ドメインネーム（例: xxx.kogakuin.ac.jp）と IP アドレス（例: 133.80.xxx.xxx）が対になったデータを分散的に管理しているサーバである。電話で例えるなら人名と電話番号が載っている電話帳である。

Windows 10 でコンピュータの IP アドレスを調べる手順を説明する。図 1.14 はあるパソコンでの実行例である。

1. Windows キーを押しながら X キーを押す
2. 画面左に現れたメニューから［コマンドプロンプト］または［Windows PowerShell］を選択する
3. コマンドプロンプトにキーボードから **ipconfig** と入力し Enter を押す
4. 画面にこのパソコンの IP アドレス，この LAN のサブネットマスクとデフォルトゲートウェイが表示される
5. DNS サーバを表示するにはキーボードから **nslookup** と入力し Enter を押す
6. 画面に DNS サーバ名とその IP アドレスが表示される
7. 首相官邸のウェブサーバの IP アドレスを調べるには **www.kantei.go.jp** を入力して Enter を押す
8. nslookup の終了は Ctrl キーを押しながら C キーを押す
9. コマンドプロンプトの終了はウィンドウ右上の × を押す

アプリケーション層

アプリケーション層はアプリケーション固有のデータ通信の層である。この層の設定はそれぞれのアプリケーションで行う。ウェブブラウザなら HTTP（エイチ ティ ティ ーピー，Hyper Text Transfer Protocol）と呼ばれる通信プロトコルで相手のコンピュータと通信する。HTTP はポート番号 80 で通信が行われるが，ポート番号は電話で例えるなら内線番号である。同様に，メールアプリケーションは SMTP（エス エム ティー ピー，Simple Mail Transfer Protocol）と呼ばれる通信プロトコルで相手のコンピュータにメールを送信する。SMTP のポート番号は 25 である。

TCP/IP の階層モデルを理解していると，ネットワーク障害に対処できる。例えば，ネットワークに接続していて，ウェブブラウザでウェブページは見られるのにメールの送受信ができない場合は，パソコ

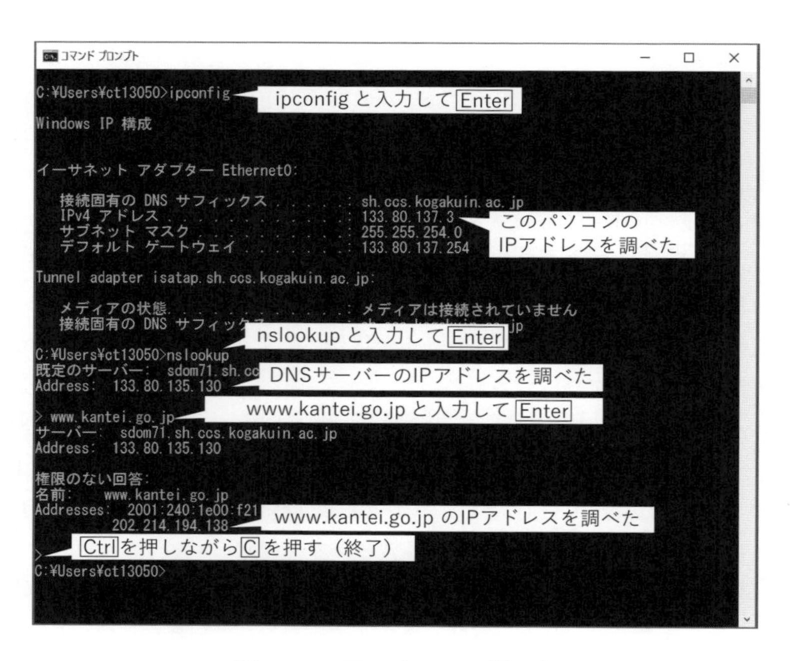

図 1.14　IP アドレスの調べ方

ンのメールアプリケーションの設定に不備があるか，接続先のメールサーバに障害があると考えられる。

1.3.3　WWW

WWW（ワールドワイドウェブまたは ダブリュー ダブリュー ダブリュー，World Wide Web）は，インターネット上で提供されるハイパーテキスト・システムである。ハイパーテキスト（Hyper Text）とは，ドキュメントに別のドキュメントへの参照先（ハイパーリンク）を埋め込むことでインターネット上に散在するドキュメント同士を相互に参照可能にするシステムである。ウェブブラウザは WWW を利用するためのアプリケーションである。ウェブページには他のページへのリンクが埋め込まれていてそれをクリックするだけでインターネット上の別のコンピュータにあるウェブページを，コンピュータの接続切り替えを意識しないで参照することができる。

WWW は以下の 3 つの標準規約によって構成されている。

URL（Uniform Resource Locater） インターネット上にあるコンテンツの場所を指し示す規約

HTTP（Hypertext Transfer Protocol） ウェブブラウザとウェブサーバの通信規約

HTML（HyperText Markup Language） ハイパーテキスト文書の記述言語またはその規約

ウェブブラウザにウェブページが表示される仕組みを説明する。まずウェブブラウザに URL を入力すると，DNS サーバに対して IP アドレスへの変換要求を送信し，IP アドレスを受信する。そしてウェブブラウザは，ウェブサーバに対してウェブページのデータ送信を要求しデータを受信する。図 1.15 を用いて WWW の仕組みを具体的に説明する。いまパソコンのウェブブラウザで首相官邸のウェブページを参照するとする。ウェブブラウザのアドレス欄に日本の首相官邸の www.kantei.go.jp と入力すると，初めに首相官邸のウェブサーバに接続するのではなく，先に DNS サーバに IP アドレスへの変換を求める通信を行い，IP アドレス 202.214.194.138 を受信する。次に，ウェブブラウザは 202.214.194.138（首相官邸のウェブサーバ）にデータを送るように要求し，HTTP データ，CSS データ，画像，動画などのデータを受信する。ウェブブラウザは，受け取った HTML データや CSS データに従ってウェブページのレイアウトを計算し，画像をはめ込み，動画を再生する。これによって利用者が見ている画面上の「ウェブページ」が生み出される。

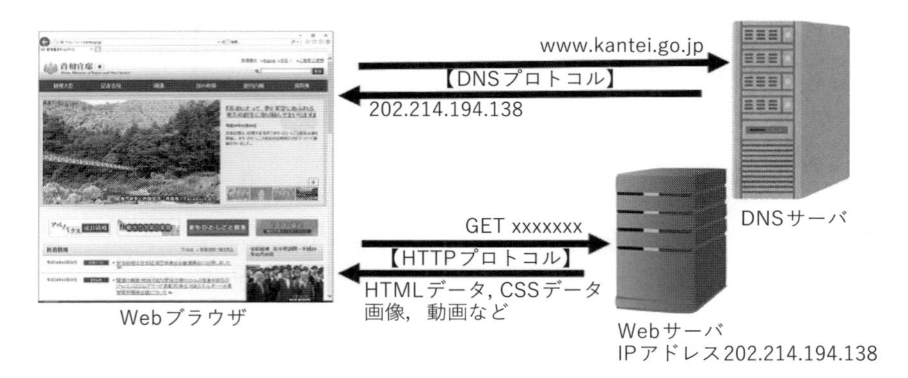

図 1.15 WWW の仕組み

URL や電子メールアドレスにはドメインネームが含まれている。ドメインネームによってサーバが設置・管理されている組織を識別することができる。例えば，URL の www.kantei.go.jp の kantei.go.jp がドメインネーム，メールアドレス xxxxxxx@ns.kogakuin.ac.jp の ns.kogakuin.ac.jp がドメインネームである。jp の部分はトップレベル・ドメインと呼ばれ，組織が属する国名が識別できる。ac.jp の部分はセカンドレベル・ドメインと呼ばれ，ドメインネーム登録者の属性を表すために用いる。例えば，ac は教育機関（academic），ed は主に初等中等教育機関向（education），co は会社（corporation），go は政府機関（government）であることを示す。ドメインネームおよび DNS のルートサーバの管理は，アメリカの非営利法人 ICANN（The Internet Corporation for Assigned Names and Numbers）が行っている。

演習 1.3

(1) ipconfig を使ってパソコンの IP アドレスを調べなさい。

(2) nslookup を使って www.kantei.go.jp の他，いろいろな URL の IP アドレスを調べなさい。

1.4 情報の表現

本節では，コンピュータの動作理解に必要な情報の表現について説明する。コンピュータ内部の命令やデータは ON/OFF の 2 値で記憶・処理されている。整数，実数，文字，プログラム，画像，音声，動画などのデータは 1/0 に符号化され，コンピュータ内部では論理演算で処理されている。以下に，論理演算，2 進数，8 進数，16 進数および整数，実数，文字の情報表現を説明する。

1.4.1 論理演算

論理演算は，2進数の演算である。論理演算には，論理積（AND），論理和（OR），排他的論理和（XOR），論理否定（NOT）などがある。論理演算の結果を表にまとめたものを真理値表という（図1.16）。A，Bは論理変数と呼び，1ビットの2進数で1または0の値をとる。

A	B	論理積	論理和	排他的論理和	論理否定	
		A AND B	A OR B	A XOR B	NOT A	NOT B
0	0	0	0	0	1	1
0	1	0	1	1	1	0
1	0	0	1	1	0	1
1	1	1	1	0	0	0

図 1.16 論理演算の真理値表

1.4.2 n 進数の表現方法

10進数，2進数，8進数，16進数の対応を表1.2に示す。2進数は，0と1の2種類の数字で表される。8進数は，0, 1, 2, 3, 4, 5, 6, 7の8種の数字で表される。16進数は，0, 1, 2, 3, 4, 5, 6, 7, 8, 9, A, B, C, D, E, Fの16種類の英数字で表される。

表 1.2 10進数，2進数，8進数，16進数の対応表

10進数	2進数	8進数	16進数
0	0000 0000	000	00
1	0000 0001	001	01
2	0000 0010	002	02
3	0000 0011	003	03
4	0000 0100	004	04
5	0000 0101	005	05
6	0000 0110	006	06
7	0000 0111	007	07
8	0000 1000	010	08
9	0000 1001	011	09
10	0000 1010	012	0A
11	0000 1011	013	0B
12	0000 1100	014	0C
13	0000 1101	015	0D
14	0000 1110	016	0E
15	0000 1111	017	0F
16	0001 0000	020	10
100	0110 0100	144	64
255	1111 1111	377	FF

2 進数から 8 進数への変換は，3 桁ずつまとめて表現すると扱いやすい。例えば，$111101_{(2)}$ は 3 桁ごとに分けると $111\ 101_{(2)}$ となる。この値を桁ごとに 10 進数で表現すると 7 と 5 となり，これを 8 進数表現では $75_{(8)}$ とすればよい。変換例を下記に示す。

$$01\ 111\ 101_{(2)} = 175_{(8)}$$
$$11\ 000\ 111_{(2)} = 307_{(8)}$$

2 進数から 16 進数への変換は，4 桁ずつまとめて表現すると扱いやすい。

$$0111\ 1101_{(2)} = 7D_{(16)}$$
$$1100\ 0111_{(2)} = C7_{(16)}$$

2 進数から 10 進数への変換は，下から m 桁の数に 2^{m-1} を乗じて加算する。変換例を下記に示す。

$$10011_{(2)} \Longrightarrow 1 \times 2^4 + 0 \times 2^3 + 0 \times 2^2 + 1 \times 2^1 + 1 \times 2^0 = 19_{(10)}$$
$$101.01_{(2)} \Longrightarrow 1 \times 2^2 + 0 \times 2^1 + 1 \times 2^0 + 0 \times 2^{-1} + 1 \times 2^{-2} = 5.25_{(10)}$$

8 進数から 10 進数への変換は，下から m 桁の数に 8^{m-1} を乗じて加算する。変換例を下記に示す。

$$707_{(8)} \Longrightarrow 7 \times 8^2 + 0 \times 8^1 + 7 \times 8^0 = 455_{(10)}$$

16 進数から 10 進数への変換は，下から m 桁の数に 16^{m-1} を乗じて加算する。変換例を下記に示す。

$$F0F0_{(16)} \Longrightarrow 15 \times 16^3 + 0 \times 16^2 + 15 \times 16^1 + 0 \times 16^0 = 61680_{(10)}$$

10 進数から 2 進数への変換は，2 で除算した余りを考える。図 1.17 に 10 進数 5.25 を 2 進数に変換する過程を示す。まず 10 進数の数を整数部と小数部に分ける。次に，整数部を基数で除算して，その余りを n 進数の整数部の 1 桁とする。そしてその商を再び基数で除算し，その剰余を上位の桁とする。これを商が 0 になるまで繰り返す。一方，10 進数の小数部は基数を乗算して整数部への桁上げが生じた場合にはその値を，生じない場合は 0 を小数部の 1 桁とする。そして順次その積の小数部に基数を乗算して同様の処理を行う。

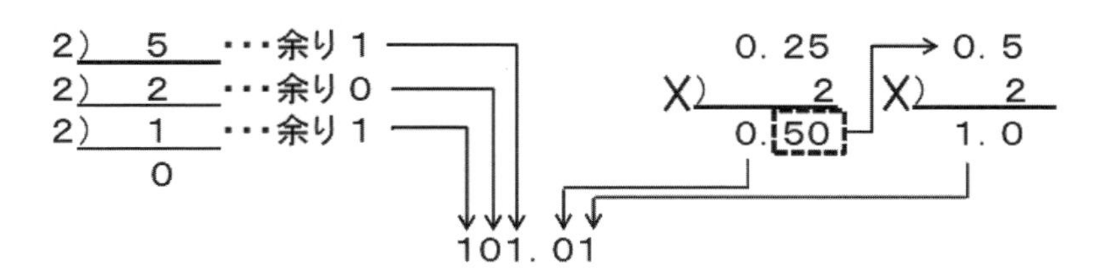

図 1.17　10 進数 5.25 を 2 進数に変換する計算

演習 1.4

(1) $1101\ 0001_{(2)}$ を 10 進数，8 進数，16 進数に変換しなさい。

(2) $156_{(10)}$ を 2 進数，8 進数，16 進数に変換しなさい。

(3) $14.625_{(10)}$ を 2 進数に変換しなさい。

基数変換は Windows の電卓のプログラマモードを使うと確かめることができる。

1.4.3　数値データの表現方法

整数型データ

整数とは，…，−3，−2，−1，0，1，2，3，… のような数である。コンピュータの内部では整数は32ビット（4バイト）で表現されることが多い。より大きな整数を表現するには64ビット（8バイト）で表現する。正の整数のみ扱う場合（unsigned）には全桁を整数に割り当てることができる。32ビットであれば，0000 0000 0000 0000 0000 0000 0000 0000から1111 1111 1111 1111 1111 1111 1111 1111まで，すなわち10進数で0から4,294,967,295までの整数を扱うことができる。一方，負の数を扱う場合（signed）はMSB（最上位ビット，Most Significant Bit）を符号（sign）に割り当てる。これを符号ビットと呼ぶ。符号ビットが0なら正の数，1なら負の数になる。32ビットであれば残りの31ビットで数を表現することになり，絶対値でみれば扱える数の範囲は約半分になる。

2の補数

負の数も考慮した整数の表現方法として，絶対値表示，1の補数，2の補数について説明する。表1.3に4ビットの場合の各整数表現を示す。絶対値表示は，符号ビットに1を立てて負の数とし，符号ビットより下は，正負のビットが等しい表現である。1の補数は，符号ビットに1を立てて負の数とし，符号ビットより下は，0と1が反転した表現である。

2の補数は，コンピュータで用いられている整数表現である。2の補数は与えられたnビットの2進数値に対して，そのビット数より1桁多く，MSBが1，残りがすべて0であるような数値（$n=4$なら$1\ 0000_{(2)}$）から，元の数を引いた数である。例えば元の数が$0101_{(2)}$なら，その2の補数は

$$1\ 0000_{(2)} - 0101_{(2)} = 1011_{(2)}$$

である。したがって，元の数とその2の補数の和は，MSBを無視することにより0になることから，負の数が求められていることがわかる。2の補数への換算は，下記の手順のように元の数の1の補数に1加えることでも求まる。

$0101_{(2)}$・・・元の数
$1010_{(2)}$・・・1の補数
$1011_{(2)}$・・・2の補数（1の補数に1加えた数）

2の補数を用いれば，減算を加算回路で行うことができる。ここで，被減数に「減数の2の補数を加える」ことで減算が行えることを確認する。例えば，5から3を引くことを考える。$5_{(10)}$は，2進数で表すと$0101_{(2)}$になる。また$3_{(10)}$の2の補数は，$1101_{(2)}$になる。計算は図1.18のようになる。桁上がり（キャリーという）が1になる場合は，キャリーの1を無視して結果とする。

次に，$3-5$のように減数のほうが大きい場合を考える。被減数は$0011_{(2)}$，減数は2の補数で$1011_{(2)}$となり，計算は図1.19のようになる。キャリーが0になる場合は，結果を2の補数に変換し，負の符号を付ける。ただし「減数が0」の場合は，例外処理を行う必要がある。

表 1.3　2 進数 4 ビットの整数表現

10 進数	絶対値表示	1 の補数	2 の補数
7	0111	0111	0111
6	0110	0110	0110
5	0101	0101	0101
4	0100	0100	0100
3	0011	0011	0011
2	0010	0010	0010
1	0001	0001	0001
+0	0000	0000	0000
−0	1000	1111	0000
−1	1001	1110	1111
−2	1010	1101	1110
−3	1011	1100	1101
−4	1100	1011	1100
−5	1101	1010	1011
−6	1110	1001	1010
−7	1111	1000	1001
−8	-	-	1000

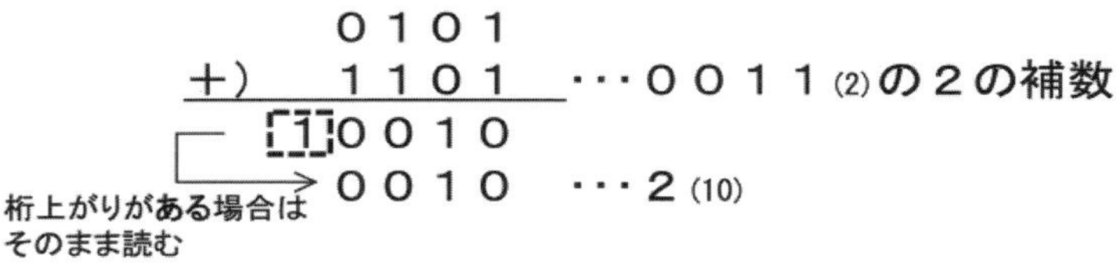

図 1.18　2 進数の減算（5 − 3 = 2）

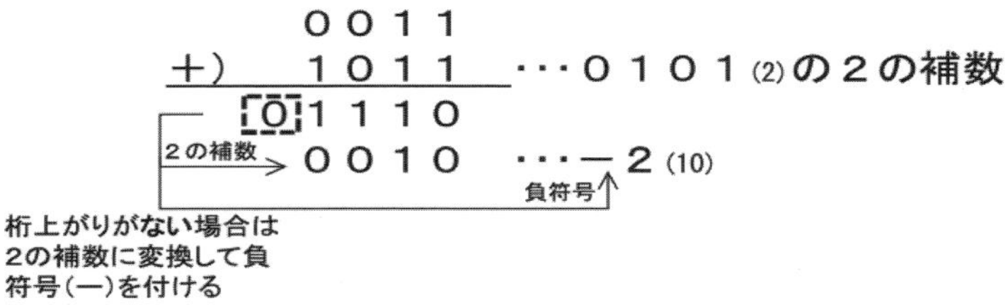

図 1.19　2 進数の減算（3 − 5 = −2）

演習 1.5

(1) 0010 0100 $_{(2)}$ の 1 の補数，2 の補数を計算しなさい。

(2) 7 − 4 を 加算 7 + (−4) と考え，2 の補数を用いて計算しなさい。

実数型データ（浮動小数点表記）

実数は，符号ビット s，仮数 $m<1$，底 $b=2$（または 10，16），指数 e とし，

$$s \times m \times b^e$$

のように表現される。IEEE 754（アイ トリプル イー，The Institute of Electrical and Electronics Engineers）で規格化されている 32 ビット単精度表現のビット構成は次のようになる。

31	30 23	22 0
s	指数部 e	仮数部 m

例えば，$14.625_{(10)}$ は，以下のように変換される。

$14.625_{(10)}$
$=1110.101_{(2)}$
$=1.110101_{(2)} \times 2^3$

ここで，符号ビットは 0（正の数）である。指数部 8 ビットは $3_{(10)}$ であるが，IEEE 754 では固定値 $127_{(10)}=111\ 1111_{(2)}$ を加える規約になっているので，$1000\ 0010_{(2)}$ となる。仮数部 23 ビットは $1.110101_{(2)}$ であるが，IEEE 754 では先頭の 1. を除く小数部のみとするので 110 1010 0000 0000 0000 $0000_{(2)}$ となる。以上を順に結合すると，

$0\ 1000\ 0010\ 110\ 1010\ 0000\ 0000\ 0000\ 0000_{(2)} = 41\ 6A\ 00\ 00_{(16)}$

となる。注意すべきは，10 進法で「きり」のいい数である。例えば 0.1 は，2 進数では 0.0001100110011⋯と無限小数になるので仮数部が途中で切り捨てられてしまい誤差が生じる（丸め誤差）。したがって，コンピュータ内部で 0.1 を 10 回加えた数は 1.0 にならない。

大きな情報量の表現

2 進数は数が大きくなると桁数も増え扱いにくいので連続した 8 桁の bit を byte(B) という単位に読み替えて扱う。つまり 1 byte (1B)= 8 bit である。

1 byte の情報量は英数文字で 1 文字である。漢字（UTF-8）は 3 byte である。400 字詰め原稿用紙の文字情報量は，1 文字を 3 byte とすると 400 字 × 3 byte = 1,200 byte である。新聞 1 面の文字情報量は 10,000 字とすると，10,000 字 × 3 byte = 30,000 byte である。画像は 1 ドットあたり 3 byte（赤, 緑, 青の各輝度 1 byte）の情報量があるので，4K 解像度の画像の情報量は，3,840 ドット × 2,160 ドット × 3 byte=24,883,200 byte である。音声や動画は時間に比例して情報量が増える。

大きな情報量については，K（キロ），M（メガ）などの接頭辞をつけて表現する。例えば，1,024 byte は 1 KB（キロ バイト）と表現し，byte は大文字 B で表記する。10 進法では $10^3=1,000$ を区切りとするが，2 進法では $2^{10}=1,024$ を区切りとする。前述の原稿用紙の情報量は約 1 KB，新聞 1 面は約 30 KB，画像は約 23 MB と表現できる。下記に大きな情報を表現をまとめて示す。

1 KB（キロバイト） $=2^{10}$ バイト =1024 バイト
1 MB（メガバイト） $=2^{20}$ バイト =1024 KB=1,048,576 バイト
1 GB（ギガバイト） $=2^{30}$ バイト =1024 MB=1,073,741,824 バイト
1 TB（テラバイト） $=2^{40}$ バイト =1024 GB=1,099,511,627,776 バイト
1 PB（ペタバイト） $=2^{50}$ バイト =1024 TB=1,125,899,906,842,624 バイト

1.4.4 文字データの表現方法

文字コードとは，文字に番号を割り当てた文字集合である。コンピュータで扱われる文字には1文字1文字固有の番号が割り当てられていて，内部では数値として表現されている。テキストファイルを保存するときは，文字そのものを保存するのではなく文字コードが保存され，再びファイルを開いたときは文字コードに対応した文字が画面に表示される。インターネットでメールを送信するときは，漢字や絵文字そのものを送信するのではなく，漢字や絵文字に割り振られた文字コードを送信して，受信側で文字コードに対応した文字を表示する。以下に，主に使われている文字コードを説明する。

ASCII

ASCII コード（アスキー，American Standard Code for Information Interchange）は，ラテン文字，数字，記号を割り当てた文字コードである。また，画面制御や通信に使われる改行（LF, CR），文字消去（BS, DEL）などの“見えない文字”も定義されている。表 1.4 に ASCII コード表を示す。ASCII コードは，上位3ビット+下位4ビットで構成される7ビットコードである。つまり，文字データを7桁の2進数（10進数では0～127，16進数では00～7F）で表現する。16進数で20（空白）および21～7E は表示可能な文字コード，00～1F および 7F は制御文字コードである。

表 1.4 ASCII コード表

上位3ビット →

<table>
<tr><th>下位4ビット↓</th><th>0</th><th>1</th><th>2</th><th>3</th><th>4</th><th>5</th><th>6</th><th>7</th></tr>
<tr><td>0</td><td>NUL</td><td>DLE</td><td></td><td>0</td><td>@</td><td>P</td><td>‘</td><td>p</td></tr>
<tr><td>1</td><td>SOH</td><td>DC1</td><td>!</td><td>1</td><td>A</td><td>Q</td><td>a</td><td>q</td></tr>
<tr><td>2</td><td>STX</td><td>DC2</td><td>”</td><td>2</td><td>B</td><td>R</td><td>b</td><td>r</td></tr>
<tr><td>3</td><td>ETX</td><td>DC3</td><td>#</td><td>3</td><td>C</td><td>S</td><td>c</td><td>s</td></tr>
<tr><td>4</td><td>EOT</td><td>DC4</td><td>$</td><td>4</td><td>D</td><td>T</td><td>d</td><td>t</td></tr>
<tr><td>5</td><td>ENQ</td><td>NAK</td><td>%</td><td>5</td><td>E</td><td>U</td><td>e</td><td>u</td></tr>
<tr><td>6</td><td>ACK</td><td>SYN</td><td>&</td><td>6</td><td>F</td><td>V</td><td>f</td><td>v</td></tr>
<tr><td>7</td><td>BEL</td><td>ETB</td><td>’</td><td>7</td><td>G</td><td>W</td><td>g</td><td>w</td></tr>
<tr><td>8</td><td>BS</td><td>CAN</td><td>(</td><td>8</td><td>H</td><td>X</td><td>h</td><td>x</td></tr>
<tr><td>9</td><td>HT</td><td>EM</td><td>)</td><td>9</td><td>I</td><td>Y</td><td>i</td><td>y</td></tr>
<tr><td>A</td><td>LF</td><td>SUB</td><td>*</td><td>:</td><td>J</td><td>Z</td><td>j</td><td>z</td></tr>
<tr><td>B</td><td>VT</td><td>ESC</td><td>+</td><td>;</td><td>K</td><td>[</td><td>k</td><td>{</td></tr>
<tr><td>C</td><td>FF</td><td>FS</td><td>,</td><td><</td><td>L</td><td>\</td><td>l</td><td>|</td></tr>
<tr><td>D</td><td>CR</td><td>GS</td><td>−</td><td>=</td><td>M</td><td>]</td><td>m</td><td>}</td></tr>
<tr><td>E</td><td>SO</td><td>RS</td><td>.</td><td>></td><td>N</td><td>^</td><td>n</td><td>~</td></tr>
<tr><td>F</td><td>SI</td><td>US</td><td>/</td><td>?</td><td>O</td><td>_</td><td>o</td><td>DEL</td></tr>
</table>

Unicode（UTF-8）

Unicode は，世界のすべての文字に番号を割り当てた文字コードである。ASCII コード文字に加え，漢字，アラビア文字，ギリシャ文字などの文字の他，数学記号，地図記号，絵文字に至るまで網羅されている。2018年時点で約13万6千字が収録されたUnicode 10.0.0が最新のバージョンである。Unicodeの一覧は，WindowsのIMEパッドの文字一覧で参照できる。

UTF-8（ユー ティー エフ - エイト，Unicode Transformation Format -8）は，Unicodeをインターネットで送受信するための規約，またコンピュータのファイル保存形式である。インターネットでUnicodeを送受信する際は，送信側と受信側でUTF-8を使うことを決めておく必要がある。ウェブページのHTMLファイルはUTF-8で保存し送受信することが決められている。

Unicodeは1文字を可変長（1-4バイト）の8ビット符号単位で表現する方法であるから，例えば，“漢”という文字はUTF-8で“E6 BC A2”の3バイトで送受信される。ASCIIコード対しては上位互換なのでUnicodeに含めて変換せずに送受信できる。例えば，“ABC”という文字はASCIIコードで“41 42 43”，UTF-8でも“41 42 43”である。

第2章

Windowsとウェブブラウザの操作方法

次章からは各種の応用ソフトウェア（アプリケーション，以下では「アプリ」とする）の使い方を学んでいくことになる。そのための準備として，本章ではWindowsそれ自体の使い方を紹介する。また，情報検索や電子メールを利用するための準備として，ウェブブラウザの使い方を紹介する。

2.1 利用環境

本章の解説では，共同利用施設のパソコンをデスクトップモードで利用することを想定し，タブレットモードについては扱っていない。また，このような施設のパソコンでは，独自のネットワーク環境が準備されていたり，管理方針によって機能の一部が制限されていたりするため，たといオペレーティング・システム（OS）やアプリのバージョンがすべて同じであったとしても，そのままではあてはまらない記述が含まれていることを，はじめにお断りしておきたい。

本書で用いられている利用環境を以下に示す。

◎ OS … Windows 10 Enterprise 2016 LTSB（64bit）

◎ 使用するアプリ

Internet Explorer 11（⇒ 第2章）

Microsoft Office Professional Plus 2016（32bit）

Word 2016（⇒ 第5章） Excel 2016（⇒ 第6章） PowerPoint 2016（⇒ 第7章）

Active! mail 6.58（⇒ 第4章） サクラエディタ 2.2.0.1（⇒ 8.3節）

W32TEX（⇒ 第9章）（TeXworks, TeX Live 2017）

◎ ドライブの割り当て

	ファイルを保存できない	ファイルを保存できる
本書の環境	C:ドライブ ローカルディスク（デスクトップなど）	S:ドライブ ネットワークストレージ（ドキュメントなど） D:ドライブ以降 リムーバブルメディア[1]

C:ドライブの変更箇所は再起動時にすべて復旧される。追加されたファイルも消去される。
S:ドライブの実体はネットワーク上のサーバに格納されており，個別のパソコン上にはない。

---

[1] USBフラッシュメモリ，外付けDVDドライブなど。

2.2 Windows 10の操作方法

この章では，読者にキーボードとマウスの操作ができることを想定している。これらについては，付録に解説がある。とくに，キーボードに触れた経験がない場合は，パソコンの操作を始める前に「A.1.1 必須のキー操作」を読んでいただきたい。

2.2.1 デスクトップ（各部の名称とアイコンの操作）

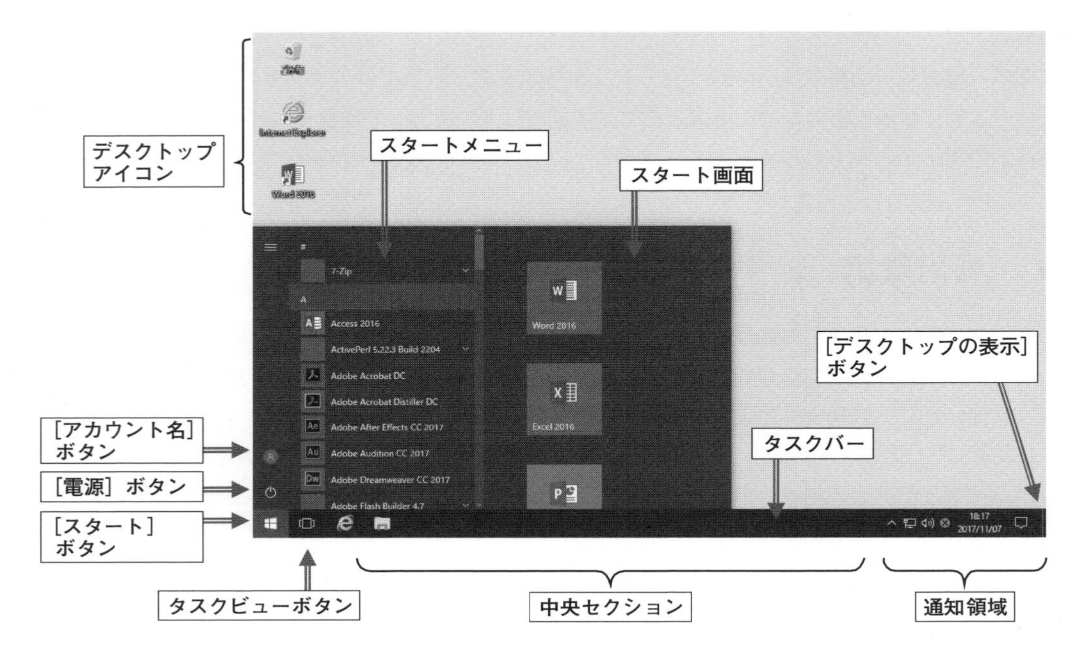

図 2.1 Windows 10のデスクトップ

Windowsでは，ほとんどの操作をデスクトップ環境で行う。パソコンの画面を現実世界にある机の上に見立て，画面上に書類を広げたり道具を置いたりするような感覚で作業を進めることができるGUI環境である。まずは画面上に配置されているボタン類の名前と役割・操作方法などを理解しよう。

画面下部にある黒い帯状の区画を「タスクバー」という。タスクバーの上に並んでいるものはすべて「ボタン」である。左端は［スタート］ボタン。右端には細かいボタンがいくつか並んだ，「通知領域」がある。通知領域のボタンは「インターネットアクセス」「音量設定」「日付と時刻」など，それぞれ何かの状況を表示する「インジケーター」としての役割を兼ねたボタンである。

［スタート］ボタンと通知領域に挟まれた部分（図2.1では「中央セクション」として示されている）にはアプリを起動したり，起動中のアプリを操作したりするためのボタンが並ぶ。これらを「タスクバーボタン」という。タスクバーボタンがいくつ並ぶかは，その時々の状況によって変化する。

ボタンを操作するときは，

- ➢ ポイントする（マウスポインタを乗せるだけ）
- ➢ クリックする（ふつうは「押す」と表現する）
- ➢ 右クリックする（メニューが出ることがある）

という 3 種類の操作を適切に使い分ける必要がある。**ボタンをダブルクリックしてはいけない。**

例えば，［スタート］ボタンをクリックすれば「スタートメニュー」が現れるが，［スタート］ボタンを右クリックすれば「コンテキストメニュー[2]」が現れる。図 2.1 では「スタート画面」も見えている。スタート画面は，空であるときは現れず，ボタンがピン留めされているときに限り，スタートメニューの隣に現れる。なお，これらのメニュー内に表示される項目も，ほとんどはボタンとして操作する。

「デスクトップアイコン」の操作法はエクスプローラー画面のアイコン（⇒ 2.2.4 節）に準じる。

- ➢ クリックする（選択される）
- ➢ ダブルクリックする（アプリを起動する，ファイルやフォルダーは開く）
- ➢ ポイントする（ボタンの場合と同じ）
- ➢ 右クリックする（ボタンの場合と同じ）

の使い分けができれば大抵の用は足りるが，ドラッグなどの操作も受け付ける。

2.2.2 デスクトップを開く（サインイン）

デスクトップを開くためには，「サインイン」という操作を行い，自分がシステムの正当な利用者であることを認められる必要がある。図 2.2 のような壁紙の画面が表示されている状態でマウスをクリックすると，図 2.3 のような入力欄が出現する。ユーザー ID 欄（上段）とパスワード欄（下段）にそれぞれ入力し，Enter キーを押して確定する。パスワードでは大文字と小文字が区別されるので注意。パスワード欄が伏せ字で表示される（●●●● となる）のは，画面を盗み見られても，パスワードが露見しないための機能である。サインインに成功すれば，図 2.1 のようなデスクトップが開く。

図 2.2 起動時の画面

図 2.3 サインイン画面

---

[2] 右クリックして現れるメニュー。右クリックする場所によって，メニューの内容は異なる。今の場合は，「スタートボタンのコンテキストメニュー」という表現が正確である。

2.2.3 デスクトップを閉じる（サインアウト）

パソコンを使い終わったら，「サインアウト」または「シャットダウン」という操作を行い[3]，自分のデスクトップを閉じる。サインアウトとは Windows をサインイン前の状態（図 2.2）に戻すことである。この場合 Windows 自体は動き続ける。一方，シャットダウンとはサインアウト処理に続けて，Windows 自体の動作も終了することであり，自動的に電源も落ちる。

シャットダウンを行う場合は［スタート］ボタンを押し，スタートメニューの中にある［電源］ボタンを押し，［シャットダウン］を選ぶ（図 2.4）。電源が落ちると CD や DVD のトレーが動かなくなるから，シャットダウン操作の前にメディアを取り出し，トレーも閉じておくとよい。

サインアウトを行う場合は［電源］ボタンの上にあるアカウント名の表示されるボタンを押し，［サインアウト］を選ぶ（図 2.5）。

図 2.4 シャットダウン

図 2.5 サインアウト

共同利用施設では，自分のデスクトップが開いたままパソコンを放置してはならない。誰かに自分のファイルを盗まれたり壊されたりする危険があるだけでなく，悪意のある他者が自分になりすましてパソコンやネットワークを悪用し重大な結果を引き起こした場合，自分が責任を問われる危険もある。

やってみよう

［スタート］ボタンをクリックすると，スタートメニューが出現する。
画面上の何もない場所をクリックすると，スタートメニューが消える。
［スタート］ボタンを右クリックすると，先ほどとは違うメニューが出現する。
［タスクビュー］ボタンをポイントすると，ボタンの名前がポップアップする。
通知領域にある時刻と日付が表示されたボタンをクリックすると何が出現するか確認せよ。
カレンダーの右上にある［∧］，［∨］を押せば，他の月のカレンダーが表示される。

[3] サインアウトをするべきか，シャットダウンをするべきかについては，施設の方針に従うこと。

2.2.4　ウィンドウを開く（アプリの起動）

アプリを起動すればウィンドウが開き，ウィンドウを閉じればアプリは終了する。

図 2.6　ピン留めされたアプリ

タスクバー上にアプリがピン留めされているなら，そのアイコンはアプリを起動するボタンとして使える。

アプリを起動するためのデスクトップアイコンがあるときは，それをダブルクリックすれば起動する。このアイコンは，曲がった矢印が添えられた絵柄（図 2.7）で，ショートカットと呼ばれることもある。

図 2.7　起動用アイコン（上）と保存されたファイルのアイコン（下）

また，既にアプリで保存したファイルがあって，そのファイルを使った作業を続けたいのであれば，そのファイルのアイコンをダブルクリックすればよい。このときは目的のアプリが起動するだけでなく，保存した情報を自動的に読み込んだ状態のウィンドウが開かれ，すぐに作業を再開できる。

以上にあてはまらない場合は，一般に［スタート］ボタンからアプリを探し，起動することになる。

スタートメニューは，パソコンにインストールされたアプリを一覧表示しているので，メニューをスクロールして目的のアプリの項目が現れたら，押せばよい。メニュー項目の扱い方はボタンと同じであるから，ダブルクリックはしないこと。アイコンがフォルダーの絵柄になっていて，右端に［∨］印が表示されている場合は，押せばフォルダーの内容が展開し，中に含まれている項目を確認できるようになる。

図 2.8　Windows アクセサリ

アプリがフォルダーに含まれている場合，そのことを知らないと，上記の手段で目的のアプリに到達することは難しい。例えば「ペイント」や「電卓」などを利用したいときは，これらが［Windows アクセサリ］フォルダーに含まれていることを，事前に知っていることが望ましい（図 2.8）。そうでない場合，「検索ボックス」（後述）が利用可能なら，そちらを用いたほうが簡単である。

スタートメニュー内の見出しの項目（[A]，[B] など，頭文字だけが書かれた行）を押すと，頭文字だけを並べた索引が表示される（図 2.9）。目的のアプリまでスクロールする操作が煩わしければ，この索引を経由してもよい。

図 2.9　スタートメニューと索引

検索機能が有効になっている場合，スタートボタンの右隣りにある検索ボックスを使ってアプリを探すことも可能である。検索ボックスが表示されていない場合は，スタートボタンを右クリックして現れるコンテキストメニューから［検索］を選ぶ (図 2.10[4])。この機能は，名前を部分的に入力するだけで候補を次々と表示してくるので，大変実用的である。

図 2.10　検索ボックスから探す

やってみよう

図 2.11 を参考に，スタートメニューから「サクラエディタ」を探し，起動してみよ。
図 2.12 を参考に，「サクラエディタ」をスタート画面またはタスクバーにピン留めしてみよ。
スタート画面またはタスクバー上のボタンから，「サクラエディタ」を起動してみよ。

注意：　共同利用施設では，ピン留めを設定してもシャットダウン後までは保存されない。

[4] この図版のみ，Windows10 Enterprise Creators Update (2017) で採取した画像である。スタートボタンのコンテキストメニューで［検索］を選んでも検索ボックスが現れない場合は，残念ながらこの機能は使えない。

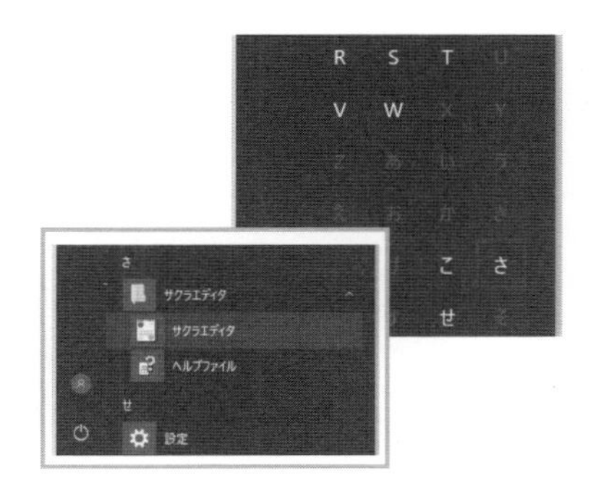

図 2.11　サクラエディタを探す

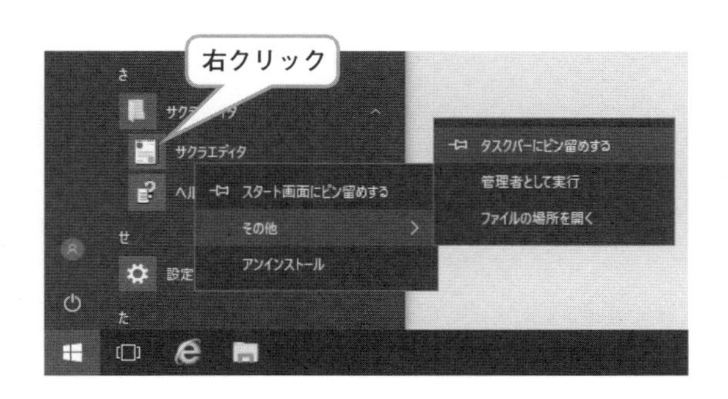

図 2.12　アプリをピン留めする

2.2.5　ウィンドウを閉じる（アプリの終了）

動作中のアプリのウィンドウを閉じるには，［閉じる］ボタンを押せばよい。［閉じる］ボタンはマウスでポイントすると色が赤くなることが，他のボタンとの押し間違いを防ぐ手掛かりとなる。

あるアプリが開いているウィンドウをすべて閉じれば，そのアプリも終了する。

未保存の変更内容がある状態でウィンドウを閉じようとすると，多くのアプリでは図 2.13 のような終了確認のためのダイアログボックスが出現する。ここで［キャンセル］を選べば，閉じる処理を取り消すことができる。本当に終了したい場合は，保存するかしないかのどちらかを選べばよい。

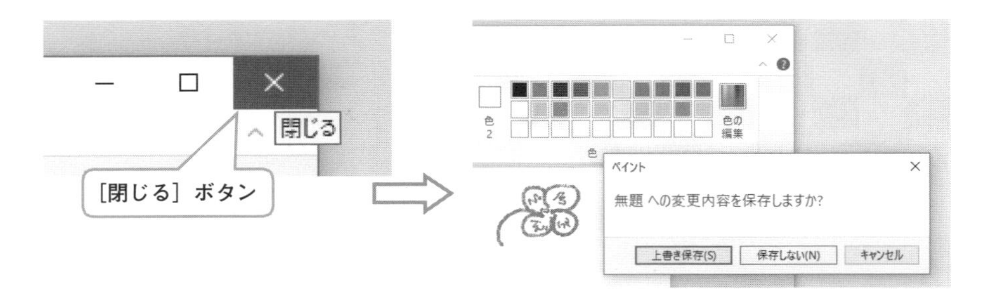

図 2.13　［閉じる］ボタンと終了確認（ペイント）

やってみよう

スタートメニューをスクロールして Excel 2016 を探し，起動してみよ。

Excel 2016 のウィンドウを，［閉じる］ボタンで閉じてみよ。

索引または検索機能を利用して Word 2016 を探し，起動してみよ。

Word 2016 のウィンドウで何か文字入力した後，閉じる操作を行い，終了確認のダイアログボックスが出現したら，［保存しない］ボタンを押して終了せよ。

2.2.6 アプリの強制終了（タスクマネージャー）

アプリの動作に異常が生じ，「応答なし」となってしまった場合の処置を，知っておくとよい。ウィンドウを閉じようとして，図 2.14 のようなダイアログボックスが現れ，[プログラムを終了します] を選んでも終了できないような場合でも，「タスクマネージャー」使えば，アプリを強制的に終了できる。

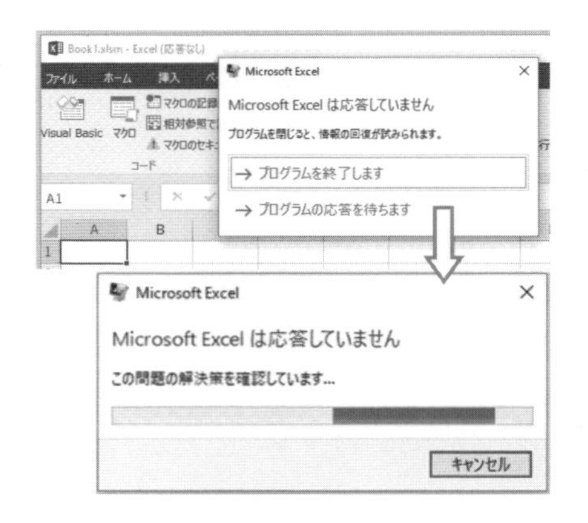

図 2.14 応答しないアプリ

タスクバー上の何もない箇所[5]を右クリックし，[コンテキストメニュー] から [タスクマネージャー] を押して選べば，タスクマネージャーのウィンドウが開く。

ウィンドウ内の [プロセス] タブを選択して，表示されているアプリのリストから問題のアプリを探して右クリックし，現れた [コンテキストメニュー] で [タスクの終了] を押せば，アプリを終了させることができる（図 2.15）。なお，次節「2.2.7 操作手順の表現について」を参照のこと。

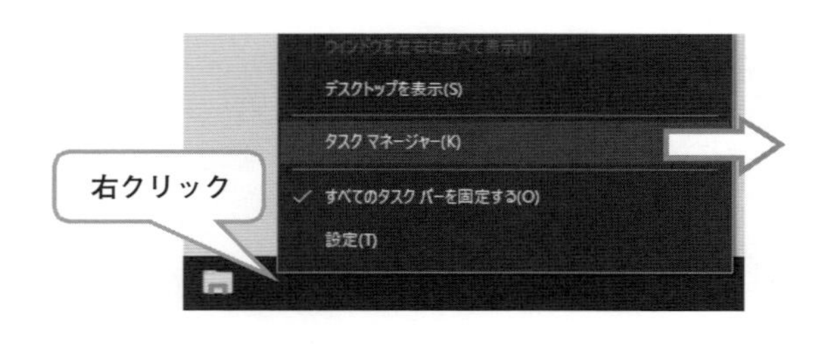

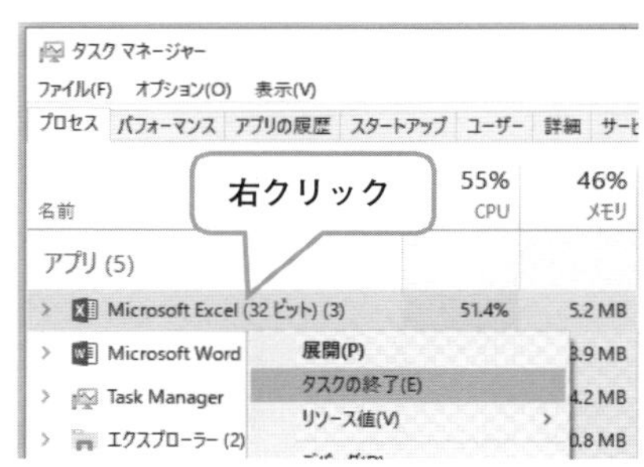

図 2.15 タスクマネージャー

2.2.7 操作手順の表現について

前節では，「アプリの強制終了」をするため，それなりに長い操作手順を辿る必要があった。一応は手順を文章で表現してみたが，この先も次々とこの調子の文章で，各種の操作手順を紹介していくのでは，大変煩わしい読み物になってしまいそうである。そこで以下では，例えば上の操作手順であれば，

　[タスクビュー] ボタンを右クリック ⇒ [タスクマネージャー] ⇒ [プロセス] で
　問題のアプリを選択し，[コンテキストメニュー] ⇒ [タスクの終了]

という調子で簡略に示すことにする。各項目がボタンなのかタブなのかなども，省略する場合がある。実際にパソコン上で試しつつ，項目を適宜に解釈しながら読み進めていただきたい。

---

5) タスクバー上に隙間がない場合は，[タスクビュー] ボタン（図 2.19）を右クリックするとよい。

2.2.8 ウィンドウの操作

ウィンドウについては，自由にサイズを変更できる状態（通常状態）のほか，「最大化」された状態と「最小化」された状態があることを理解しておくとよい[6)]。通常状態では，ウィンドウの上下左右にある境界線部分をドラッグすることで，縦方向または横方向にウィンドウを伸縮できる。境界線は細く，微妙なマウス操作が必要となるが，マウスで境界線上をポイントして，マウスポインタの形が ⇕ または ⇔ となったときにドラッグを開始すればよい。

タイトルバーの右端（[閉じる] ボタンの左隣り）にある [最大化] ボタン（図 2.16）を押せば，ウィンドウが画面いっぱいに広がった最大化状態になる。最大化を解除するときは，[元に戻す（縮小）] ボタン（[最大化] ボタンの代わりに出現しているボタン）を押す。また，[最小化] ボタンを押すとウィンドウは消えて，タスクバーボタンだけが残っている最小化状態となる。

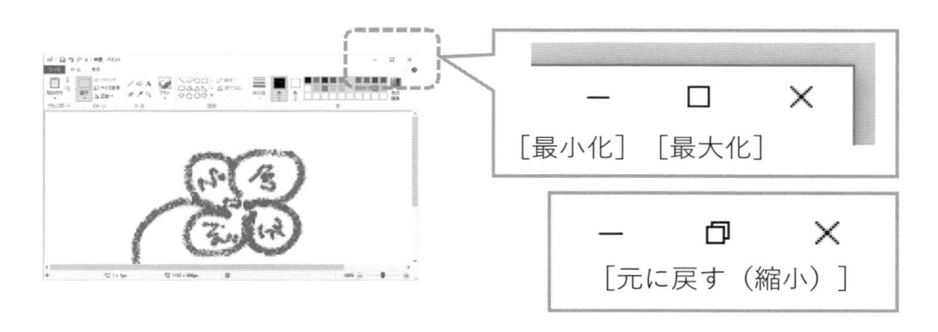

図 2.16 [最小化] [最大化] ボタン

タスクバーの右端にある [デスクトップの表示] ボタン（図 2.17）を押せば，デスクトップ上のすべてのウィンドウを同時に最小化することができる。

図 2.17 [デスクトップの表示] ボタン

2.2.9 ウィンドウの整理（タスクバー）

デスクトップ上に複数のウィンドウがあるとき，キー入力などの操作は，「アクティブウィンドウ（最前面に出ているウィンドウ）」が優先的に受け取る。どのウィンドウをアクティブにするかは，タスクバーを使って切り替えることができる。

タスクバーボタンをポイントすれば，そのボタンに結びついたウィンドウがサムネイル（縮小画像による表示）となって並ぶ。サムネイルとウィンドウの結びつきがわかりにくいなら，ポイントしたまま

---

6) ここではデスクトップアプリの利用を想定している。ストアアプリには必ずしも当てはまらない。

待てば，1つのウィンドウだけが画面上に浮き出し，他のウィンドウは一時的に消えてしまうから，はっきりそれとわかる（図2.18）。目的のウィンドウが見分けられたら，そのサムネイルを押せばよい。

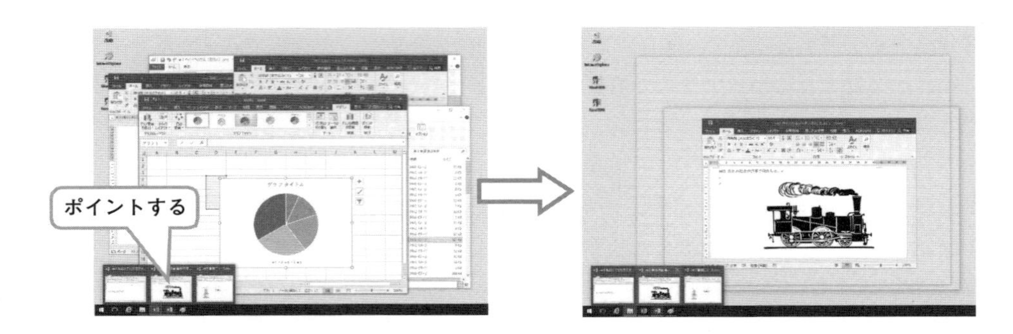

図 2.18 ウィンドウの探知

なお，［タスクビュー］ボタン（図2.19）を押せば，デスクトップ上にあるウィンドウを，開いているものだけでなく最小化しているものも含めて，すべて並べた一時的な画面である「タスクビュー画面」が表示される（図2.20）。この画面でアクティブ化したいウィンドウを選んでもよい。

図 2.19 ［タスクビュー］ボタン

タスクビュー画面では，複数の「仮想デスクトップ」を作り，使い分けることもできる。多数のウィンドウを開くとき，例えば「事務連絡」「データ処理」「原稿書き」といったように，比較的独立した作業目的で，それらのウィンドウをグループ分けできそうなときに，使ってみる価値がある7)。タスクビュー画面で［＋新しいデスクトップ］ボタンを押せば，デスクトップを追加でき，中央下部のサムネイルを利用して，デスクトップを切り替えたり，デスクトップ間でウィンドウを移動したりできる。

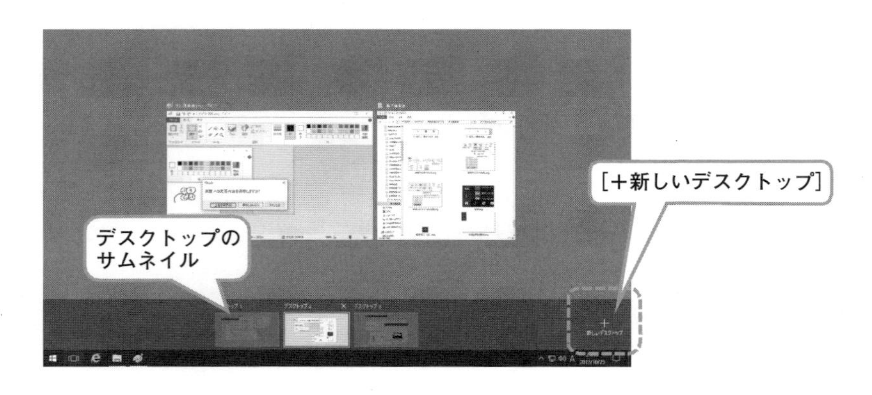

図 2.20 タスクビュー画面（仮想デスクトップ）

7) 当然だが，多数のアプリを混乱せずに使い分けられるようになってから利用するべき機能である。

2.3　ファイルの操作方法

2.3.1　エクスプローラー（各部の名称）

パソコンの記憶装置には情報がファイルとして保存されており，個々のファイルはフォルダー[8)]という小部屋の中に格納されている。「エクスプローラー」を使うとそれらのフォルダーを開いて，格納されているファイルのリストを一覧表示することができる[9)]。実際のファイルの格納場所では，それぞれのドライブの中にフォルダーが作られ，フォルダーの中にはさらにフォルダー（サブフォルダー）が作られて，階層的に枝分かれしたツリー状の構造（フォルダーツリー）ができている。

エクスプローラーはタスクバーにピン留めされたボタンを押せば起動する（図 2.21）。このボタンがない場合は，［スタートメニュー］⇒［Windows システムツール］の中を探せば見つかる。まずは図 2.22 で，各部の名称を確認するとよい。

図 2.21　［エクスプローラー］ボタン

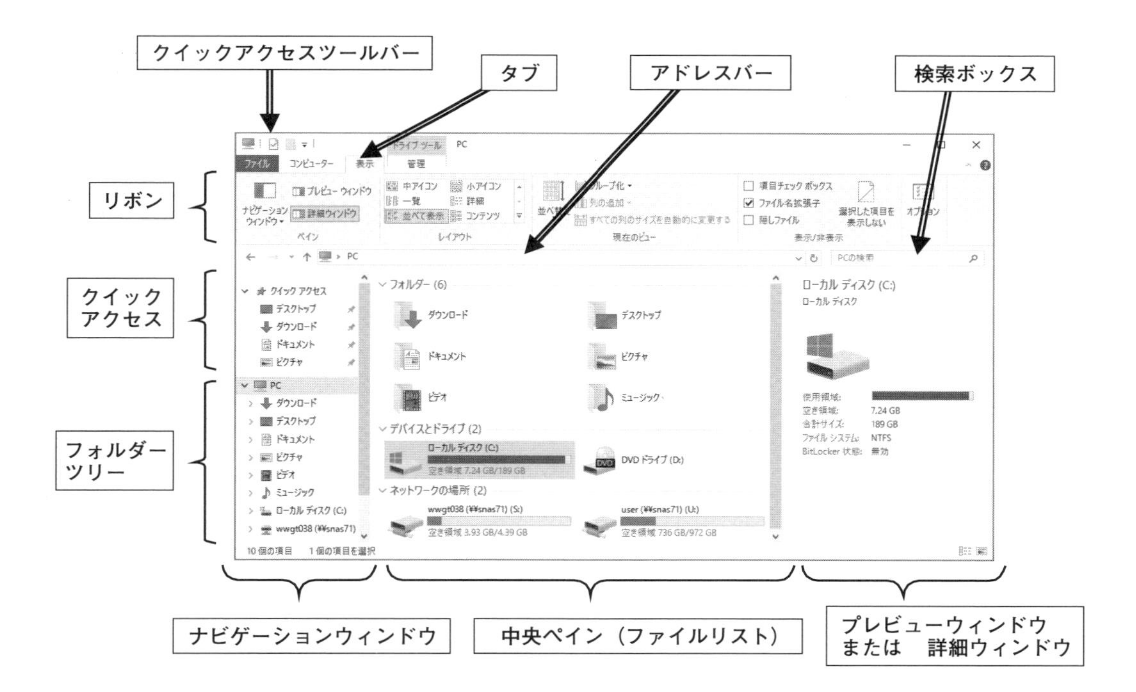

図 2.22　エクスプローラーのウィンドウ

8) エクスプローラーでは「ファイル フォルダー」と表示される。ディレクトリと呼ぶ場合もある。
9) エクスプローラーは，ファイルブラウザと呼ばれる種類のアプリである。後述の「Internet Explorer (IE)」と紛らわしい場合，こちらを「Windows Explorer」と呼んで区別することがある。

ナビゲーションウィンドウにはPC内のフォルダーツリーなどが表示され，開きたいフォルダーをこの中から選べるようになっている。1つのフォルダーを選び，クリックで選択すると，そのフォルダーが開き，中にあるものが目録（ファイルリスト）になって中央ペイン[10)]に表示される。

詳細ウィンドウには，中央ペイン内で選択された項目の詳細情報が表示される。図 2.22 では，中央ペインで［ローカルディスク(C:)］が選択されているので，それに関する詳細情報が表示されている。

「リボン」が表示されていないときは，［リボンの展開］ボタン（図 2.23）を押せば，表示される。リボンはタブごとに1枚ずつあり，タブを押せば切り替わる。リボン上には様々な「コマンド（機能)」のボタンがグループ分けされて並んでいる。

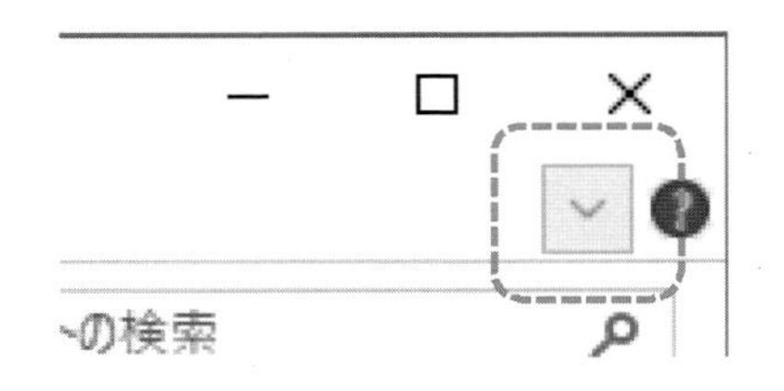

図 2.23　［リボンの展開］ボタン

エクスプローラーの表示内容を調整するときは，［表示］タブのリボンが使える。

［ペイン］グループでは,「ナビゲーションウィンドウ」,「プレビューウィンドウ」,「詳細ウィンドウ」などのペインを表示したり隠したりできる（図 2.24）。

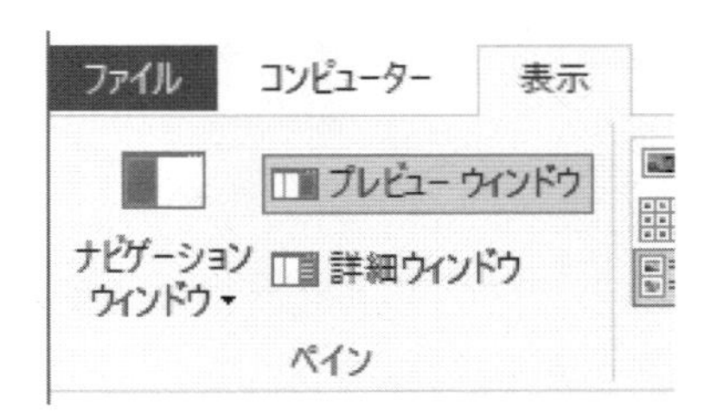

図 2.24　ペインの表示・非表示

［レイアウト］グループでは，選択肢をクリックすれば中央ペインのレイアウトを変更できる。ポイントするだけでプレビュー表示が働くので，選択した場合の効果は一目瞭然である。図 2.22 は，［並べて表示］の状態である。

［表示/非表示］グループで，［ファイル名拡張子］にチェックを入れておくと，ファイル名が常に拡張子まで表示されるようになり，安心感がある。［項目チェックボックス (図 2.25)］にチェックを入れておくと，複数のファイルを選択する際に便利なチェックボックスが使えるようになる（⇒ 2.3.7 節)。

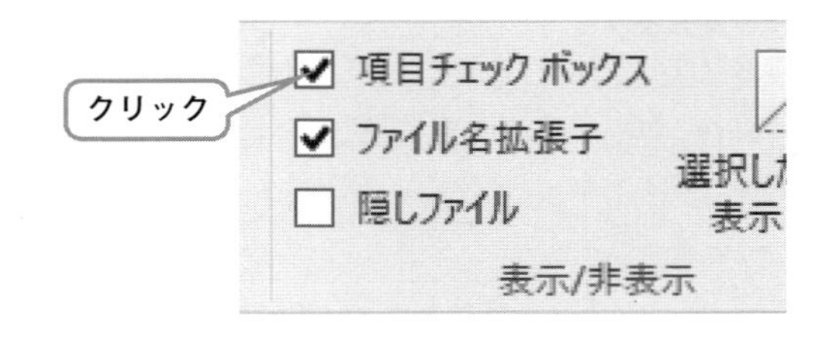

図 2.25　項目チェックボックス

10) エクスプローラー画面の中央部分。この部分にはとくに名称がないので，便宜上「中央ペイン」と呼ぶことにした。なお，ペイン（pane）とは，ウィンドウの内部を分割してできた長方形の区画を指す，一般的な用語である。

2.3.2 フォルダーツリーを辿る

ナビゲーションウィンドウでフォルダーを選ぶときは，フォルダーツリーを辿るように操作を進める。アイコンの左側に「›」印があるフォルダーは折りたたまれている状態である。「›」印をクリックすればフォルダーは展開し，中にあるフォルダー（サブフォルダーという）が表示される。展開されているフォルダーには，アイコンの左側に「⌄」印があり，これをクリックすればフォルダーは折りたたまれた状態に戻る。

フォルダーのアイコンをクリックすればそのフォルダーが開かれるが，目的のフォルダーまで辿っている途中では，不必要にフォルダーを開かず，「›」「⌄」だけを操作すれば十分である。

2.3.3 パス

目的のフォルダーを開いたとき，アドレスバーには，その場所までの経路を示す「パス（path）」と呼ばれる情報が表示されている。逆に，そのパスを知っていれば，目的のフォルダーに辿り着くことは難しくない。図 2.26 はフォント（字形）のデータが保存されているフォルダーを開いているところであるが，アドレスバーに表示されているパスは，

PC › ローカルディスク (C:) › Windows › Fonts

である。この状態でアドレスバー内の空白部分をクリックすると，同じ目的の情報が，

C:¥Windows¥Fonts

という形式で表示される（図 2.27）。特に後者の形式でパスを表したものを「パス名[11]」とか「パス文字列」などと呼ぶことがある。さらに，フォルダーのパス名の末尾に

¥〈ファイル名〉

を続けた文字列を，ファイルのパス名と呼ぶこともある。

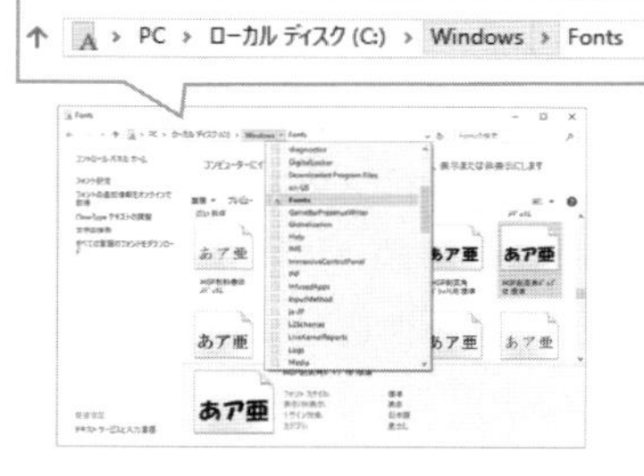

図 2.26 フォントのフォルダー

図 2.27 パス文字列を表示

やってみよう

エクスプローラーで［デスクトップ］を開いても，Word や Excel のショートカットが見当たらない。これらのショートカットが本当はどこにあるのか調べてみよう。

Word のデスクトップアイコンを右クリックし，［ファイルの場所を開く］を押してみよ。その場所を表すパスが，C:¥Users¥Public¥Desktop であることを確認せよ。

11）この場合，正確には「絶対パス名」という。パスの区切り文字は本来 \（バックスラッシュ）だが，日本語版環境で ¥ に置き換えられている。

2.3.4　フォルダーの作成

新しいファイルやフォルダーを作り，簡単な操作練習をしてみよう。ここでは，『PC › ドキュメント』の配下に自分のデータを保存できるものとする[12)]。［ホーム］タブのコマンドを使って操作を進める。

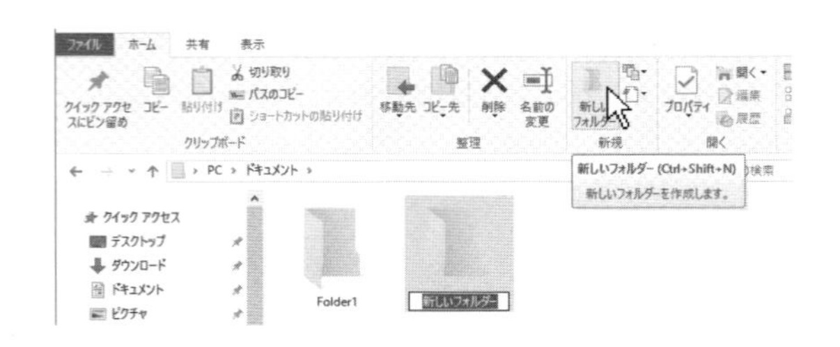

図 2.28　新規フォルダーの作成

［新しいフォルダー］ボタンを押すと，そのとき開いている場所にフォルダーが作成される。

練習用のフォルダーを1つ作ってみよう。

① ドキュメントを開き，パスの表示が『PC › ドキュメント』であることを確認する。
② ［新しいフォルダー］を押し，フォルダーが1つ中央ペインに現れたことを確認する（図 2.28）。
③ 名前を「Folder1」と入力し，Enter キーを押して名前の変更を確定する。

やってみよう

『PC › ドキュメント』の中に Folder1 という名前のフォルダーを作れ。続けて各フォルダーの位置関係が図 2.29 に示したツリー構造となるように，Folder2 と Folder3 を追加してみよ。

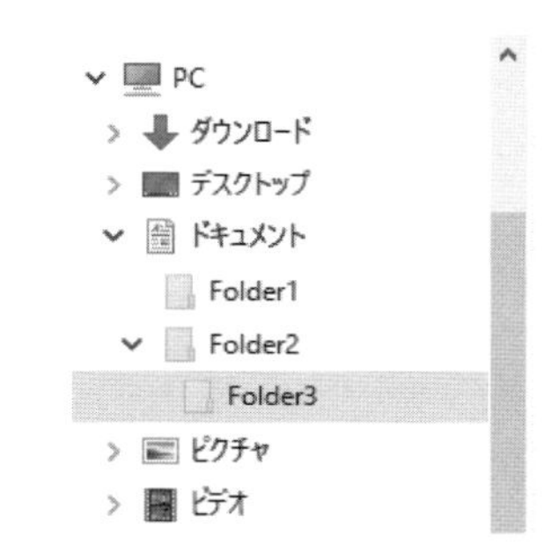

図 2.29　練習用フォルダーを作ったところ

2.3.5　ファイルの作成

［新しい項目］ボタンを押し，現れたメニューからファイルの種類を選択すれば，そのとき開いている場所に，ファイルが1つ作成される。あらかじめ目的の場所を開いておき，ボタンを操作するとよい。図 2.30 は Folder1 の中に新しい Word 文書のファイルを作っている様子である。

ここではアプリを起動せず，直接新規ファイルを作る方法を紹介した。各種のアプリで作業を行った結果をファイルとして保存する仕方については，次章以降に順次紹介されているから，ここでは触れないことにする。

---

12) 操作手順によっては，『ライブラリ › ドキュメント』というパスがウィンドウ内に現れることがあるが，このパスは必ずしも『PC › ドキュメント』（S:¥Documents）と同じ場所を指しているとは限らないので，注意が必要である。

図 2.30　ファイルの新規作成

2.3.6　名前の変更と拡張子

中央ペインでフォルダーを選択して［名前の変更］ボタンを押せば，名前が変更できるようになる。

ファイル名を変更する場合も同様である。ただし，ファイル名の場合は「拡張子」に注意する。

拡張子とは，ファイル名末尾の「．」より右側部分（図 2.32 では「.docx」の部分）のことであり，ファイルの種類ごとに決められている。拡張子が変更されそうになると，図 2.33 のような警告メッセージが現れ，確認を求められることになる。

そのファイルを開くとき，どのアプリを起動するべきか，Windows は拡張子を参照して判断しているので，**ファイルの名前を変えようとして闇雲に拡張子まで変えてしまうと，そのファイルはまともに開かなくなってしまう**。警告を表示し，とくに慎重な確認を求めてくるのは，そのためである。

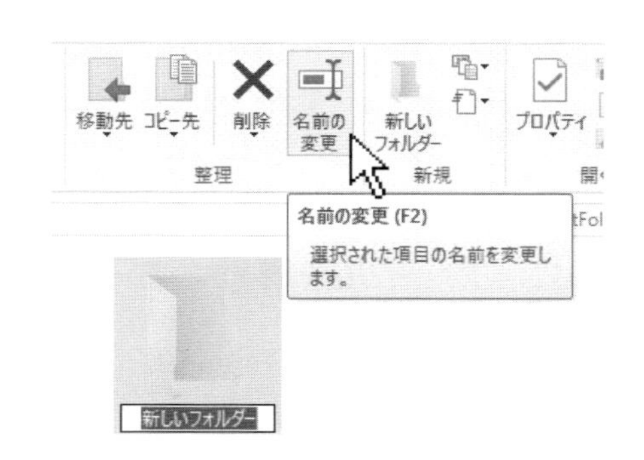

図 2.31　フォルダー名の変更

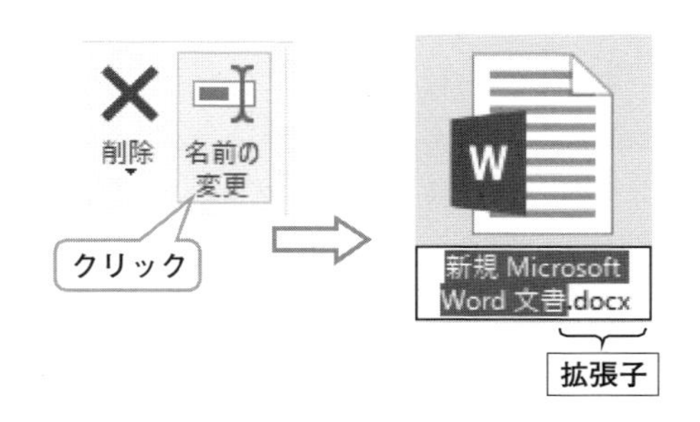

図 2.32　ファイル名の変更

ファイルの種類を変更するために，意図的に拡張子を書き換える必要も出てくる。そのような場合は，図 2.33 の警告メッセージに対して［はい］を選べばよい。拡張子を変えればファイルの種類が変わり，アイコンの絵柄も変わる。

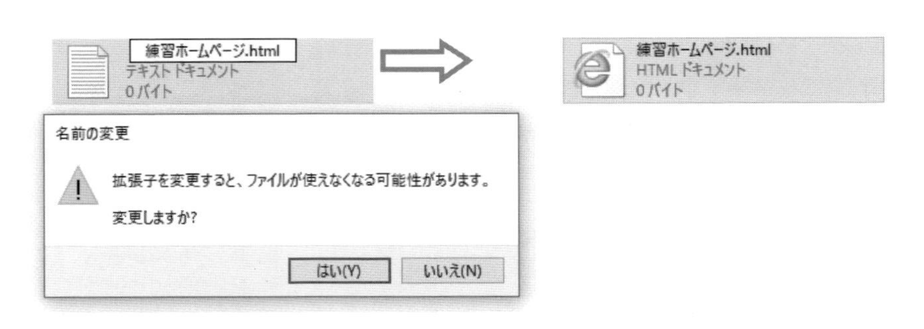

図 2.33 ファイルの拡張子変更

やってみよう

Folder1 内に「Microsoft Word 文書」と「Microsoft Excel ワークシート」を 1 個ずつ作成せよ。

ファイルの名前を「練習 Word ファイル.docx」と「練習 Excel ファイル.xlsx」に変えてみよ。

続けて Folder1 内に「テキストドキュメント」を 2 個，新規作成せよ。

ファイルの名前を「練習ホームページ.html」と「練習スタイルシート.css」に変え，アイコンの絵柄が変わることを確認せよ（警告が出たら［はい］を選ぶ）。

2.3.7 ファイルを移動する・コピーする

ファイルを別の場所に移動したり，コピー（複製）を作ったりするときは，

① 中央ペインで対象のファイルを選択する。
② リボン上のコマンドボタンを押す。

という手順で操作する。

選択したファイルを移動するには，［移動先］ボタンを押し，移動先フォルダーを選択肢から選ぶ。ここではクイックアクセスに登録されているフォルダーしか選択肢に現れないので，それ以外の移動先については［場所の選択...］で現れるダイアログボックスで移動先を選び，［移動］ボタンを押せばよい（図 2.34）。フォルダーツリーの扱い方は 2.3.2 節で述べた。

選択したファイルをコピーするには，［コピー先］ボタンを押し，あとは同様に操作すればよい。

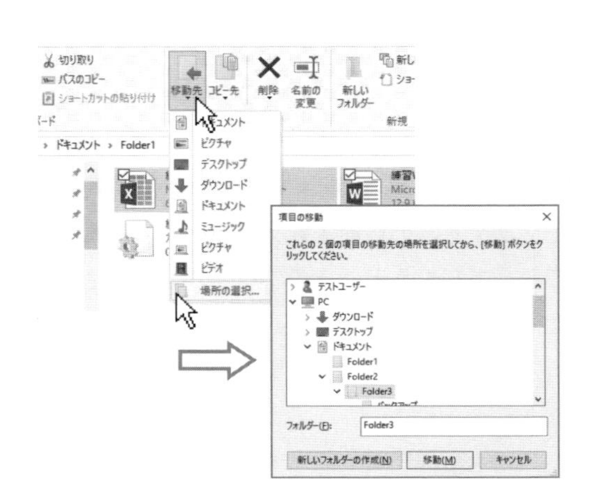

図 2.34 ファイルの移動先を選択

複数のファイルを同時に移動したりコピーしたりできれば，作業の手間が省けることも多い。そのような場合は，「項目チェックボックス」を用いて複数のファイルを同時に選択するとよい。

項目チェックボックスとは，ファイルのアイコンにマウスを近づけたとき，アイコンの左肩に現れるチェックボックスである[13)]。ここにチェックを入れていくことにより，ファイルを次々と追加的に選択できるようになる（図 2.35）。

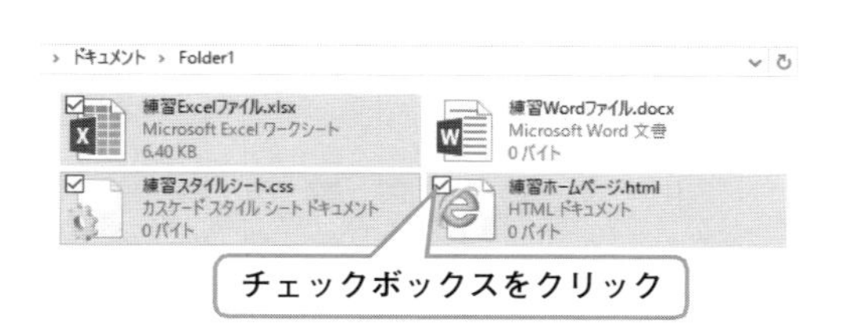

図 2.35 複数のファイルを選択する

やってみよう

Folder1 からデスクトップへ「練習 Word ファイル.docx」移動せよ。
Folder1 から Folder2 へ，残りのファイルをすべて移動せよ。
Folder2 を開き，「練習 Excel ファイル.xlsx」のコピーを Folder3 に作成せよ。

2.3.8 ファイルを削除する

ファイルを選択して［削除］ボタンを押せば，ファイルは「ごみ箱」に入る。

不要となったファイルは破棄（完全に削除）するべきであるが，間違って破棄すると取り返しがつかないので，通常はいきなり破棄をせず，ゴミとして一時的に保管しておく。ごみ箱はそのような安全装置として使うための特殊なフォルダーである。ゴミは「ごみ箱を空にする」という操作がされるまで，消えずに残っている。ただし，C:ドライブから捨てたゴミはシャットダウンすると消えてしまうので注意すること[14)]。

ごみ箱にゴミが入っているか否かは，アイコンの絵柄が変わるので，それとわかる（図 2.36）。中身を確認したければ，ダブルクリックして開けばよい。ごみ箱を開くとき，開くウィンドウはエクスプローラーであるが，通常は隠れている「ごみ箱ツール」の［管理］タブ[15)]が出現している（図 2.37）。

図 2.36 ごみ箱

13) ［表示］⇒［項目チェックボックス］にチェックを入れてあるものとする（図 2.25）。
14) ごみ箱の実体が各ドライブに分散配置されているため，このようなことが起こる。
15) このように状況に応じて出現するタブを「コンテキストタブ」という。

ゴミをいつまでも溜め込んでいるとディスク容量を浪費してしまう。ときどきはリボン上の［ごみ箱を空にする］ボタンを押し，溜まっているゴミを破棄するとよい（図 2.38）。

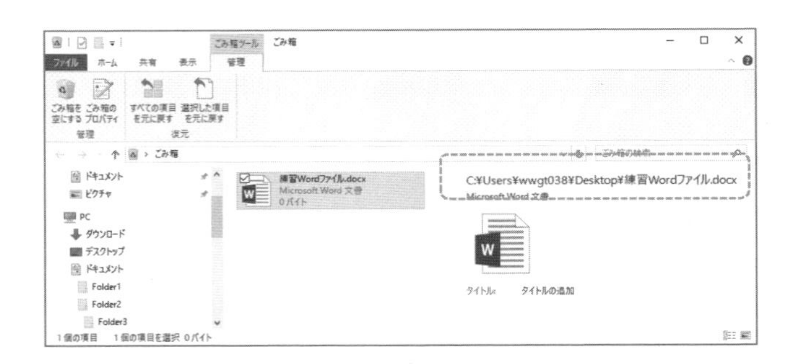

図 2.37　ごみ箱を開いたところ

2.3.9　ファイルを復活する

ごみ箱の中身は，［管理］タブのリボンで［すべての項目を元に戻す］や［選択した項目を元に戻す］を押せば，ゴミに出される前にあった場所に復元される。このようなことが可能なのは，ごみ箱内の項目がそれぞれ，自分が復元されるべき場所の情報（パス）を記録しているからである。詳細ウィンドウを表示してみれば，そのパスを確認できる（図 2.37）。

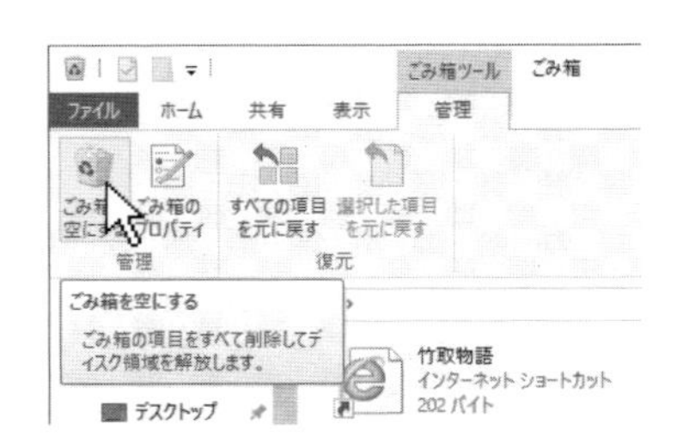

図 2.38　ごみ箱を空にする

［ごみ箱を空にする］などの操作で破棄（完全に削除）してしまったファイルを復活することはできない。ただし，定期的にバックアップ作業が行われているような施設では，バックアップ時点でのファイルが残されていることもある。ファイルが置いてあったフォルダーを選択して右クリックし，

［プロパティ］⇒［以前のバージョン］⇒［開く］

としてファイルが残っていないか確認してみるとよい。なお，［復元］ボタンを押すとフォルダー全体が過去の時点に復元され，その操作を元に戻すことはできない。ここは［開く］ボタンの方を押して，開いたウィンドウから，必要なファイルだけを個別に拾い上げるようにするのが安全であろう（図 2.39）。

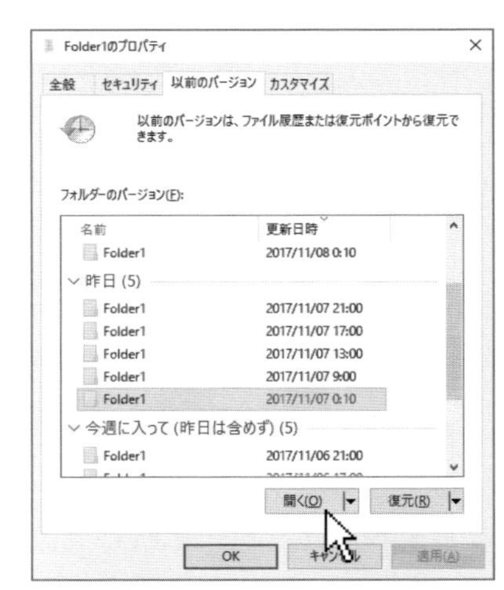

図 2.39　バックアップ

2.3.10　ファイルの検索

エクスプローラーの「検索ボックス」には，現在開いている場所を起点として，その配下にあるすべてのファイルやフォルダーをしらみつぶしに探索する機能がある。キーワードを空白で区切って，複数個入力できる（図 2.40）。

検索の実行中は，「検索ツール」の［検索］タブが出現し，検索条件の絞り込みなどができるようになる。

ファイルの置き場所がわからなくなったとき，自分で探せるよう，必ず練習しておきたい機能である。

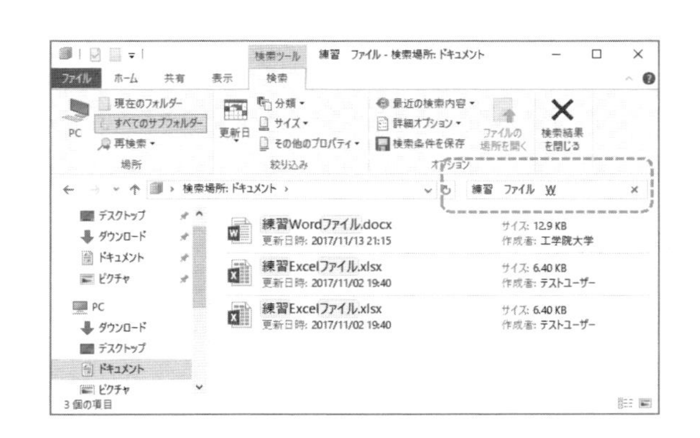

図 2.40　ファイルの検索

やってみよう

2.3.6 節で作った 4 つの練習用ファイルを，Folder2 を Folder1 などの練習用フォルダーとともに，ドキュメント配下の適当な位置に移動するなどして，まず探す準備をせよ。

ドキュメントを開いた状態で，図 2.40 を参考に，「練習」「ファイル」「word」などのキーワードを検索ボックスに 1 つずつ追加する。候補が絞り込まれていく様子を観察せよ。

「練習 Word ファイル.docx」ファイルが見つかったら選択し，リボンの［ファイルの場所を開く］ボタンを押してみよ。

2.3.11　学習用フォルダーの準備

ここで，次章以降の学習で必要となるファイルの保存場所を準備しておこう。

図 2.41 を参考に，ドキュメントの中に「情報処理入門」という名前のフォルダーを作成し，さらにその中に

「Word」
「Excel」
「PowerPoint」
「Homepage」
「LaTeX」

という名前のサブフォルダーを作成せよ。

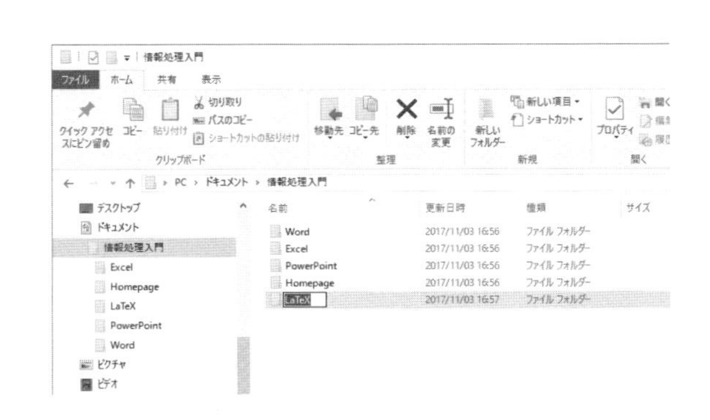

図 2.41　学習用フォルダーの準備

なお，本章で作成した練習用のファイルやフォルダー（Folder1 など）は，削除しても構わない。

2.4 ウェブブラウザの操作方法

2.4.1 インターネットエクスプローラー

WWW サービスを利用するためには，「ウェブブラウザ」という種類のアプリを用いる。ウェブブラウザは，インターネット上に公開されている情報を取り寄せて「ウェブページ」の形に組み立て，画面上に表示する。標準的な Windows 10 には新しいウェブブラウザ「Microsoft Edge」があるが，本稿執筆時点の LTSB 版にはまだ提供されていない。ここでは LTSB 版環境でも利用可能な「インターネットエクスプローラー（IE）」の使い方を紹介する。前節で解説したファイルブラウザのエクスプローラー（Windows Explorer）と似た名前ではあるが，アプリとしては別ものである。紛らわしさを避けるため，以下ではインターネットエクスプローラーを IE と表記することにする。

タスクバーにピン留めされた［Internet Explorer］ボタン（図 2.42）を押せば，IE が起動する。IE のウィンドウを，空白のページを開いた状態で図 2.43 に示したので，各部の名称を確認するとよい。「メニューバー」や「ステータスバー」が見えない場合は，タイトルバーのコンテキストメニュー[16]から表示させることができる。

図 2.42 ［Internet Explorer］ボタン

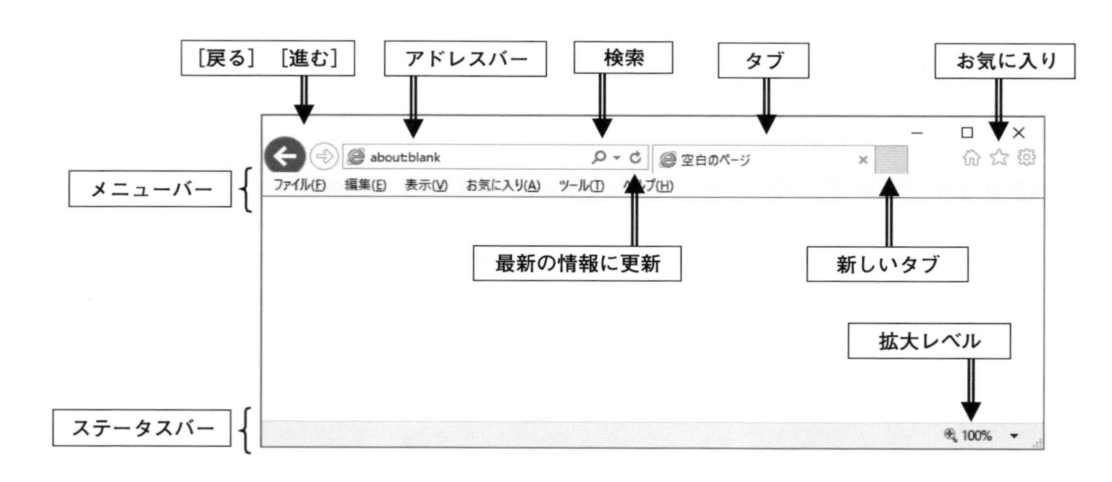

図 2.43 IE のウィンドウ

ウェブページを閲覧するためには，そのページを指す URL（Uniform Resource Locator）という文字列をアドレスバーにキー入力し，Enter キーを押して確定すればよい。URL の基本的な構造は

〈サービスの種類〉://〈ウェブサーバのドメイン名〉/〈ファイルのパス〉[17]

[16] 右クリックして現れるメニューをいう（⇒ 2.1.1 節）。
[17] パスの区切り文字には /（スラッシュ）を用い，¥（≒ バックスラッシュ）は用いないことに注意。

のようになる。〈ファイルのパス〉部分を省略すると，通常はサイトのトップページが表示される。

アドレスを直接入力しなくても，現在のページ[18]内にある「リンク」をクリックすれば新しいページが開く。マウスポインタが から に変わる箇所がリンクである。リンクをポイントすればジャンプ先の URL が表示されるので，慎重に進む場合はこれを確認してからクリックするとよい（図 2.44）。

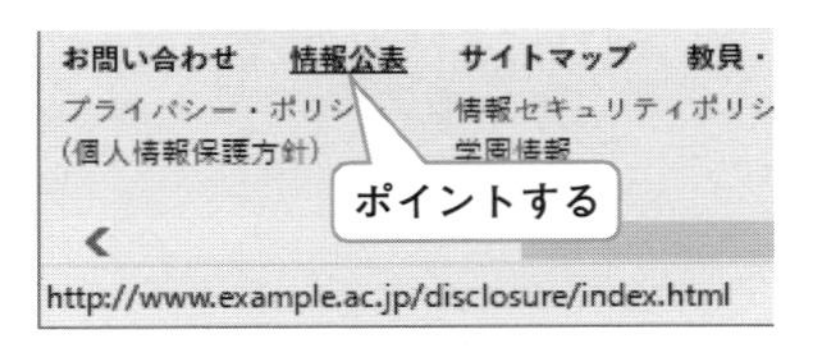

図 2.44　リンク先の URL を確認

セキュリティを重視して，暗号化された SSL 通信を行っているページでは，アドレスバーに南京錠のような絵柄のアイコンが表示される。このときは送受信する情報が，通信経路上で盗聴できないことが保証されている。URL の〈サービスの種類〉部分は，http ではなく https となっている。

厳格な審査を受け，EV 証明書[19]を取得しているサイトでは，アドレスバーが緑色になり，南京錠のアイコンをクリックすれば，サイト所有者の所在地も表示される（図 2.45）。このときは，現在のページがいわゆる「なりすましサイト」ではないことが保証されている。

図 2.45　セキュア通信（https）

2.4.2　ページの拡大・縮小

ステータスバーの右端にある［拡大レベルの変更］ボタンを利用すると，画面の表示サイズを選ぶことができる。ショートカットキー操作 Ctrl ＋ + または Ctrl ＋ − を用いて，1 ステップずつ変更することも可能である（図 2.46）。

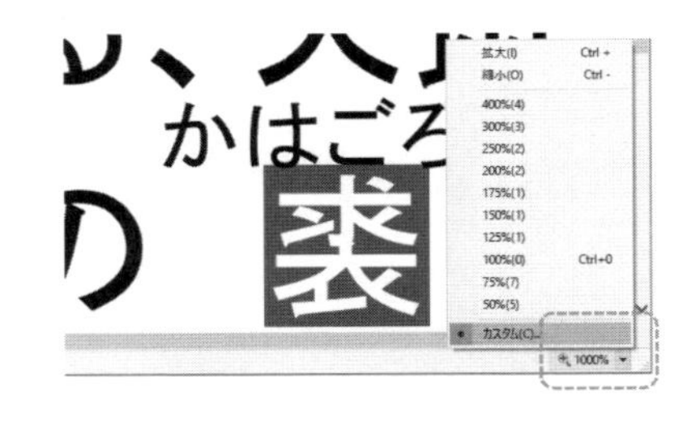

図 2.46　拡大レベルの変更

2.4.3　タブ

画面に複数のタブが並んでいるときは，複数の開いたウェブページが重なっており，タブを押して選択すれば，最前面のページが切り替わる（図 2.47）。タブはドラッグして並べ替えることもできるし，［タブを閉じる］ボタンで，個別のページを閉じることもできる。タブをウィンドウの外に取り出せば，独

[18] 現在表示されているページのこと。カレントページという表現もある。
[19] Extended Validation SSL 証明書。法人登記や所在地をはじめ，多数の項目が審査されている。

立した IE のウィンドウになる。タブを追加するには，［新しいタブ］タブを押せばよい。また，リンクを開くとき，リンクのコンテキストメニューで［新しいタブで開く］(図 2.48) を押してもよい。

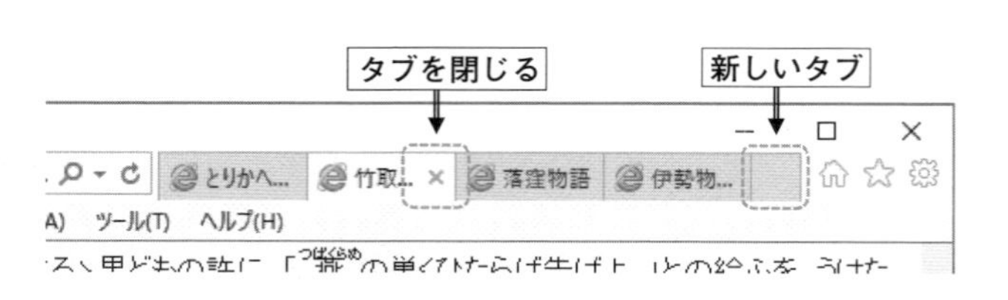

図 2.47　複数のタブが並んだ状態

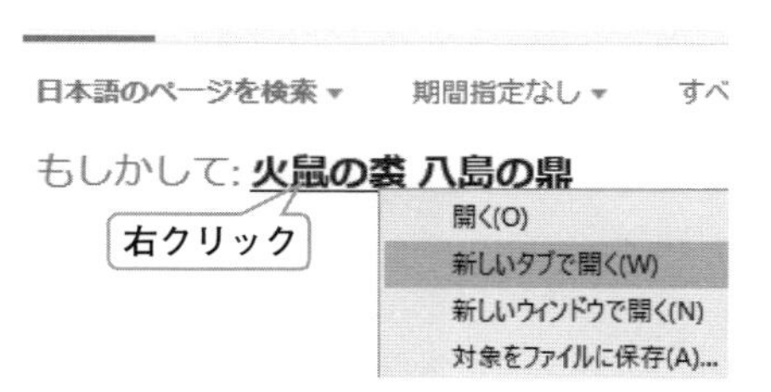

図 2.48　新しいタブで開く

2.4.4　検索

アドレスバーは検索ボックスとしても使える。図 2.49 のように，複数のキーワードを空白で区切ってアドレスバー内に並べ，確定すると，既定の検索プロバイダーを利用して，それらを含むページの候補が列挙される。

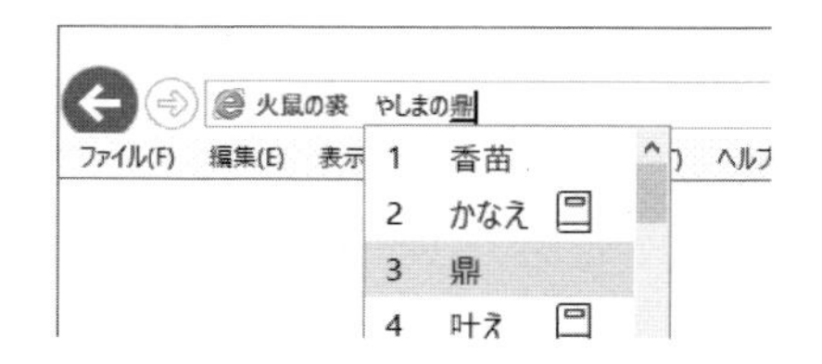

図 2.49　アドレスバーで検索

2.4.5　このページの検索

検索結果として得られたページが行数の多いドキュメントであるような場合，目的の情報がそのページのどこに含まれているのか，なかなかわからないことがある。そのようなときは，メニューバーから［編集］⇒［このページの検索］として現れる［検索：］の入力欄に，文字列を 1 つだけ入力して，［次へ］ボタンを押せばよい。ここはキーワード検索ではないので，複数の文字列を入力してはいけない。図 2.50 の例では，一致する文字列が現在のページ内に 7 箇所あることが表示されている。［次へ］を押すたびに，該当箇所が 1 つずつ，青い反転色で強調表示される。

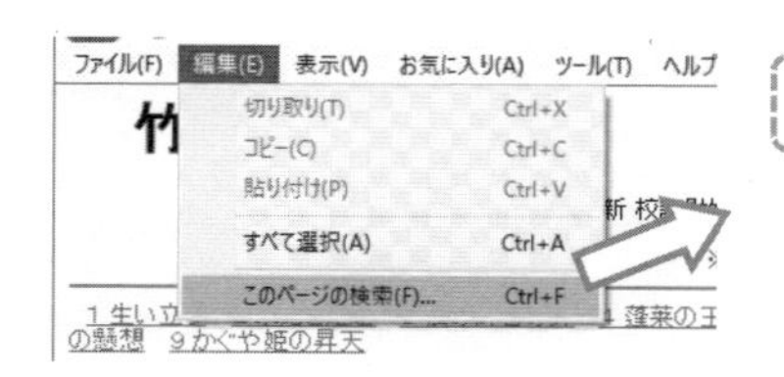

図 2.50　このページの検索

2.4.6 アクセラレータ

ページ内にある語句や文章を選択してコンテキストメニューを利用すれば，検索や翻訳もできる（図 2.51)。既定の検索プロバイダーは Bing である。少し長い手順になるが，次のようにすれば Google などの他の検索プロバイダーを追加することができる。興味があれば試してみるとよい。

① アドレスバー内の［検索］から，［追加］⇒ Google ウェブ検索で［Internet Explorer に追加］⇒［追加］とすれば，すべてのアクセラレータの中に［Google で検索］が現れるようになる。
② さらに，メニューバーの［ツール］から，［アドオンの管理］⇒［検索プロバイダー］⇒［Google］を選択 ⇒［既定に設定］⇒［閉じる］とすれば，Google の優先順位が上がる。

ただし，翻訳については正しい訳文が得られると期待してはならない。まったくの誤訳とは言えなくとも文脈に合っていないような訳語や非文法的な文が，現在の技術水準ではまだ頻繁に出てくる。自動翻訳の結果は大変参考になることも多いが，そのままレポート等に用いたりすることは慎むべきである。

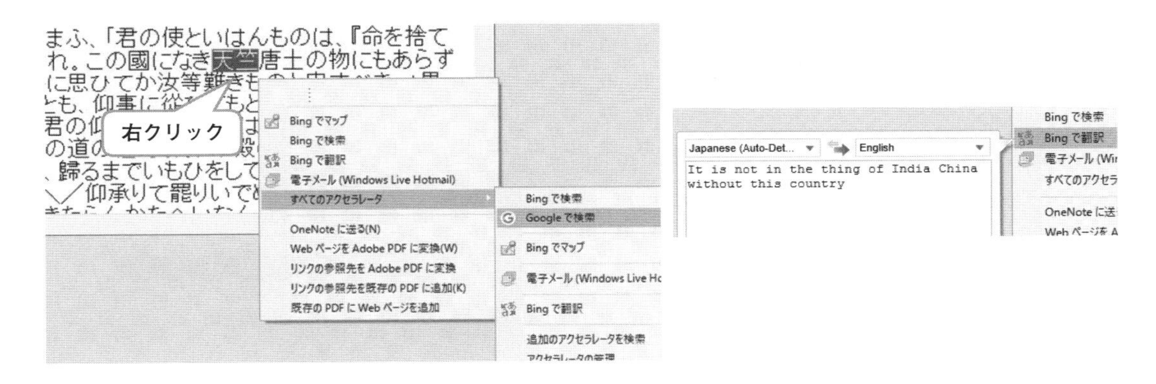

図 2.51 アクセラレータで検索・翻訳

2.4.7 更新・キャッシュ

ブラウザがあるページを開いたあとで，ウェブサイト上でそのページの内容が更新されたとしても，ブラウザ側で何もしなければ，古いページがずっと表示されたままである。新しくなったページを表示するためには，［最新の情報に更新］ボタンを押す必要がある。

ウェブページの編集作業などを行う場合，テキストエディタでページを書き換えて更新するが，その結果をブラウザで確認するときも，［最新の情報に更新］ボタンを押さなければならない。

学校や会社など LAN を構成して組織的に外部と接続している環境では，LAN の入り口に設置したプロキシサーバが，個別のパソコンの代理としてウェブの通信を独占している場合がある。このような環境では，ブラウザ側で通常の更新要求をしても，その必要性が認められず，代理サーバがキャッシュ (cache；一時保管) している古いデータしか得られない，という状況になることがある。このようなときは，ショートカットキー操作 Ctrl + F5 を行うと，強制的に情報を更新できる。

2.4.8 お気に入り

［お気に入り］⇒［お気に入りに追加］⇒［追加］という手順で，現在のページを IE に登録できる。登録されている項目は，［お気に入り］を押せば一覧表示される（図 2.52）。

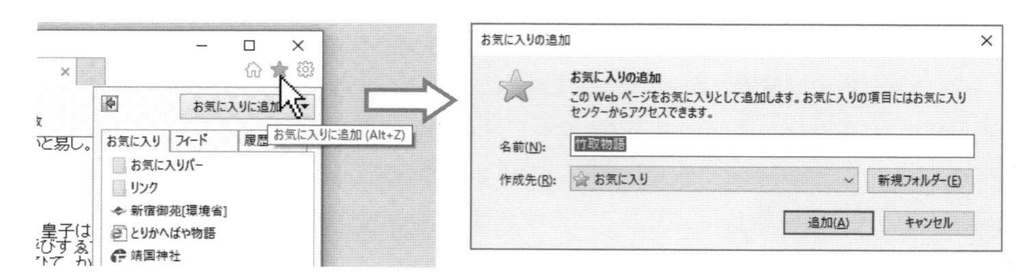

図 2.52 お気に入りの追加

項目数が増えてきたら，［お気に入りの整理］を使うとよい。［お気に入りに追加］ボタンの右にある▼をクリックして出現するメニューから呼び出したダイアログボックスで，項目の並び順や項目名を変えたり，不要な項目を削除したりできる。また，新しいフォルダーを作成すれば，［お気に入り］メニューの中にサブメニューとなって現れる（図 2.53）。

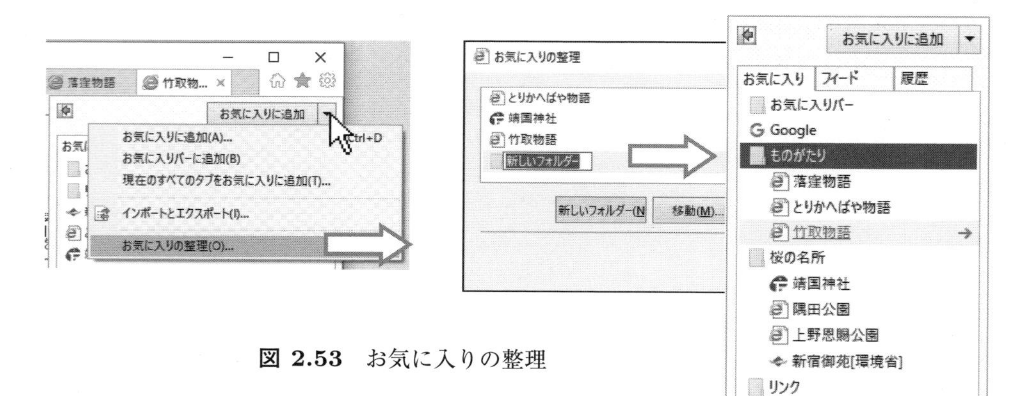

図 2.53 お気に入りの整理

IE に登録されているお気に入りの実体は，「インターネットショートカット」という種類のファイルで，

S:¥Favorites

というパスの配下に置かれている（図 2.54）。通常のショートカットでも，このパスに置けば IE のお気に入りから呼び出せるようになる。なお，お気に入りの［リンク］フォルダーにショートカットを入れておけば，IE を起動しなくても，タスクバーのリンク（図 2.55）から呼び出せる。タスクバーのリンクは，タスクバーのコンテキストメニューから，［ツールバー］⇒［リンク］で現れる。興味があれば試してみるとよい。

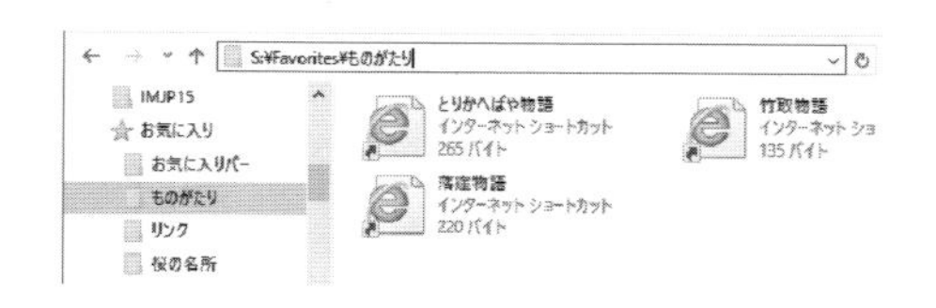

図 2.54 お気に入りのフォルダー

図 2.55 お気に入りのリンク

第3章

インターネット情報の検索と利用

WWW（World Wide Web）の普及に伴い，膨大な情報がオンラインで収集できるようになった。多くの情報の中から有用な情報を見つけ利用するためには，WWW の仕組みを学び，収集した情報の信頼性を見極める力が必要である。本章では検索エンジンの仕組みと，検索方法，情報発信，インターネットに参加する態度について学ぶ。

3.1　検索エンジン

検索エンジンとは，WWW 上にある文書をキーワードで検索するシステムである。Google，Yahoo，Bing といった検索エンジンが有名である。ウェブブラウザの検索窓にキーワードまたは検索式を入力すると，そのキーワードに関連が高い順に WWW のリンク先が表示される。

これらの検索エンジンは，検索時に WWW を直接検索するのではなく，あらかじめ収集・構築しておいた WWW のデータベースを検索して結果を返す。データベースの収集・構築は，クローラ（crawler）またはロボット（robot）と呼ばれるプログラムによって定期的に自動的に行われる。このようなシステムをロボット型検索エンジンと呼ぶ。

図 3.1 はロボット型検索エンジンがウェブページのキーワード収集を行う模式図である。クローラは，WWW 上のリンクをめぐり，HTML 文書や画像ファイルなどの複製をサーバコンピュータ内に作成し，その文書に含まれるキーワードを抽出する。そしてウェブページの URL とともにデータベースに索引（インデックス）を記録していく。クローラはさらに，文書に含まれるリンク構造を分析し，リンク先の別の文書を収集するという動作を繰り返す。リンク先に新しい文書を見つけた場合はデータベースに登録する。データベースに登録済のファイルがそのリンク先に存在しないことを検出した場合（リンク切れ）はデータベースから削除する。

クローラによるデータベースは機械的に構築されたものなので，上位の検索結果が必ずしもユーザの期待した内容ではないことがある。また，WWW 上に存在するページであっても，どのウェブページからもリンクされていないウェブページは検索できない。これはクローラが他のウェブページからたどり着けないからである。また動的に生成されるウェブページも検索できない。例えば，電車の経路探索結果，入力した条件に基づいて生成される見積書，ログインを要求するウェブページなどである。さらに，新規に作成・更新されたウェブページはクローラの巡回周期によっては即座に検索することができない。

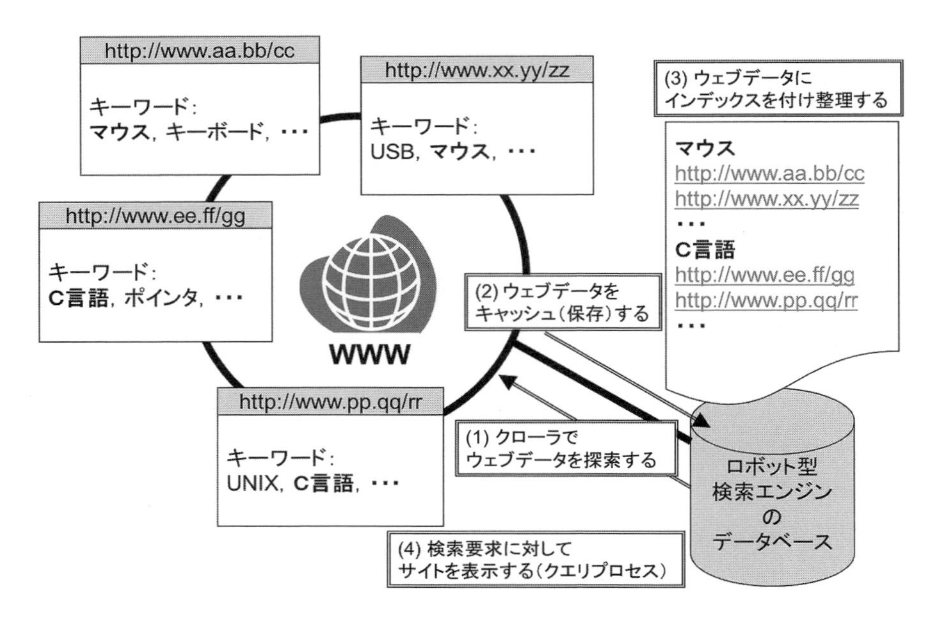

図 3.1　ロボット型検索エンジンの動作

3.2　基本的な情報検索

Google を使ってキーワード入力による基本的な情報検索の方法を説明する。ウェブブラウザを起動して URL を入力するアドレス欄に http://www.google.co.jp/ と入力し，Google の検索画面を表示する。次に，検索窓にマウスカーソルを移動し，検索したいキーワードをキーボードから入力しそのまま Enter キーを押すか， Google 検索 ボタンをマウスでクリックすると検索結果が一覧表示される。ブラウザの機能によるが，URL を入力するアドレス欄に直接キーワードを入力して検索することもできる。

「東京オリンピック ボランティア」という 2 つのキーワードで検索する場合は，間にスペースを入れて以下のように入力する。

東京オリンピック ボランティア	Google 検索

すると図 3.2 のように検索結果が表示される。Google は PageRank（ページランク）と呼ばれる独自のウェブページ評価方法を使って順位付けを行っている。これは「重要なページからリンクされたページが重要である」という基準である。PageRank はそのページへのリンク数とリンク元の PageRank によって決まる。画面の上部に表示されている「**東京オリンピック ボランティア** の検索結果 約 **693,000** 件 (**0.82** 秒)」は検索キーワードに関するデータベースの状態である。このデータベースには東京オリンピックとボランティアの両方のキーワードを含むウェブページが約 69 万件登録されており，そのうち，関連の高いページの上位を 0.82 秒で検索したことを示している。次の検索結果を知りたい場合は，画面下の［次へ］またはページ番号をクリックすることにより表示できる。より詳しく情報を絞り込みたい場合は，キーワードを追加したり，検索式を入力する。以下に基本的な検索式を説明する。

図 3.2 Googleの検索結果

AND 検索

AND 検索は，複数のキーワードをすべて含んだ検索結果を求める検索式である。例えば，東京オリンピックについて調べたい場合，「東京オリンピック」だけキーワードにすると，1964 年大会と 2020 年大会の両方の情報が検索される。1964 年大会に絞り込みたい場合はキーワードの間にスペース（または AND）を入れて以下のように入力する。

東京オリンピック 1964 年	Google 検索

すると，東京オリンピックと 1964 年，両方のキーワードを含んだウェブページが検索される。キーワードを増やすほどウェブページを特定することができるが，絞り込んだ結果が求めていた情報であるとは限らないので注意が必要である。「1964 年に東京で開催されたオリンピック」と文で入力した場合は，検索エンジンが文を単語に分解してから検索を行う。意図通りの検索結果を得るためには，キーワードに「1964 年」「東京オリンピック」というように固有の単語を考えて入力するとよい。

NOT 検索

NOT 検索は，あるキーワードを除外した検索結果を求める検索式である。除外したいキーワードの頭に半角のマイナス記号「–」をつける。スペースは入れない。例えば，夏季オリンピックの情報だけを得たい場合，「冬季」を含むページを除外して検索すればよいので以下のように入力する。

オリンピック –冬季	Google 検索

OR 検索

OR 検索は，複数のキーワードのいずれかが含まれる検索結果を求める検索式である。キーワードの間に半角大文字の「OR」を挿入する。OR の前後にはスペースを挿入すること。例えば，水泳の自由形は，クロール，あるいはフリースタイルと呼ばれているが，これらを一度に検索するには以下のように入力する。

自由形 OR クロール OR フリースタイル	Google 検索

さらに，オリンピックというキーワードで絞り込みたい場合は，AND 検索と組み合わせて以下のように入力する。

オリンピック (自由形 OR クロール OR フリースタイル)	Google 検索

完全一致検索

文が完全に一致するウェブページを検索する検索式である。長いフレーズを半角のダブルクォーテーション記号「" "」で囲み検索する。Google は長文の日本語は適当な単語で，英文は単語レベルで分割されて検索されるが，完全一致検索はこれを無効にすることができる。例えば，川端康成の小説『雪国』の冒頭を引用しているウェブページを検索するには，以下のように入力する。

"国境の長いトンネルを抜けると雪国であった"	Google 検索

あいまい検索

あいまい検索は語句が不明でも検索することができる。検索キーワード内で半角アスタリスク記号「*」を指定するとキーワード文字列の一部を他の文字列に置換して一致対象が検索される。例えば，「世界最大の○○」を調べたいときは，完全一致検索と組み合わせて，スペースを空けずに以下のように入力する。

"世界最大の*"	Google 検索

ドメイン指定検索

Google は特定のウェブサイト，または特定のドメインを指定して検索することができる。検索キーワードに続けてスペースを空け，「site:」に続けてドメインを指定する。例えば，スーパーコンピュータについての情報を日本の政府関係のウェブページに限定して得たい場合は以下のように入力する。

スーパーコンピュータ site:go.jp	Google 検索

演習 3.1

(1) 「東京オリンピック」または「東京五輪」を含むが「1964 年」は除く情報を検索しなさい。

(2) 「若者の○○離れ」を完全一致検索とあいまい検索を使って検索しなさい。

(3) 「入試情報」を「ed.jp」ドメインを指定して検索しなさい。

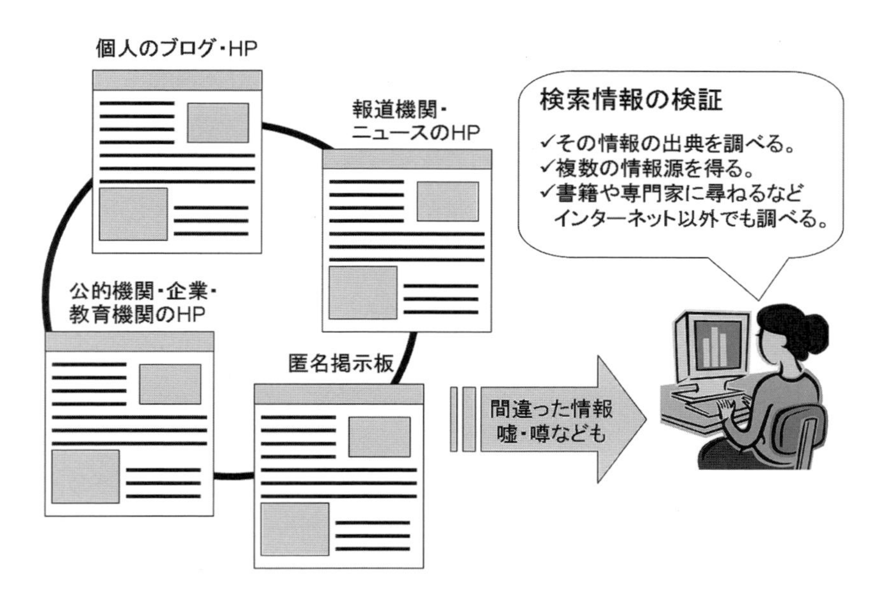

図 3.3　インターネットで検索した情報の検証

3.3　インターネット情報の利用

インターネットは情報を収集する手段として有用であるが，その情報を盲目に信用することは危険である。ウェブによる情報サービスの多様化に伴い，インターネット上にはニュースや公式記録，科学的データなどから，個人の日記や噂，嘘，改竄された文書・画像まで膨大な情報が溢れている。これらの情報は検索エンジンで容易に検索できるので，入手した情報の信頼性を見誤ってしまうことがある。実社会では，情報の入手経路や発言した者の社会的信用に基づいて，情報の信頼性をある程度判断できるが，インターネット上に電子化されて流通している情報は発信者が見えにくいので，信頼性を評価することは難しい。

情報を正確に理解する態度は，実生活でも必要であるが，とりわけインターネットで検索した情報は，それが正しいか事実を確かめる態度が必要である。コンピュータは情報を正確に伝えているだけであって，正確な情報を伝えているとは限らない。情報が電子化されているからといって，あるいは見栄えがよいからといって，情報の中身がすべて信用があり等価値であるとはいえない。正確な情報を手に入れることは，インターネットにおける情報検索に限らず容易なことではない。したがって，検索した情報を検証する行為は信頼性を高めるために必要である。

3.3.1　検索した情報の検証

情報の出典を確認する

そのウェブページの情報に発信者（著者）や出典（参考文献，一次資料・二次資料など）が示されているかを確認すること。出典が掲載されていればそれを必ず調べ情報の真偽を確認すること。発信者が不明（匿名）であったり，出典が載せられていない情報は手がかり程度にとどめ，別の手段によって調査すべきである。

複数の情報源を調べる

他の同じような性格のウェブサイトがないか，その情報を検証しているウェブサイトはないかなど，複数の情報源を調べること。また公的機関や教育機関，企業などのウェブページでその情報が発表されているかを確認すること。これらのウェブサイトの情報は必ずしも正確であるとはいえないが，発信者が明らかなので，彼らの社会的信用を根拠に情報の信頼性をある程度推し量ることができる。また，情報について不明な点があれば，電話や電子メールにより直接問い合わせることもできる。

インターネット以外を調べる

関連した書籍・専門書を読む，百科事典・辞書を引く，学術論文を検索するなど，インターネット以外の検索手段を使うこと。これらの情報はインターネットの情報とは独立したものが多く，情報を複数の視点で検証する点で有効である。専門書や学術論文は複数の専門家によって調査・議論・執筆されたものが多く，信頼性が高いといえる。

専門家の意見を聞く

周りの専門家に，検索した情報について意見を聞くこと。またはその情報の発信者に電話や電子メールなどで質問や意見交換を求めること。その過程で情報の信頼性を確認できるだけでなく，インターネットでは検索できない情報の出典や周辺知識を獲得できるだろう。情報を発信しているのはインターネットではなく人間であることを忘れてはならない。

3.3.2　論文・レポートへの引用

研究調査やレポート課題において，インターネットの検索を利用し，手がかりを得ることがある。しかし，インターネットで検索した情報をそのまま論文やレポートに転載したり，引用したり，論拠とすることは著作権や資料の性質の点から望ましいとはいえない。そこで検索した情報の利用について確認すべき点を以下に述べる。

引用の条件

引用とは「一般に他人の作品の一部を利用すること」である。著作権の観点から以下の3つの条件を満たす必要がある。

(1) 主従関係を明確にする　まず，主体となる論文・レポートの本文（主）があり，他の必要な著作物（従）を引用する。引用部分が本文よりも長くなってはいけない。また引用部分は本文と関連があり，その本文の説明を補う目的で利用する。

(2) 引用部分を明確にする　引用部分を「カギかっこ」でくくるなど，本文と引用部分が明確に区別できること。

(3) 出典を明確にする　一般に参考文献と呼ばれるものである。引用部分の著作者名と書名，頁，出版日，出版元を論文・レポートの最後に列挙しておく。また，ウェブページの場合は，例えば以下のようにウェブページのタイトルとURLを表記する。

（例）総務省 情報通信白書平成29年版 HTML版
http://www.soumu.go.jp/johotsusintokei/whitepaper/ja/h29/index.html

資料の性質の検証

インターネットでは公的機関の発行する報告書や学術論文などが，紙媒体からウェブ情報に移行している。そのためインターネット検索を使ってレポートを書くことがあるだろう。しかし生活の中の調べものと，レポートは区別しなければならない。レポートには根拠となる資料が必要である。ウェブページの情報を資料として引用するには，資料の性質を検証しなければならない。資料の分類は学問分野によって多少異なるが，一次資料，二次資料，三次資料に分類される。一次資料とは，元のデータや原著論文をいう。二次資料とは，一次資料を使って書かれた書籍や論文，レポートなどをいう。三次資料とは，二次資料を使って書かれた教科書や百科事典などをいう。三次資料は二次資料を編集して作られた資料ということになり，二次，三次となるにつれて原典から遠ざかり，信憑性や信頼性が低下していく。

ウィキペディア（日本語版　http://ja.wikipedia.org/）は三次資料に分類される。ウィキペディアはオンラインの百科事典として認知されており優秀な記事も多いが，生活の中の調べものにしか役立たないと考えてほしい。また，記事の執筆者が匿名であるので学術的には信頼性が低い。そのため，ウィキペディアの記事を信頼してそのままレポートに引用することは避けた方がよい。記事の二次資料をあたるか，専門書や学術論文を調べ直す必要がある。

演習 3.2

次の一次資料をインターネットから示しなさい。また出典も明記しなさい。

(1) 日本の人口

(2) 世界の人口

3.4　インターネットの情報発信

インターネットで情報発信する手段は，ウェブページの開設から電子掲示板，SNS，電子メールまで含め数多くある。またパソコンだけでなく，スマートフォン，タブレット端末などからも送信が可能になり，誰でもどこでも簡単に情報を発信できる。しかし便利な反面，不確かで不道徳で不利益な情報も発信できることを忘れてはならない。本節では，情報発信の具体的なサービスを取り上げ，情報社会に参画する態度について取り上げる。

3.4.1　ウェブページ

ウェブページを作成してインターネットに公開すると，世界中の不特定多数の人に情報を発信することができる。ウェブページは作らないから，と安心しているかもしれないが，Twitterでつぶやく行為は短文のウェブページを作ることと同じである。そのツイートには URL が付与され，Google 検索で検索可能になる。情報発信環境を誰もが利用できるようになったことは素晴らしいことであるが，慣れない人が利用する場合には注意が必要である。本来は掲載してはいけない内容をウェブページで公開すると，誰かに迷惑や損害を与えることがあるので注意しなければならない。また一度公開されたウェブページは削除したとしても，すでに誰かがコピーして保存したかもしれないし，検索エンジンのデータベースに複製されてキャッシュから検索可能になっているかもしれない。自分のウェブページを公開する際は，その内容をさまざまな観点から，慎重に検討したうえで発信しなければならない。

誤字脱字のチェック　誰でも自分で打ち込んだ文章の中に思わぬミスがある。ウェブページとして公開した後で，内容に誤りがあったり，誤字や脱字，英単語の綴りの誤り，文書の体裁に問題があると恥ずかしい思いをするので，十分にチェックしてから公開するようにしなければいけない。

著作権とプライバシーへの配慮　他者の著作権やプライバシーに配慮した情報発信をする。著作権とは，著作物を他人に使用させる許可を与えたり，著作物を財産として所有したりすることのできる権利である。著作物とは，音楽や文章などの他にソフトウェアも含まれる。他人の著作物をウェブページに利用する場合は，その利用規定を守らなければならない。利用の際に許諾が必要なもの，商用利用が制限されているもの，利用報告を義務付けているものなどがある。

プライバシーに配慮すべき情報は，個人の氏名，生年月日，住所，電話番号，顔写真などである。個人が特定できないと思われても，学校名や参加したイベントなど共通するキーワードから他のウェブページの情報と結びつけて特定されることもあるので注意が必要である。

アクセシビリティへの配慮　アクセシビリティ（accessibility）とは，ウェブページに掲載されている情報を，誰もが負担なく取得できることをいう。高齢者や障害者がそのウェブページにアクセスしても戸惑うことなく情報を取得できるように配慮しようという考えである。優先的に取り組むべき点を挙げる。

- HEAD につける <TITLE> は，内容がわかるように適切なタイトルをつけること。
- 画像には ALT 属性をつけること（視覚障害者が使う音声ブラウザの読み上げ機能への対応）。
- 背景色・文字色などは，コントラストが十分にあり，見やすいこと（高齢者の視認特性への配慮）。
- 色によって伝えられる情報は，色がなくても情報が伝わるようにすること（色覚障害者の視認特性への配慮）。

詳しくは，「JIS X8341-3：2016 高齢者・障害者等配慮設計指針—情報通信における機器，ソフトウェア及びサービス—第 3 部：ウェブコンテンツ」（2016 年発効），または，「W3C ウェブコンテンツ・アクセシビリティ・ガイドライン（WCAG）2.0」（2008 年勧告）を参照すること。

3.4.2　電子メール

電子メールは特定の相手に向けた情報発信である。電子メールは SNS と異なりビジネス用途に使われることが多いので，その仕組みや用途を理解し，正しいマナーを身につけて利用する必要がある。

メールアドレスは公式のアドレスを使う 大学のレポート提出，教職員との連絡，就職活動，大学の名を冠した活動では必ず大学から付与されたメールアドレスを使う。大学のメールアドレスには固有のユーザ名と大学のドメイン名が含まれるので相手に信用を与えることができる。

相手のメールアドレスを確かめる メールアドレスを1文字でも間違えるとメールは届かない。宛先不明のメールに対しては，メールサーバから [Undelivered Mail Returned to Sender] という件名のメールが送信者に届く。正常に送信できたと思っていても，不達の通知が届いていないか確認すること。一方，間違った相手に送信した場合は通知もなければメールを取り消すことができないので，メールアドレスを十分に確認してから送信すること。

件名を書く 受信者がタイトルを見ただけで用件がわかるように，適切な件名（Subject）をつけること。空欄で送ることは相手への配慮に欠けるだけでなく，相手のメールソフトウェアによって迷惑メールに分類されてしまい読まれない可能性もある。

本文は適切な文章表現で書く 電子メールは，友人同士の気軽なメール，簡単な返事のメール，仕事のかしこまったメール，就職活動中の企業宛てメールなど，さまざまな場面，用途で使われる。メールの書き出しや文体にはそれぞれ適切な表現を使うように心がける必要がある。書き出しには，**○○様** のように宛先人（To: や Cc: に設定した名前）を書いた方がよい。本文の内容は，転送されて困る内容は書かない。逆に相手からのメールは無断で第三者に転送したり公開してはならない。最後に，本文は必ず読み直し，アドレスの間違いがないか，誤字脱字，不適切な表現がないかを確認する。一度送ったメールは取り消すことができないことに注意する。

引用は必要部分だけにする メールソフトウェアの返信ボタンを押すと，自動的に元のメールの本文に「>」のような引用符をつけて返事を書く準備を整えてくれる。やり取りの経緯がわかることも大事であるが，返信する内容に関係する行だけを残し他の行は削除する方が望ましい。

添付ファイルの注意 添付ファイルとは，電子メールに同封するファイルのことである。添付ファイル（バイナリデータ）は電子メールソフトが自動的にテキストデータにエンコードして送信される。バイナリデータをテキストデータに変換すると情報量は増加するので，添付ファイルを送信する場合，ファイルサイズを圧縮するなどの処理を施し，サイズの大きなファイルの添付は避けるべきである。数十メガバイトの大きなファイルは，ファイル転送サービスにファイルをアップロードし，そのダウンロードリンクを本文に記すとよい。

3.4.3 SNS

SNS（エス エヌ エス，Social Networking Service）は，社会的ネットワークをインターネット上で構築できるサービスである。Twitter，Facebook，LINE，Instagram などさまざまなサービスがある。これらのサービスを利用して，さまざまな人々が時間，場所を超えたコミュニケーションを行えるようになった。反面，個人情報の書き込み，デマ，著作物の無断掲載などで個人や社会に損害を与えたり，自分の違反行為を自慢げに掲載して社会的批判を浴びるなどの「炎上」事例が絶えない。これらを技術で防ぐことは難しく，結局のところユーザのモラルに頼るしかない。自分や他人を特定するような情報，損害を与えるような情報は決して発信してはならない。特定の人しか見られない「鍵付き」のグループであっても，電子化された情報は「コピペ」されてインターネット上に「拡散」されるものである。SNS

は不特定多数の人が見ることを理解し，その書き込みの内容によって起こりうることを想像して，これらのサービスを利用してほしい。

3.5　情報セキュリティ

情報セキュリティに関心をもち，情報漏洩の防止に努めたり，セキュリティソフトを導入することはインターネットの利用者の義務である。最新の情報通信技術（Information and Communication Technology : ICT）を使い，自由に情報収集，情報発信を行いたいのであれば，コンピュータの動作やネットワークの仕組みに関心をもち，ニュースで報道されるマルウェアや不正アクセスの被害，フィッシング詐欺やなりすましの手口，そしてこれらの防御方法について情報を収集すべきである。

3.5.1　セキュリティホール

セキュリティホール（security hole）とは，ソフトウェアの情報セキュリティ上の潜在的な欠陥である。設計・仕様上のミスや，プログラムの不具合などが原因とされる。セキュリティホールをそのままにしてソフトウェアを使い続けると，その欠陥を利用した不正アクセスが行われたり，サービスが妨害されたり，コンピュータウイルスの侵入・実行を許してしまう。このような状態を脆弱性（ぜいじゃくせい）があるともいう。コンピュータへの不正な侵入を許してしまうと，情報資産が危険に曝されるだけでなく，そのコンピュータを踏み台にして別のコンピュータに不正アクセスが行われる。すると被害者ではなく加害者にもなりかねない。

脆弱性に対策するためにはオペレーティングシステム（OS）やアプリケーションをアップデート（更新）する必要がある。新しいセキュリティホールが発見されると，多くの場合，アプリケーションを開発したメーカーが修正プログラム（パッチ）を提供する。Windows の場合，サービスパックや Windows アップデート（Windows Update）によって提供される。ただし，一度セキュリティホールを修正しても，また新たなセキュリティホールが発見される可能性があり，常に OS やアプリケーションの更新情報を収集して，できる限り迅速に更新を行う態度が必要である。また，メーカーのサポート期限が切れた OS やアプリケーション，すなわち修正プログラムが提供されなくなったソフトウェアを使い続けることは危険であり，インターネット利用者全体に迷惑をかけることになりかねないので買い替えやバージョンアップをするべきである。

3.5.2　マルウェア

マルウェア（malware）とは，コンピュータウイルスやワームなど悪意あるコードの総称である。マルウェアは悪意のある人間がプログラミングしたソフトウェアであり，データの破壊・盗難，ユーザの望まない広告を表示するなどの目的がある。マルウェアは比較的サイズが小さく巧妙に組み込まれるので，感染したかどうかはコンピュータを一見しただけではわからない。

コンピュータウィルス（computer virus）は，他のプログラムやファイルの一部を書き換え（寄生，感染），自分を複製するマルウェアである。ワーム（worm）は，プログラムに感染しない独立したプログラムであるが，自身を複製して他のシステムに伝染する性質をもったマルウェアである。トロイの木馬（trojan horse）は正常なプログラムやファイルに偽装されたプログラムであるが，何かをきっかけに活動を始めるマルウェアである。

マルウェアがコンピュータで活動を始めた場合，画面にメッセージを出すなどの愉快犯的な振る舞い，そのコンピュータのデータを消去したり，操作を不能にしたりするなどのコンピュータ本体への被害が生じる。また近年では，メールアドレスやウェブページの閲覧履歴を第三者に転送したり，キーボードの入力キーを監視して ID やパスワード，クレジットカード番号などを盗み取るといった犯罪も起きている。

マルウェアの感染経路は，ウェブページを見ただけで感染するウェブ閲覧感染型，メールに添付された URL をクリックし，アクセスしたサイトからマルウェアをダウンロードするよう誘導して感染させるウェブ誘導感染型が有名である。これらは不審なウェブサイトにアクセスしない，不審なメールを受信してもその中の URL をクリックしないことで防げる。一方，ネットワークに接続しているだけで，OS のセキュリティホールを介して感染させるネットワーク感染型，USB メモリを刺しただけで感染させる外部記憶媒体感染型がある。これらは，マルウェア対策ソフトウェアを導入することによって高い確率で検出することができる。しかし，マルウェアは毎年いくつかの新種と，日々膨大な数の亜種が作り出されているので，その効果は 100 % ではない。そのため，マルウェア対策ソフトウェアのアップデート（更新）を頻繁に行う必要がある。同時に，アプリケーションや OS も最新の状態にしておく必要がある。

3.5.3　SSL 通信

SSL（Secure Socket Layer）とは，インターネット上でデータを暗号化して送受信する方法の 1 つである。インターネットで送受信するデータは暗号化されていない平文と SSL で保護された暗号文がある。平文は通信経路途中でデータを傍受して情報を盗み見ることができる。例えば，氏名や電話番号，クレジットカード番号，パスワードも取得することが技術的には可能である。このような盗聴を防ぐために，ショッピングサイトやウェブメール，銀行のサイトなど重要な情報をやり取りするウェブサイトは，SSL を利用して暗号化するようにサーバが設定されている。暗号化されているウェブサイトに接続すると，URL が http:// ではなく https:// に変わる。さらにアドレスバーの横に「鍵」マークが表示される（図 3.4）。

図 3.4　SSL 通信中の鍵マーク（Internet Explorer 11）

演習 3.3

(1) 1年以内に発生した情報セキュリティの事件・事故を調べなさい。

(2) あなたのログインのパスワードが悪意ある人物に盗まれた場合，予想される事態を考察しなさい。また，パスワードが盗まれた後にとるべき対処と盗難対策を考えなさい。

第4章

電子メール

電子メールはインターネットの世界で利用されてきたソフトウェアの中では古典的なもので，しかも日常的に使う基本的なアプリケーションである。本章では，まず電子メール（e メール）の仕組みについて簡単にふれる。そこで，電子メールの特長，電子メールの書き方の注意について理解してほしい。電子メールに関する操作の演習は特定の電子メールソフトウェア（メーラとも呼ぶ）の例を取り上げているが，読者のそれぞれの利用環境と比較して読み進めてもらえれば幸いである。

4.1 電子メールの仕組み

届いた電子メールの蓄積や転送および電子メールの発送を行う計算機を電子メールサーバと呼ぶ。電子メールを利用するには，インターネット上で識別できる（＝ドメイン名のついた）電子メールサーバに，自分のユーザ ID が必要である。電子メールサーバには各ユーザ ID ごとに私書箱[1)]が用意され，そのユーザ ID に届いた電子メールは私書箱の中に蓄積されていく。利用者の電子メールアドレスは一般に

ユーザ ID@電子メールサーバのドメイン名

例）　kogaku_ichiro@mail.example.ac.jp
　　　momo_taro@mail.example.co.jp

と表記される。

電子メールを利用する方法はいろいろある。いまでは携帯メールが最もポピュラーなものとなったが，一般家庭のパソコンから利用するものに，プロバイダー（Internet Service Provider）の電子メールサービスがある。自宅のパソコンの電子メールソフトウェア（Outlook Express など）を起動してプロバイダーの電子メールサーバにダイアルアップ接続[2)]して，自分のユーザ ID でログインすると，電子メールサーバの私書箱に届いているメールがパソコンに自動的に取り込まれる。このとき電子メールソフトウェアであらかじめ書いておいた電子メールがあれば，それを電子メールサーバへ送出することも自動

[注)] 他の章では「利用者」を「ユーザー」と表記しているが，本章では扱うメールソフトウェアでの表記に従い，「ユーザ」の表記とした。同様に他の章では「フォルダー」と表記しているが，本章では「フォルダ」と表記した。

[1)] スプールと呼ばれている。

[2)] パソコンに内蔵しているモデムからプロバイダーへ電話をかけて，電話回線経由で Internet の通信サービスを利用することができる形態であり，PPP（Point to Point Protocol）接続とも呼ばれる。

的に行われる。その後，電子メールサーバとの通信を断って，パソコンに取り込まれた電子メールをゆっくり読むことができる。このとき，パソコンと電子メールサーバの間で，POP3（Post Office Protocol Version 3）と呼ばれる通信規約で電子メールのやり取りが行われ，私書箱に届いた電子メールはパソコンに取り込んだ後に消去するように設定できる。この使い方は郵便局に届いた手紙の扱いに似ている。

POP3の方法で使用する市販の電子メールソフトの設定は，使用する電子メールソフトウェアのマニュアルおよびプロバイダーが提供する情報に従って行う。これは決して難解なものではないので，パソコンを所有しているならば，是非とも自ら試みてみるとよい。電子メールの利便性は携帯電話の電子メール機能を使っている人には周知のことであろうが，パソコンで使用することのできるプライベートな電子メールアドレスをもっていると，いざという時に役に立つものである。以下に電子メールの特長と電子メール作成上の技術的注意を挙げておく。

電子メールの特長

■ メールを送ると直ちに相手のアドレスに届く
インターネットによって通信が可能となっている電子メールサーバであれば，世界中どこであってもほとんどリアルタイムに届けられる。

■ 相手が忙しくてもメッセージが伝わり，送信記録を残せる
電子メールはメッセージが確実に届けられ，送信した電子メールのコピーを残せる。

■ メールの再利用ができる
手元にある電子メールの実体はファイルであるから，たとえば，キーワード検索することにより情報源として何度でも利用することが可能である。原稿などをメール本文や添付ファイルの中に入れて送れば，受け取った人はそのデータを処理して印刷などの2次加工を行える。

電子メール作成の技術的注意

電子メールを作成するときは，受信する相手があなたとは異なる利用環境で電子メールを読むことを想定しなければならない。あなたが作成したメールを異なる利用環境で表示すると，メールの一部分や全体が読めなくなったり，非常に読みにくい表示となったりしないように次の配慮が必要である。

1. 次の文字を使った場合は受信側では正しく表示されないことがある。
   - **半角カナ文字**
   - ①，②，③などの**環境依存文字**[3)]
2. 1行の文字数は**全角で34文字以内**[4)]として，行末に改行（Enterキーを押す）を入れること。

メールの表題や内容に環境依存文字を使用すると，受信する側のコンピュータシステムによっては，対応する文字が別の文字で表示されたり，その文字以降の内容が文字化けして表示されることがある。メールの内容において1行の文字数が一定文字数を超える場合には自動的に改行されて次の行に折り返して表示されるのが標準的であるが，古い電子メールシステムにおいては自動的に改行されず，表示画面よ

3) マイクロソフト社の日本語マニュアルでは環境依存文字と呼ばれている。
4) この章で扱うActive! mailの場合は36文字で改行されるためである。返信時に本文を引用するとき，先頭に2文字（>と空白）が追加されることも考慮する。

り右側の部分は左右にスクロールして表示させるケースがある。たとえば1行の入力文字数を全角で40文字で改行した場合には，受信側のシステムが各行を36文字で自動的に折り返して2行で表示すると，1行おきに長さが異なる表示となり読みづらくなる。

4.2　電子メールソフトウェアの例

教育機関の場合は，学生が演習室のどのパソコンからも自分のメールを読み書きできるようにする環境が必要である。そのために電子メールサーバにメールを蓄積して，直接読み書きできるようなメールシステムが好都合である[5)]。

ここでは，こうした要請とさらにウェブブラウザから利用できる仕組みを備えたActive! mailというウェブメールシステムを紹介しよう。ウェブメールシステムは，どこからでもパソコンのウェブブラウザによって電子メールの読み書きができるうえ，添付ファイルも簡単に扱えるので便利である。

演習 4.1
Active! mailの起動とログイン・ログアウト。メインメニューの構成を理解する。

1. 演習室のPCの利用者はデスクトップ上にある次のアイコンをダブルクリックすればよい。

図 4.1　Active! mailのアイコン

2. すると，Internet Explorerが起動して電子メールサーバへのログイン画面が表示される。

Login
ユーザID：
パスワード：
言語選択：自動選択
ログイン
Active! mail
©1998-2017 QUALITIA CO., LTD. All Rights Reserved.

図 4.2　ログイン画面

自分のユーザIDとパスワードをタイプして［ログイン］をクリックすると，図4.3の6つのタブで構成されるメインメニューの中で「メールホーム」の画面が表示されて，右上には「ログアウト」ボタンが表示される。

3. メインメニューとなっている各タブの役割について簡単に説明する。

[5)] IMAP4（Internet Message Access Protocol Version 4）対応の電子メールソフトウェアは一般的にそのような利用を前提としている。

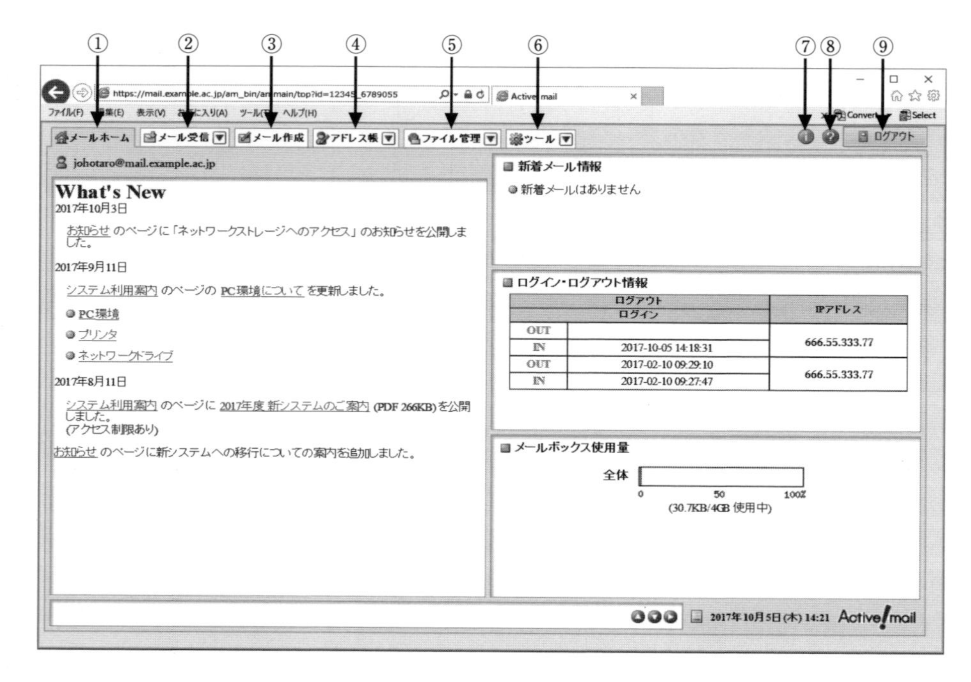

図 4.3　「メールホーム」の画面

① **メールホーム 「メールホーム」画面**（図 4.3）**を表示する**

画面左側にはシステム管理者からのメッセージ，画面右側には新着メールの有無，過去のログイン・ログアウト情報およびメールボックス使用量が表示される。

② **メール受信 「メール受信」画面**（図 4.12）**を表示する**

サーバ上のメールの閲覧，返信，転送，移動，削除などの操作が行える。

③ **メール作成 「メール作成」画面**（図 4.9）**を表示する**

メールを作成して，メール送信が行える。

④ **アドレス帳 「アドレス帳」**（図 4.20）**画面を表示する**

個人アドレス帳およびグループの閲覧，新規登録，アドレス検索が行える。

⑤ **ファイル管理 「ファイル管理」**（図 4.33）**画面を表示する**

ファイルのアップロードおよびダウンロード，チケット発行，チケット管理が行える。

⑥ **ツール 「ツール」画面を表示する**

「一般設定」「メール設定」「フォルダ管理」「プロフィール管理」「署名管理」「迷惑メールフィルタ」「ファイル管理設定」などの各ツールをクリックして設定画面を表示できる。

⑦ **「システム情報ビューア」画面を表示する**

ユーザ情報，ディスク使用量，サーバ負荷状況を確認するときに利用する。

⑧ **「Active! mail ヘルプ」画面を表示する**

Active! mail のオンラインマニュアルであり，使い方がわからないときに利用する。

⑨ **ログアウト メールシステム Active! mail からログアウトする**

Active! mail を終了するときにクリックする。

演習 4.2

署名の設定を行う。

［ツール］タブをクリックして「ツール」サブメニュー画面を表示して，**署名管理** をクリックすると図 4.4 の署名リストが表示される。署名とはメール作成時に本文の末尾に追加される個人情報である。

図 4.4　署名リスト

ここで 新規作成 をクリックすると，図 4.5 の「署名 新規作成」が表示される。設定名を入力して，署名内容には自分の名前，所属，電子メールアドレス，連絡先などを設定する。複数の署名を用意して，メール送信時に設定名を切り替えて利用することができる。

① **設定名**：署名の名称を入力する。設定名は署名リストやメール作成画面の署名選択プルダウンメニューに表示される。

② **署名内容**：署名を入力する。署名内容はメール送信時にメール本文の末尾に追加される。

図 4.5　署名新規作成画面

［OK］ボタンをクリックすると，更新された**署名リスト**が表示される。

□	署名	内容
□	大学所属	情報太郎(じょうほうたろう) ○○○○大学 情報学部1年 johotaro@mail.example.ac.jp http://www.example.ac.jp/~johotaro
□	所属クラブ	情報太郎(じょうほうたろう) ○○○○大学 1部体育会弓道部 johotaro@mail.example.ac.jp http://www.example.ac.jp/~johotaro

図 4.6　署名リスト（更新）

図 4.6 は 2 つの署名を作成した例である。署名の内容を修正する場合は，署名リストの中の修正したい署名または内容をマウスでクリックして行う。削除する場合は，図 4.6 の署名リストのチェックボックスにマークを入れて，「-- 操作を選択 --」の欄で削除を選択する。

演習 4.3

プロフィールの設定を行う。

［ツール］タブをクリックして「ツール」サブメニュー画面を表示して，**プロフィール管理**をクリックする。すると図 4.7 のプロフィール管理リストに切り替わる。

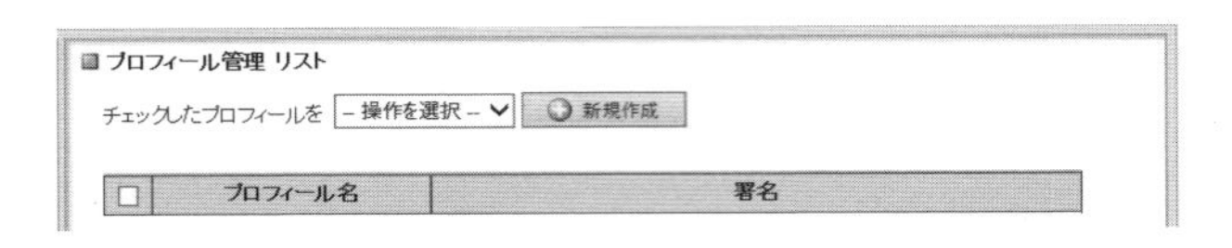

図 4.7　プロフィール管理リスト

設定可能なプロフィールの項目は**プロフィール名，名前，返信先，組織名，署名**である。下に説明するとおり，これらは送信メールの大切な構成要素であり丁寧に設定すべきである。

① **プロフィール名**：プロフィールの名称を入力する。この名称はプロフィール管理リストやメール作成画面のプロフィール選択プルダウンに表示される。「**標準にする**」にチェックを入れておくとメール作成時に標準的に適用される**標準プロフィール**となる。

② **名前**：自分の名前を入力する。メールヘッダーの「From:」に使われる。受信したとき「送信者」の欄に表示される。

③ **返信先** (Reply-to)：送信するメールに対する返信メールを別アドレスにもらいたいとき，そのアドレスを入力する。メールヘッダーの「Reply-to:」に使われる。

④ **組織名**：自分の所属組織（大学名など）を入力する。メールヘッダーの「Organization:」に使われる。

⑤ **署名**：演習 4.1 で作成した署名の設定名をプルダウンメニューから選択する。

図 4.8　新規プロフィール作成画面

返信先（Reply-to）の記述を間違えると相手に迷惑がかかる。通常は図 4.8 のように未入力でよい。プロフィールの下の［OK］ボタンをクリックすれば，入力した内容だけが保存される。保存後にプロフィールを修正する場合はプロフィール名または署名の部分をクリックして行う。削除する場合はチェックボックスにチェックマークを入れておき，「-- 操作を選択 --」の欄で削除を選択すればよい。

演習 4.4

電子メールを自分のメールアドレスに送る。

メインメニューの［メール作成］タブをクリックすると次の「メール作成」画面が新規に表示される。

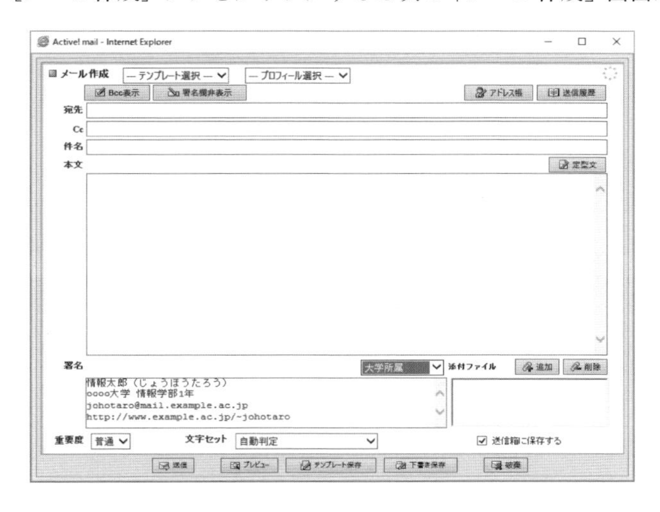

図 4.9　メール作成画面

宛先（To）（**必須入力**）の欄にはメールを送る相手の電子メールアドレス（以降，単にアドレスと記述）を入力する。同じメールのコピーを他のアドレスに送る場合は 2 通りある。通常は **Cc**（Carbon copy：写し）の欄に相手のアドレスを入力する。図 4.9 では **Bcc**（Blind carbon copy）の欄が非表示であるが Bcc表示 ボタンをクリックして **Bcc** の欄を表示し，そこに相手のアドレスを入力してもよい。その場合，**宛先**や **Cc** に入力したアドレスは全受信者に通知されるのに対して，**Bcc** に入力したアドレスは受信者に通知されない。右上の 送信履歴 をクリックすると，以前に送った送信先アドレスの一覧が表示される。そこから送信先アドレスを選択して**宛先**，**Cc**, **Bcc** に指定することができる。アドレス帳から指定する場合は アドレス帳 をクリックして行う。

件名とはメールの表題であり，内容にふさわしい表題を入力するように心掛けよう。

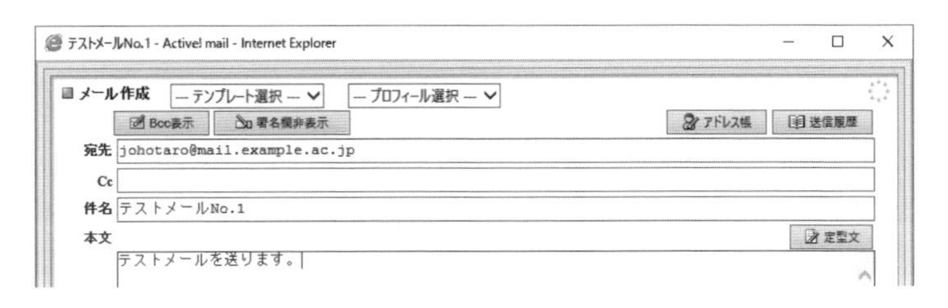

図 4.10　テストメールの内容の例

署名の欄には標準プロフィール（図 4.8 で「**標準にする**」としたもの）の署名が表示される。他のプロフィールを利用する場合は 大学所属 (標準プロフィール) から選択する。**重要度**のリストボックスは普通となっているが，最低から最高まで 5 段階の重要度を選択できる。重要度が指定された受信メールはメール受信のメール一覧で，件名の前の重要度の欄に（赤：最高），（黄：高い），無印（普通），（緑：低い），（青：最低）が表示される[6]。**文字セット**は自動判定のままでよい[7]。

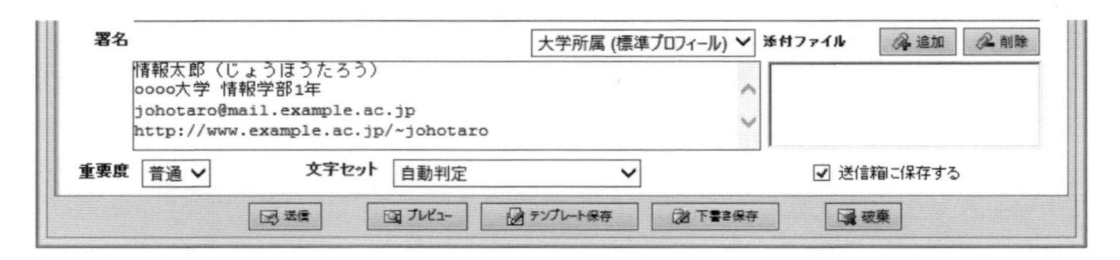

図 4.11　送信オプション

「**送信箱に保存する**」にマークが入っていれば，送信メッセージのコピーが送信箱に保存される。以上の注意を確認したうえで，ここでは自分自身に送るメールを想定しているので，図 4.10 のように最も簡単な内容のメールでよい。ここで 送信 をクリックすると，直ちに送信される。

演習 4.5

メール受信画面について理解する。

図 4.12　受信箱のメール一覧とメール内容の表示

6) X-Priority というユーザ定義のメールヘッダーによるものである。

7) このメーラの場合，文字セットとして UTF-8 に対応している。日本語だけでなく，英語，中国語，韓国語が扱える。UTF-8 は同時に多言語の文字コードを表現できる符号化形式である。

1. メインメニューの［メール受信］タブをクリックすると受信箱のメール一覧が表示される
   未読の表示 の新着メールからたったいま送信したメール（件名が**テストメール No.1**）をマウスでクリックして選択すると，チェックマークが入り，既読メールの表示 に変わる。下の窓に図 4.12 のようにメールの本文が表示される。本文の末尾に署名が追加されていることが確認できる。

   本文中にある電子メールアドレスをクリックすると「操作選択」の画面が開く。メール作成を選択すると宛先にそのアドレスが入ったメール作成の窓が開くので，容易にメールを送ることができる。また，「**送信者：**」と「**宛先：**」に記述された電子メールアドレスをクリックすると，「アドレス帳に追加」の画面が開くので，簡単にアドレス帳に登録することができる。

2. メール一覧上部の操作ボタン
   更新 はメール一覧表示以後に届いたメールがないかを確認するときに使う。返信 と 全員に返信 は選択したメールに対する返信メールの作成画面を表示する。前者は From 欄に記述されたアドレスに対して，後者は From: に加えて，宛先 (To): と Cc: のすべてのアドレスに対して返信メールを書くときに用いる。転送 は選択したメールを転送する画面を表示する。選択メールが 1 通のときは本文中に引用する形式で，2 通以上のメールを選択した場合は添付ファイルで転送される。［メール受信］タブでは，受信箱のメールの閲覧，返信，転送，削除，移動ができるとともに他のメールフォルダのメールに対しても同様の操作が行える。

3. メールフォルダの切り替え，メール一覧見出し上段および見出し行
   図 4.13 は左側のメールフォルダ一覧で「送信箱」のメールフォルダをクリックして「送信箱」の表示に切り替えたとき，数多くの送信メッセージが保存されている表示例である。この図のメール一覧上部の表示をみると，右の 送信箱 3374 / 4867 13.76MB から 4867 通のメールの内，未読メールは 3374 通，ファイルサイズは合計 13.76 MB ある。左のページリスト 1 / 49 から 49 頁の内で 1 ページ目が表示され，その右側のページ単位 表示: 100件 から 1 ページに 100 件のメールが表示されることがわかる。ページの選択はページリストの左右の矢印 (前の頁) か (次の頁) をクリックするか，ページ番号の右側のページメニューボタン で行う。

図 4.13 送信箱の表示例

見出し行の項目を左から順に説明しておこう。一括選択のチェックボックス をクリックすると一覧表示のすべてのメールにチェックが入り，選択される。 欄はメールの状態表示， の欄はマーク，中央の の欄は重要度を， の欄は添付ファイルの有無を表す。件名，宛先，

日時，サイズの各欄をクリックすれば，その項目について昇順，降順にメール一覧表示を整列する。図は日時で降順である。右端の の欄には迷惑メール確率が表示される（後述）。

演習 4.6

文書ファイルを添付して電子メールを自分に送り，それを読む。

メールに添付可能なファイル（Word 文書，Excel ブック，画像ファイルなど）を有していれば，それらのいくつかをまとめて電子メールに添付して送ることができる。

1. ここでは添付ファイルが必要となるため，もし何もファイルがなければ，第 5 章に記述されている方法で Word を起動して，適当な 1 行の文を入力して，ドキュメントフォルダの中にたとえば `test.docx` という名称のファイルを作成しておくものとする。
2. 自分宛に電子メールを書くために，先ほど（図 4.12）の受信メール本文末尾（送信者の欄ではない）にある自分のアドレスをクリックするか，そこになければ［メール作成］ボタンをクリックして「メール作成」画面で次のような文面を作成する。

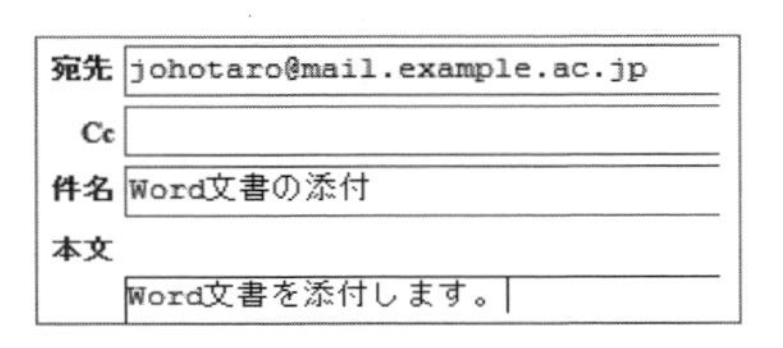

図 4.14　送信メールの内容の例

3. 文面が完成したら，本文の右下の 添付ファイル 追加 削除 の部分の［追加］をクリックする。すると図 4.15 の**添付ファイルのアップロード**が表示されるので，［参照］をクリックする。そこで，**アップロードするファイルの選択**が表示されたら，ドキュメントフォルダに作成したファイル `test.docx` を選択して［開く］で確定する。すると，図 4.16 のようにファイルのパスが入る。ここで［アップロード］をクリックすると，そのファイルがサーバに転送されて添付ファイルとして登録される。添付ファイル欄に登録されたファイルを確認する。同じ手順で複数の添付ファイルを登録できる。

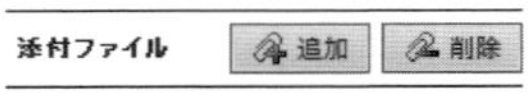

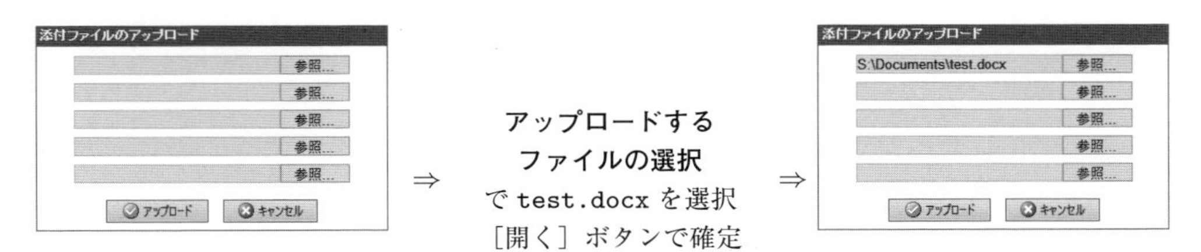

図 4.15　参照とアップロード（その 1）

図 4.16　参照とアップロード（その 2）

最後に［送信］ボタンをクリックしてメールを送信する。

4. ［メール受信］タブの**更新ボタン** をクリックして，受信箱のメール一覧の内容を確認する（図 4.17）。たったいま受信したメールの題名の左側の添付ファイルの欄 が添付ファイルの存在を示している。このメールの件名の部分（この場合は **Word 文書の添付**）をクリックしてみる。すると，図 4.18 のように表示される。

					件名	送信者	日時	サイズ
□					**Word文書の添付**	**情報太郎**	**12:53:39**	**17.35K**
□					テストメールNo.1	情報太郎	17/10/05	1006

図 **4.17**　受信箱のメール一覧

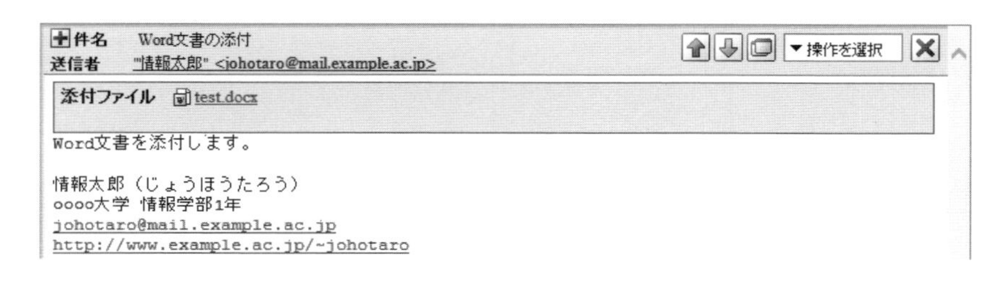

図 **4.18**　添付ファイルのあるメールの内容表示

添付ファイルがある場合，メール本文の上にファイル名が表示される[8]。それが BMP 形式，GIF 形式，JPEG 形式[9]などの画像ファイルの場合には，標準の設定では，本文の下に画像ファイルの内容が表示される。添付ファイルを開いたり保存したりする場合には最初にファイル名をクリックする。その後の操作を Internet Explorer 11 の例で示す。図 4.19 の「**ファイルのダウンロード**」が表示される。ここで［ファイルを開く］をクリックすれば，そのファイルに関連付けられているソフトウェアが起動されて，内容を確認できる[10]。Word 文書などの添付ファイルにはマクロウイルスが含まれている可能性があるので扱いには注意を要する。

図 **4.19**　ファイルのダウンロード（Internet Explorer 11 の場合）

［保存］をクリックするとダウンロード専用のフォルダに保存される。［保存］の右側の**プルダウンボタン** をクリックして「**名前を付けて保存**」を選択すれば，保存場所とファイル名を指定して保存することができる。保存したファイルはウイルススキャンを行い，安全を確認する。

[8] ファイルサイズの大きい添付ファイルの場合にはパソコンに表示されるまでやや時間がかかることがある。
[9] §8.7.1 (p.159) を参照。
[10] 一般に添付ファイルを開くためには，そのためのソフトウェアが PC に導入されていなければならない。

> **演習 4.7**
>
> アドレス帳への登録メール作成時にアドレス帳のアドレスを参照する。

電子メール送信時の宛先の指定は直接入力するよりアドレス帳から選ぶ方が便利である。それにはあらかじめメールアドレスを登録しておかなければならない。ここではアドレス帳にメールアドレスを登録して，その登録したメールアドレスを参照してメール作成を行う手順を以下に示す。

1. [アドレス帳▼] タブを選択する。図 4.20 にはアドレス操作の内容も表示されている。

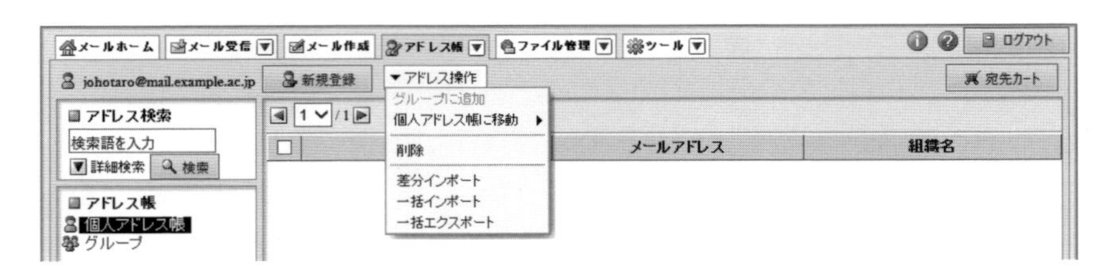

図 4.20　アドレス帳

ここで [新規登録] ボタンをクリックして，次のように先生のメールアドレスを登録する。

新規アドレス登録

*：必須入力

名前*	鈴木先生	ふりがな*	すずきたろう
メールアドレス*	suzukitaro@mail.example.ac.jp		
組織	○○○○大学	部署	情報学部
役職	教授		
電話1		電話2	
電話3		FAX	
郵便番号			
都道府県		市区町村	
番地		国	
URL			
メモ	情報処理入門担当		
フォルダ	▼（フォルダ指定なし）		

[登録]　[キャンセル]

図 4.21　メールアドレスの登録

[登録] ボタンで登録して，表示された個人アドレスをクリックすると図 4.22 のように表示される。ここでアドレス帳での操作についていくつか紹介しておく。図 4.20 の左の欄の [個人アドレス帳] が選択されているときに下に現れる [作成] ボタンでフォルダを作成して，個人アドレスをフォルダに収納することができる。また，図 4.20 の左の欄の [グループ] が選択されているときに，下に現れる [作成] により新しいグループを作成することができる。選択したメールアドレスを [▼アドレス操作] の中の「グループに追加」によってグループに登録する。メール作成の宛先にグループを指定すれば，そこに登録されたメールアドレスに送信される。

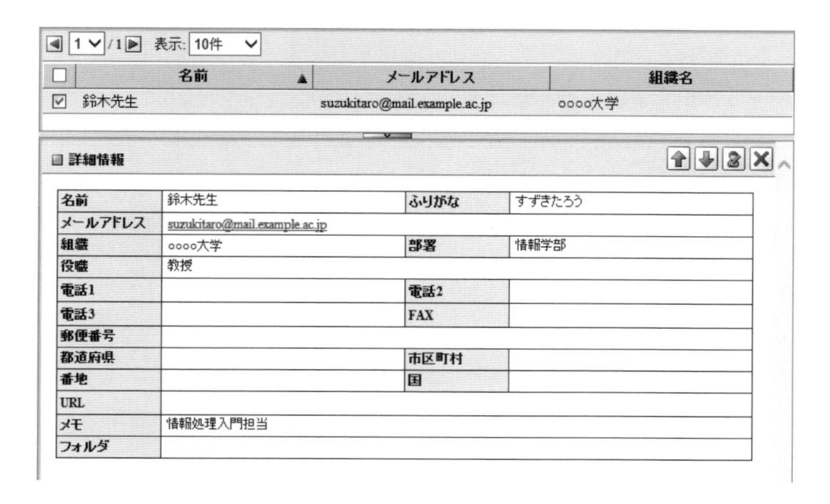

図 **4.22** 登録されたメールアドレス

[▼アドレス操作] の中の「差分インポート」「一括インポート」「一括エクスポート」の操作は，CSV 形式[11]や XML 形式[12]のファイルに記録されているアドレスをアドレス帳へ登録（インポート）したり，逆にアドレス帳の内容をファイルに出力（エクスポート）したりするときに使用する。「一括インポート」は登録済みの個人アドレスおよびグループを全削除するので注意がいる。

2. メール作成画面で，[アドレス帳] ボタンをクリックすると，図 4.23 のようにアドレス帳の内容が表示される。ここで送り先のチェック欄にマーク ☑ を入れて，宛先欄，Cc 欄，Bcc 欄のどれかの [⇨] をクリックすれば，そのアドレスが欄内に入り，最後に [OK] をクリックするとそのアドレスをメールの宛先，Cc，Bcc に設定することができる。

図 **4.23** アドレス帳の参照

11) CSV（Comma Separated Value）形式とは，各項目データをコンマで区切って並べた形式を指す。
12) XML（eXtended Markup Language）形式とは，Excel 2003 の XML 形式を指す。

演習 4.8

メールの整理（フォルダの作成とメールの移動）を行う。

受信箱に蓄積されたメールの容量が許容量に達するとそれ以上はメールを受信できなくなる。不要なメールは削除するとともに，残しておくメールは別のフォルダに移動して管理するのがよい。

1. **フォルダ作成**

   ツール▼ タブの▼をクリックして「フォルダ管理」を選択（図 4.24）する。フォルダ管理（図 4.25）で 新規作成 をクリックしてフォルダ「授業」（図 4.26）を作成する。

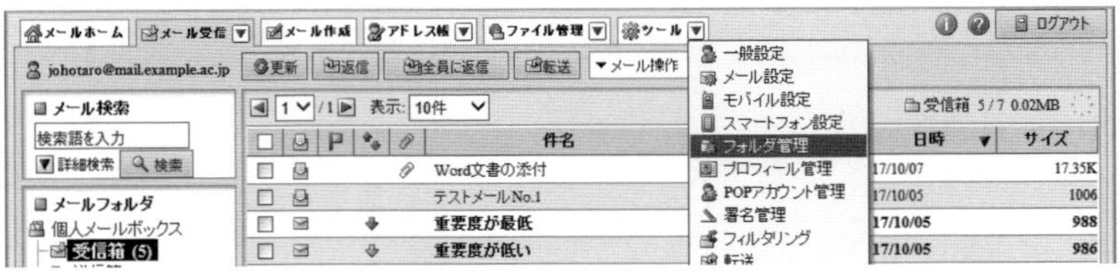

図 4.24　ツールタブのフォルダ管理を選択する画面

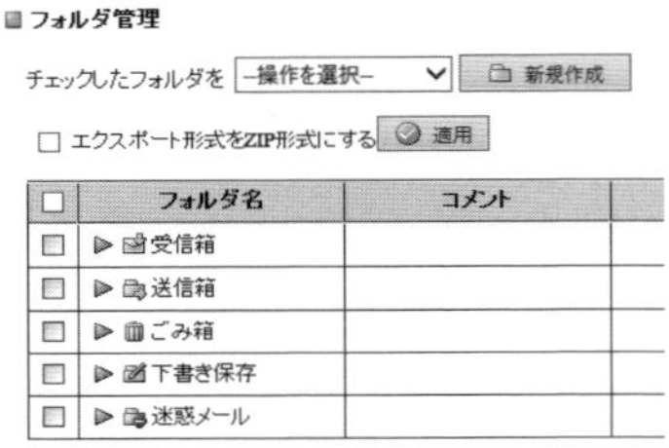

図 4.25　フォルダ管理

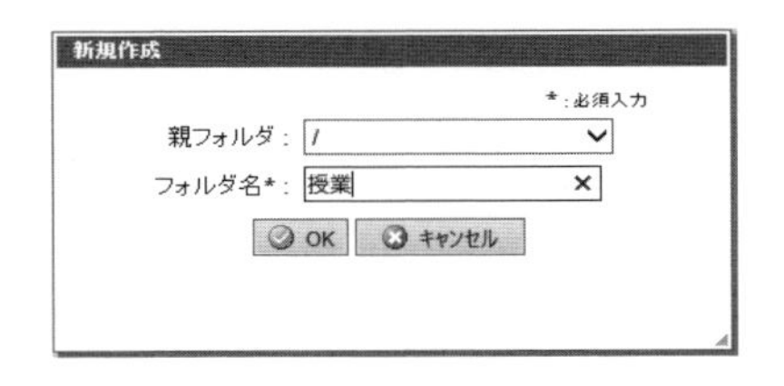

図 4.26　フォルダの新規作成

2. **メールの移動**

   メール受信▼ タブの▼で「受信箱」を選択して，メール一覧表示で移動対象のメールにチェックマーク☑を入れて，▼メール操作 から「移動」を選び，フォルダ「授業」へ移動する（図 4.27）。

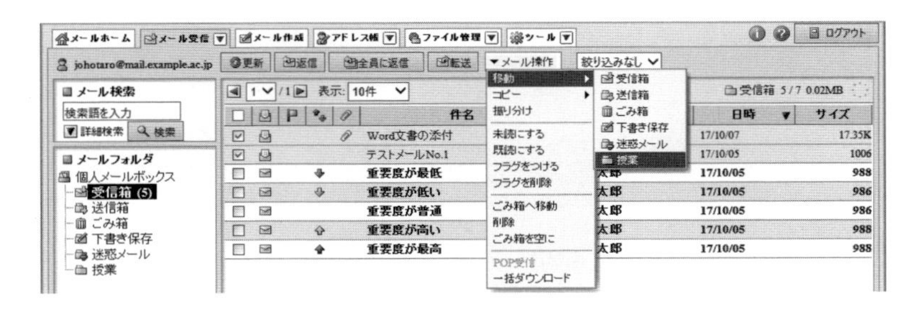

図 4.27　ファイルをフォルダ「授業」へ移動する操作

> **演習 4.9**
>
> メールの振り分け（フィルタリング）の設定を行う。

1. **フィルタリングテスト用のフォルダを作成**
   [ツール▼] タブの [▼] をクリックして「フォルダ管理」を選択（図 4.24）する。フォルダ管理（図 4.25）で [新規作成] をクリックしてフォルダ「TEST」を作成する。
2. **ツール→フィルタリング**
   次に [ツール▼] タブの [▼] から「フィルタリング」を選択（図 4.28）する。

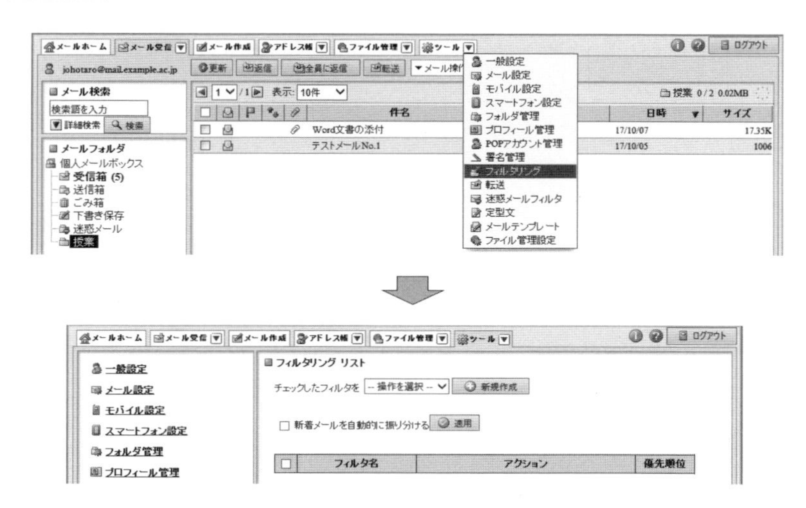

図 4.28 ツールタブからフィルタリングを選択してフィルタリングリストを表示

3. **フィルタリングの新規作成**
   フィルタリングリスト（図 4.28）の [新規作成] ボタンをクリックして表示されるフィルタリング新規作成画面（図 4.29）で，設定名は「テスト」，条件設定は「差出人が自分の名前（標準プロフィールの名前：ここでは情報太郎）を含む項目」，アクションは「次のフォルダに移動」で「TEST」をフォルダ選択して [OK] をクリックする。

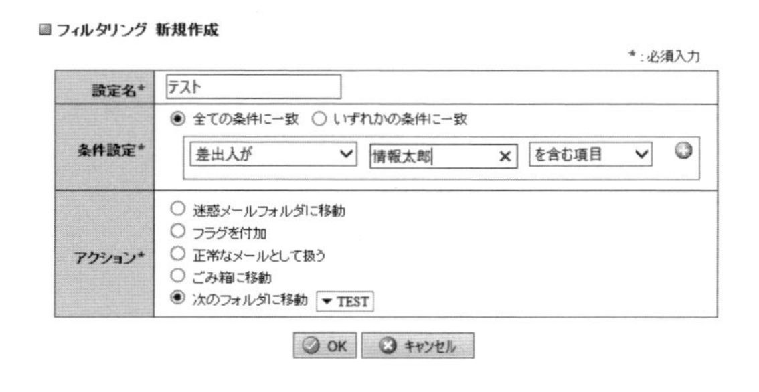

図 4.29 フィルタリング新規作成

すると図 4.30 のフィルタリングリストとなる。振り分け（フィルタリング）ルールを複数用意すると，振り分けは上のフィルタリングから順番に適用される。その優先順位を図 4.30 右側の ⇧⇩ ボタンにより変更することができる。

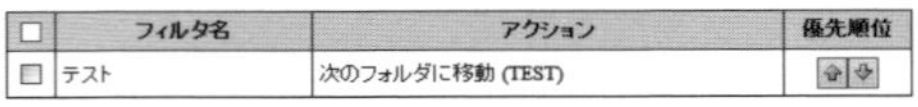

□	フィルタ名	アクション	優先順位
□	テスト	次のフォルダに移動 (TEST)	⇧⇩

図 4.30　フィルタリングリスト

4. **振り分けの実行**

メール受信▼ タブの ▼ で「授業」のメール一覧表示をして，▼メール操作 から「振り分け」を選ぶと，差出人が自分の名前（ここでは情報太郎）のメールはメールフォルダ「TEST」へ移動する。

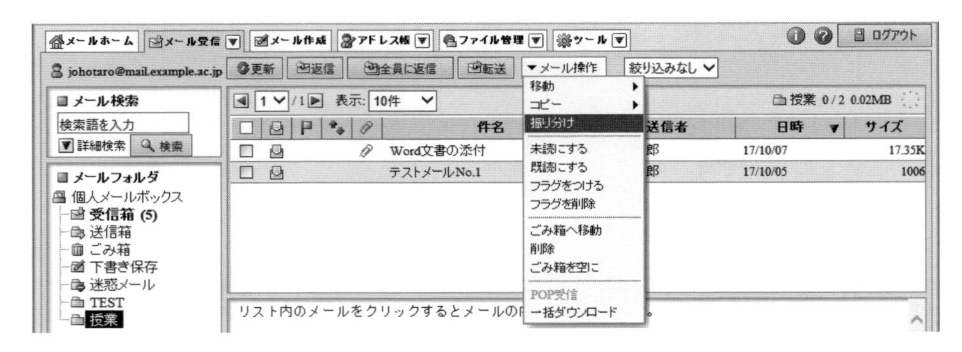

図 4.31　メールの振り分け

5. **振り分けの確認**

メール受信▼ タブの ▼ でメールフォルダ「TEST」のメール一覧表示（図 4.32）を確認する。

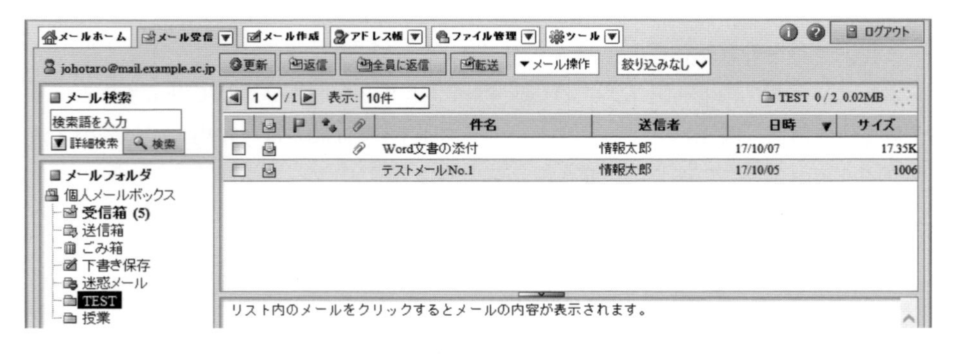

図 4.32　メールフォルダ「TEST」のメール一覧表示

6. **メールを受信箱へ移動して，再度振り分けを行う**

図 4.32 のメール一覧表示ですべてのメールにチェックマーク ☑ を入れて，▼メール操作 から「移動」を選び，フォルダ「受信箱」へ移動する。その後，メールフォルダ「受信箱」を開いて，そこで再度メールの振り分けを行い，メールフォルダ「TEST」へ移動することを確認する。

演習 4.10

「ファイル管理」の仕組みを理解する。

ファイル管理とは，利用者がサーバにファイルを保管する機能と利用者や他人がサーバ上のファイルをダウンロードする機能からなっている。これを利用すると次のことが可能になる。

1. 利用者はサーバに接続すればアップロードしておいたファイルをダウンロードすることができる。
2. 利用者がダウンロードチケットを発行して電子メールで送信すると，受信者はチケットに記載された URL をクリックしてサーバに接続して，通知されたパスワードで認証を受ければファイルをダウンロードすることができる。

「ファイル管理」タブをクリックすると図 4.33 のアップロードされたファイルの一覧が表示される。ここでファイル名をクリックして選択すると，チェックマークが入り，詳細情報が下の区画に表示される。個人フォルダの中にはフォルダを作成できて，フォルダにファイルを収納することができる。

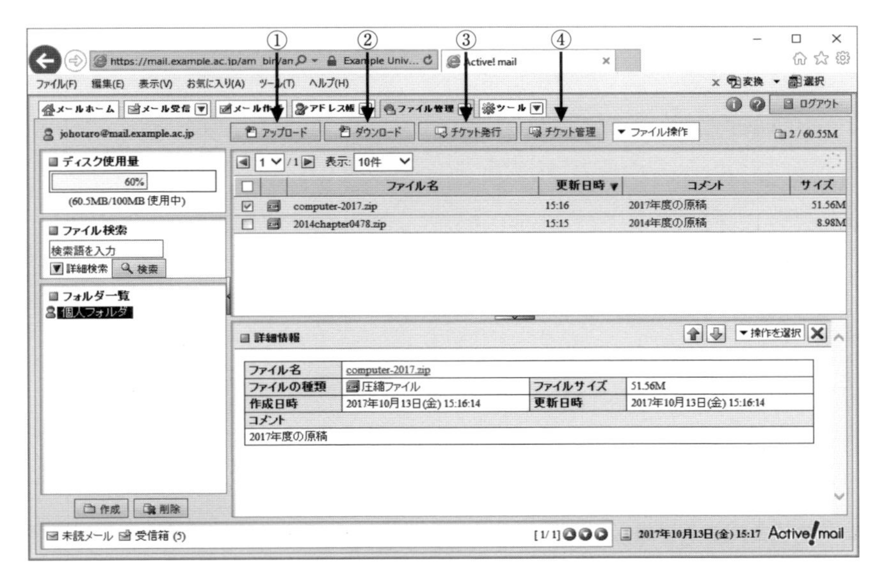

図 4.33 ファイル管理の画面

この画面での主な操作は以下の 4 つのボタンによって行う。

① [アップロード] ファイルアップロードの画面を表示する。[参照] ボタンでファイルを指定して，コメントを入力後，[アップロード] ボタンでファイルをアップロードする。

② [ダウンロード] ファイルを選択後，このボタンでファイルをダウンロードする。複数のファイルを選択すると ZIP 圧縮形式[13]のファイルで一括してダウンロードされる。

③ [チケット発行] ファイルを選択後，このボタンでダウンロードチケット発行画面を表示する。

④ [チケット管理] 発行したダウンロードチケットの管理画面が表示される。

---

[13] 複数のファイルを 1 つのアーカイブ（書庫）ファイルに圧縮して格納する形式であり，拡張子は `zip` となる。

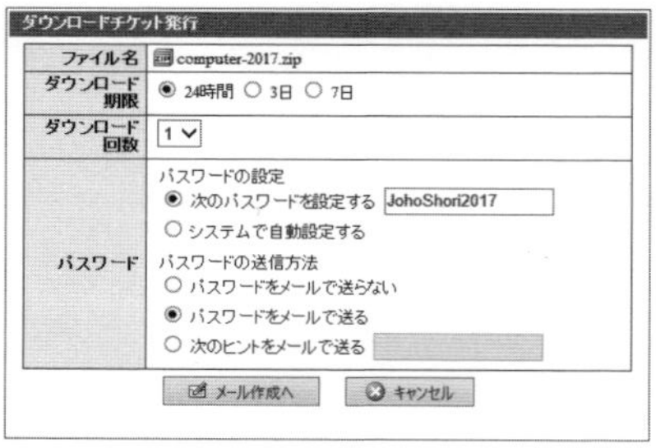

図 4.34　ダウンロードチケット発行画面

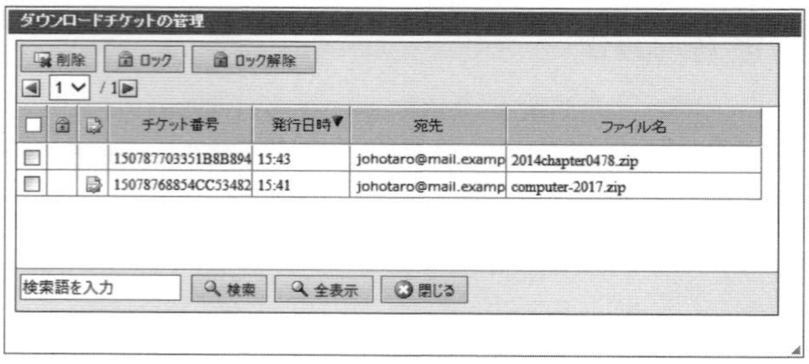

図 4.35　ダウンロードチケット管理画面

図 4.34 のダウンロードチケット発行画面では，ダウンロード期限と回数，パスワードを設定する。「パスワードをメールで送る」または「次のヒントをメールで送る」を選択して［メール作成へ］をクリックすればチケットメール作成画面となり，Bcc 欄に宛先のメールアドレス，件名，本文を添えて送信すると，チケットメールと同時に別便のメールでパスワードまたはヒントが相手に送信される。

受信者に届いたチケットメールにはファイルのダウンロードの説明と図 4.36 のチケット情報が含まれている。別便のパスワードまたはヒントから推測できるパスワードがログインの際には必要となる。

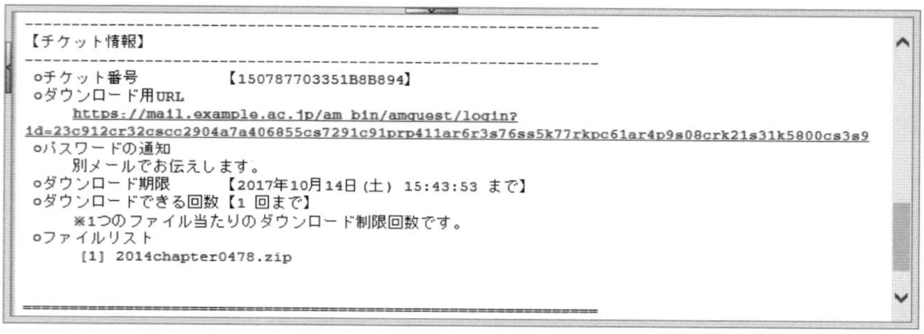

図 4.36　チケット情報

チケット情報のダウンロード用 URL をクリックすると図 4.37 のログイン画面が表示される。受信者はメールアドレスとパスワードを入力してログインすれば，ファイルをダウンロードすることができる。受信者がファイルをダウンロードすると，図 4.35 の画面にはダウンロード済みのマーク が入る。

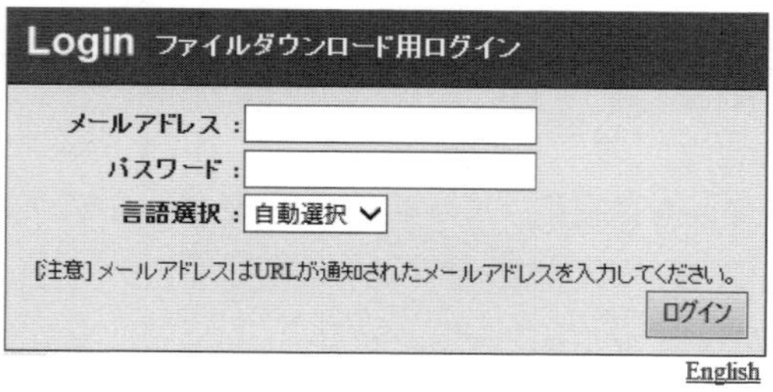

図 4.37　ダウンロード用ログイン画面

演習 4.11

「一般設定」,「メール設定」および「迷惑メールフィルタ」の設定を確認する。

1. **一般設定**

ツール ▼ タブの ▼ から「一般設定」を選択すると初期設定の図 4.38 が表示される。この内容で特段の不都合はない。言語は「日本語」の他には「英語」「中国語」「韓国語」が選択できる。不要なメールを積極的に消すために「ログアウト時にごみ箱を空にする」にチェックマークを入れておくとよい。ただし，うっかり必要なメールをごみ箱へ入れることがないようにする。「拡張キーボードショートカット機能を使用する」にチェックマークを入れると図 4.39 のショートカットキーが利用できる。ここでの設定変更は 適用 ボタンをクリックすれば反映される。

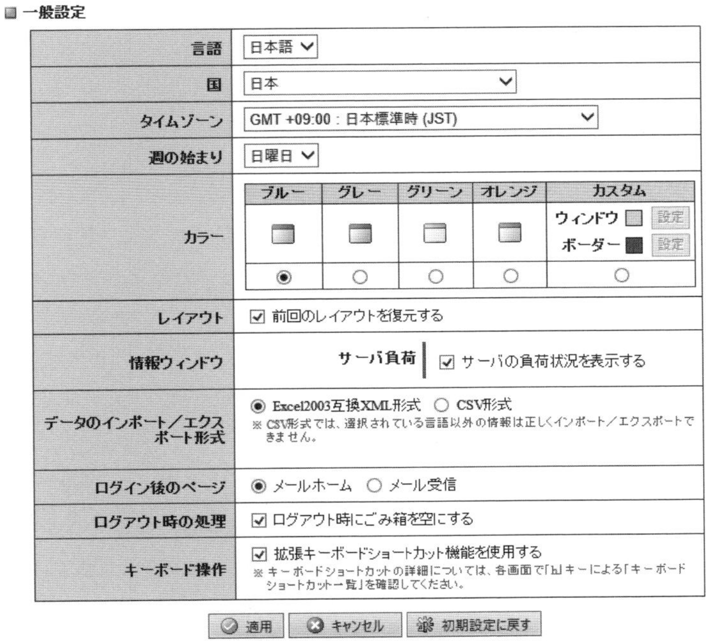

■ 一般設定

言語	日本語
国	日本
タイムゾーン	GMT +09:00 : 日本標準時 (JST)
週の始まり	日曜日
カラー	ブルー ◉ / グレー ○ / グリーン ○ / オレンジ ○ / カスタム ○（ウィンドウ 設定、ボーダー 設定）
レイアウト	☑ 前回のレイアウトを復元する
情報ウィンドウ	サーバ負荷 ☑ サーバの負荷状況を表示する
データのインポート／エクスポート形式	◉ Excel2003互換XML形式 ○ CSV形式 ※ CSV形式では、選択されている言語以外の情報は正しくインポート／エクスポートできません。
ログイン後のページ	◉ メールホーム ○ メール受信
ログアウト時の処理	☑ ログアウト時にごみ箱を空にする
キーボード操作	☑ 拡張キーボードショートカット機能を使用する ※ キーボードショートカットの詳細については、各画面で「h」キーによる「キーボードショートカット一覧」を確認してください。

適用 キャンセル 初期設定に戻す

図 4.38 一般設定の画面

キー	説明
0	ログアウトします。
1	「メールホーム」タブに移動します。
2	「メール受信」タブに移動します。
3	「メール作成」ウィンドウを開きます。
4	「アドレス帳」タブに移動します。
5	「ファイル管理」タブに移動します。
6	「ツール」タブに移動します。
h	「キーボードショートカットの一覧」ウィンドウを開きます。

図 4.39 ツールタブの拡張キーボードショートカット

2. **メール設定**

ツール▼ タブの▼から「メール設定」を選択する。メール受信とメール作成があり，図4.40にメール作成の設定画面の一部分のみを示した。送信済みメールを送信箱に保存するかどうか，メールの返信や転送の際に元メールを引用するときの先頭の**引用記号**の指定，メールの転送時に引用して送るか，メールを転送時に添付ファイルとするかの選択，**自動改行**は本文の行が一定の文字数を超えたときに改行が入る。さらに自動挿入文（作成），自動挿入文（返信），自動挿入文（転送）の内容を設定することができる。

送信メールの保存	☑ 送信済みメールを送信箱に保存する
引用記号	>
転送方法	◉ 元のメールを引用して転送する ○ 元のメールを添付して転送する
自動改行	☑ 本文を自動改行する

図 4.40 メール設定画面（メール作成の一部分）

3. **迷惑メールフィルタ**

ツール▼ タブの▼から「迷惑メールフィルタ」を選択する。すると，図4.41が表示される。図の設定はメールの形式が正常でないものを迷惑メールに分類し，アドレス帳に登録されているアドレスからのメールは迷惑メールとは扱わない。なお，ここでは学習型迷惑メールフィルタを使用する。学習型迷惑メールフィルタとは，統計的手法により迷惑メールである確率を計算して，それが指定した下限値（高：95% 以上，中：90% 以上，低：85% 以上）より大きい場合は迷惑メールボックスへ振り分け，低ければ正常なメールとして扱う。このフィルタは最初のうちは頻繁に間違った判定をして，正常なメールを迷惑メールボックスへ入れたり，その逆も起きるので注意が要る。しかし，判定ミスのメールを正しいメールボックスへ手動で移動することにより学習させることができる。そのようにして長く使っていると，迷惑メールか否かをかなりの精度で正しく自動判定できるようになる。OK ボタンをクリックして変更を適用する。

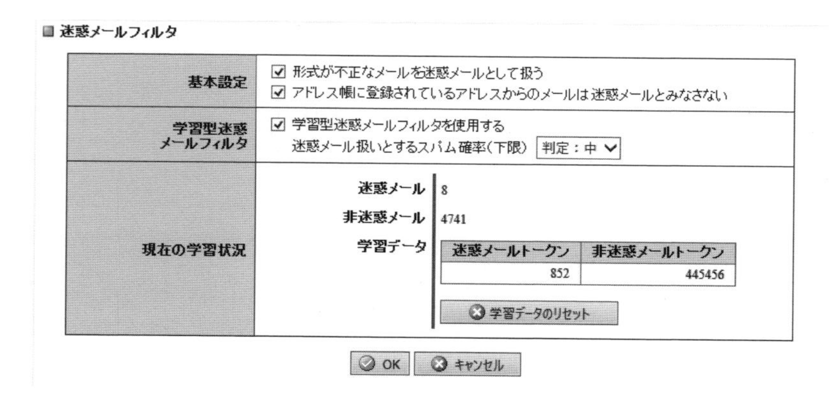

図 4.41 「迷惑メールフィルタ」設定画面

第5章

ワードプロセッサ

この章では，まず，Microsoft Office 2016 のアプリケーション全般にわたる基礎的な事項を説明する。次に，文書を作成するためのソフトウェアである Microsoft Word 2016 について説明する。ユーザーインタフェースの違いはあるが，説明の大半は，他のバージョンの Word でも通用する。

5.1　Office 2016 の共通事項

Microsoft Office 2016 は，Word, Excel, PowerPoint, Outlook, OneNote Access, Publisher などのソフトウェア群からなるパッケージである。ここでは Word 2016 を例にとって説明する。Word を起動すると，そのウィンドウの上部のユーザーインタフェース部分は図 5.1 あるいは図 5.2 となる。このようにウィンドウのサイズにより表示されるボタンや配置は変動する。

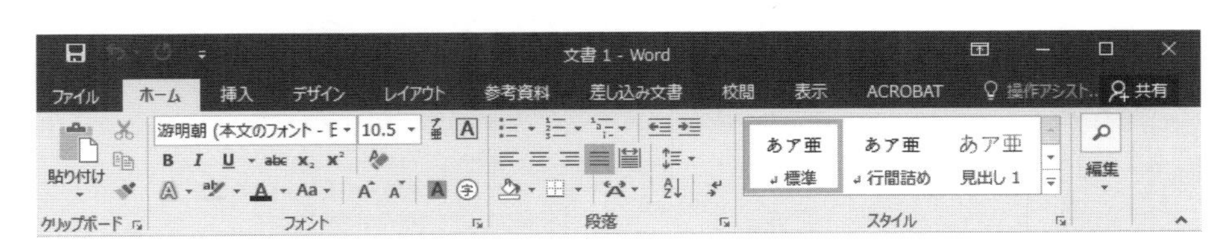

図 5.1　やや小さいウィンドウを開いた場合の Word 2016 の上の部分

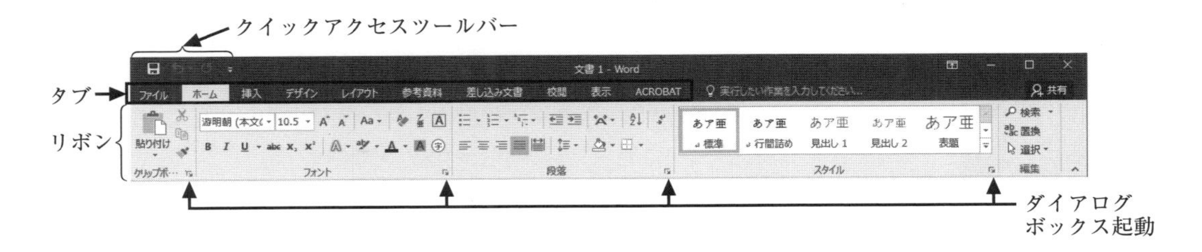

図 5.2　やや大きいウィンドウを開いた場合の Word 2016 の上の部分

タブとリボン　Word には文書を作成し，操作するためのさまざまな機能がある。ファイルを保存する，プリンターに出力する，文字に下線を引く，箇条書きとする，表を入力する，数式を挿入する，等々である。そういった各種の機能をコマンドと呼び，対応するコマンドボタンをクリックすることにより起動される。

関連する機能のコマンドボタンはコマンドグループとして集まり，さらに，いくつかのコマンドグループがリボンを構成する。上部のタブをクリックすることにより，それぞれのリボンが表示される。図5.1，図5.2で表示されているのは**ホームタブ**のリボンである。

Wordでは，タブとして，「ファイル，ホーム，挿入，デザイン，レイアウト，参考資料，差し込み文書，校閲，表示」がある。環境により，他のタブが追加されることもある（例：図5.1のACROBAT）。図では表示されていないが，マクロ作成のための，開発タブというものもある。タブの表示・非表示は **ファイル タブ**の「オプション」メニューの「リボンのユーザー設定」で設定できる。表や数式などを編集するときは，その機能のための特別なタブが現れる。また，タブやリボンはレイアウトなどをユーザーが自由に設定することができる。

ファイル タブ　図5.1の左端のタブを **ファイル タブ**と呼ぶ。ファイルの保存や読み出し，印刷といった機能はこのタブをクリックして呼び出す。Office 2016のファイルは，Office 2003あるいはそれ以前のバージョンのOfficeと互換性がない。Wordでファイルを普通に保存すると，ファイルの拡張子は`docx`となる。もし作成したファイルを，Office 2003などで利用する場合には，ファイルの種類を「Word 97-2003文書」として保存する。このとき，ファイルの拡張子は`doc`となる。

ファイル タブをクリックすると下の図のメニューが表示される。左側にならぶメニューを必要によりクリックする。ここで，下のほうの「オプション」メニューにも着目してもらいたい。これによりWordの機能について，より詳細な設定を行うことができる。

ファイル タブ

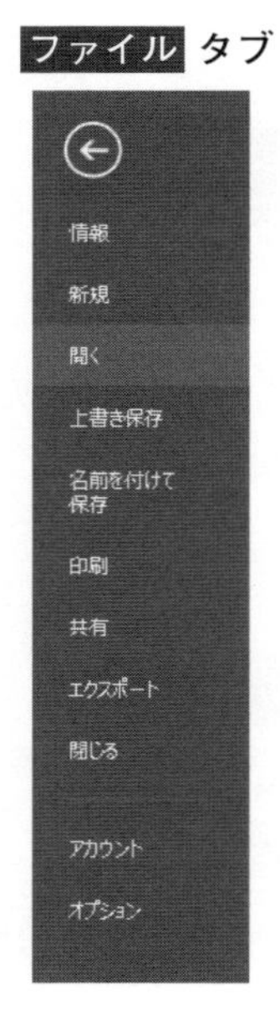

ファイル タブの「オプション」を開いたところ

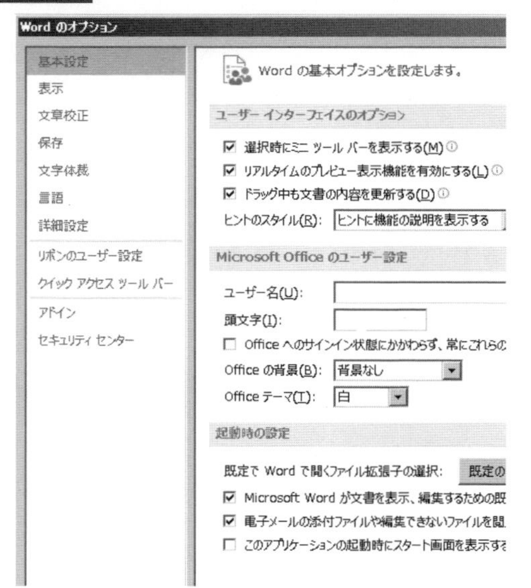

クイックアクセスツールバー　最初の状態ではここに，［上書き保存］ボタン，［元に戻す］ボタン，［やり直し］ボタンの3つのボタンがある。頻繁に使うコマンドを自由にここに追加・削除できる。

あるコマンドを追加するためには，そのボタンを右クリックし，出てくるメニューから「クイックアクセスツールバーに追加」を選ぶと，そのボタンがクイックアクセスツールバーに追加される。5.8節の数式入力のところで具体的な例を説明する。

クイックアクセスツールバーにあるボタンを除きたい場合は，そのボタンを右クリックし，出てくるメニューで「クイックアクセスツールバーから削除」を選ぶと，そのボタンがクイックアクセスツールバーから消える。

ダイアログボックス起動　リボンにある個々のコマンドグループの下の隅にある小さな矢印マーク ⧉ である。そのコマンドについて，より詳細な制御や高度な設定をしたい場合には，これをクリックすると，ダイアログボックスが表示される。

ステータスバー　Word を起動したときのウィンドウの下部を図 5.3 に示す。ページ番号，文字数，挿入モードの表示，レイアウトの変更ボタン，表示倍率の変更のスライダなどがある。挿入モード表示は通常オフで，表示するにはバー上で右クリックして「上書きモード」をクリックする。

図 5.3　ウィンドウの下部のステータスバー

5.2　基本的なことがら

日本語の文章は，ひらがな，カタカナ，英数字，記号，そして多種の漢字から成る。このため，漢字かな混じり文の入力は以下の手順となる。

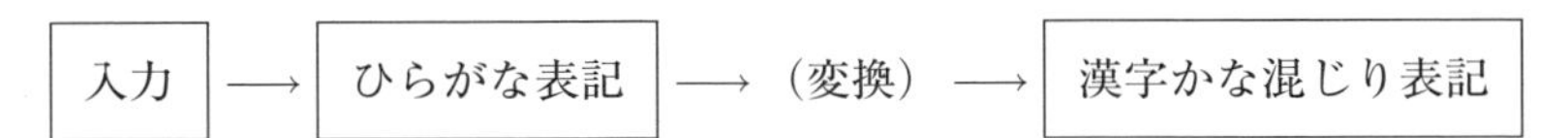

入力の方法は，いくつか例を挙げると，

- キーボード（かな，ローマ字）
- スマートフォン，タブレットなどのタッチパネル
- 携帯電話のキー
- 専用キーボード（親指シフトキーボードなど）
- 手書き認識や光学式の文字認識
- 音声入力

など，さまざまなものがある。変換操作なしにソフトウェアの機能により自動的に漢字に変わる場合もある。この章では，各種のソフトウェアの学習において，パソコンのキーボードのアルファベット配置に慣れることが重要であるという観点からローマ字入力を中心に説明する。ローマ字の表は次のページにあるので，随時参照してもらいたい。

作成した文書はファイルとして扱われる。ファイルは名前をもち，その名前で各種のメディアに保存したり，再度呼び出して利用することができる。Word で作成したファイルには，通常は拡張子 `docx` がつく。ファイルにつける名前と拡張子の間はピリオドが入るので，Word の文書ファイルは，「bunsho.docx」，「記録A.docx」といった名前となる。

◇ **ローマ字の表**

読みをローマ字で入力するときのローマ字とかなの対応表を以下に示す。

あ	い	う	え	お	···	a	i	u	e	o
か	き	く	け	こ	···	ka	ki	ku	ke	ko
さ	し	す	せ	そ	···	sa	si	su	se	so
た	ち	つ	て	と	···	ta	ti	tu	te	to
な	に	ぬ	ね	の	···	na	ni	nu	ne	no
は	ひ	ふ	へ	ほ	···	ha	hi	hu	he	ho
ま	み	む	め	も	···	ma	mi	mu	me	mo
や		ゆ		よ	···	ya		yu		yo
ら	り	る	れ	ろ	···	ra	ri	ru	re	ro
わ				を	···	wa				wo
ん					···	n				
が	ぎ	ぐ	げ	ご	···	ga	gi	gu	ge	go
ざ	じ	ず	ぜ	ぞ	···	za	zi	zu	ze	zo
だ	ぢ	づ	で	ど	···	da	di	du	de	do
ば	び	ぶ	べ	ぼ	···	ba	bi	bu	be	bo
ぱ	ぴ	ぷ	ぺ	ぽ	···	pa	pi	pu	pe	po

きゃ	きゅ	きょ	···	kya	kyu	kyo	ぎゃ	ぎゅ	ぎょ	···	gya	gyu	gyo
しゃ	しゅ	しょ	···	sya	syu	syo	じゃ	じゅ	じょ	···	zya	zyu	zyo
ちゃ	ちゅ	ちょ	···	tya	tyu	tyo	ぢゃ	ぢゅ	ぢょ	···	dya	dyu	dyo
にゃ	にゅ	にょ	···	nya	nyu	nyo							
ひゃ	ひゅ	ひょ	···	hya	hyu	hyo	びゃ	びゅ	びょ	···	bya	byu	byo
みゃ	みゅ	みょ	···	mya	myu	myo	ぴゃ	ぴゅ	ぴょ	···	pya	pyu	pyo
りゃ	りゅ	りょ	···	rya	ryu	ryo							

次の表は正規のローマ字ではないが，「小さな字」を入力するときの規約である。

ぁ	ぃ	ぅ	ぇ	ぉ			···	la	li	lu	le	lo			lがxでも
ゃ	ゅ	ょ	っ	ゎ	ヵ	ヶ	···	lya	lyu	lyo	ltu	lwa	lka	lke	同じ文字

- 「ん」は母音の前では「nn」あるいは「n'」と入力する。(例：かに =kani，かんい =kanni)
- 「っ」(つまる音) は，子音文字を2回タイプすると，その子音の前につく。(例：きって= kitte)
- 「ヴ」は「vu」で入力できる。「ヴ」や「ヵ，ヶ」のひらがなは環境依存文字である。
- 旧かなの「ゐ」「ゑ」は「wi」「we」を変換すると入力できる。
- 上の表では必要最小限に絞って示している。これ以外にも，「ふぁ =fa」，「し =shi」，「じゃ =ja」，「でぃ=dhi」などがある。「ローマ字入力のつづり」といったキーワードでWeb検索すると，いろいろな情報が見つかる。

Word を起動するにはいくつか方法がある。デスクトップ上に Word のアイコンがあるときは，それをダブルクリックすれば起動する。また，［スタート］ボタン ⇒［スタートメニュー］で一覧リストを出し，その中にある Microsoft Word を選んでもよい。エクスプローラーでファイルの一覧を表示し，その中にある Word のアイコンのついた Word のファイル（文書）をダブルクリックすれば，Word が起動して，そのファイルを開く。

Word のアイコン　Word の文書のアイコン

文書の入力される編集画面について，まず，次の 2 つの基本的な言葉を覚えてもらいたい。

カーソル　編集画面で点滅している縦線（｜）である。タイプした内容はその位置に入力される。

マウスポインタ　画面上で I の形をしており，マウスに連動して画面上を動く。マウスをクリックすると，カーソルがマウスポインタの位置に移動する。

《ひとくちメモ》

Windows では，ファイルの拡張子がソフトウェアに関連付けられているので，ファイルをクリックするだけで自動的にそのファイルを処理するソフトウェアが起動される。

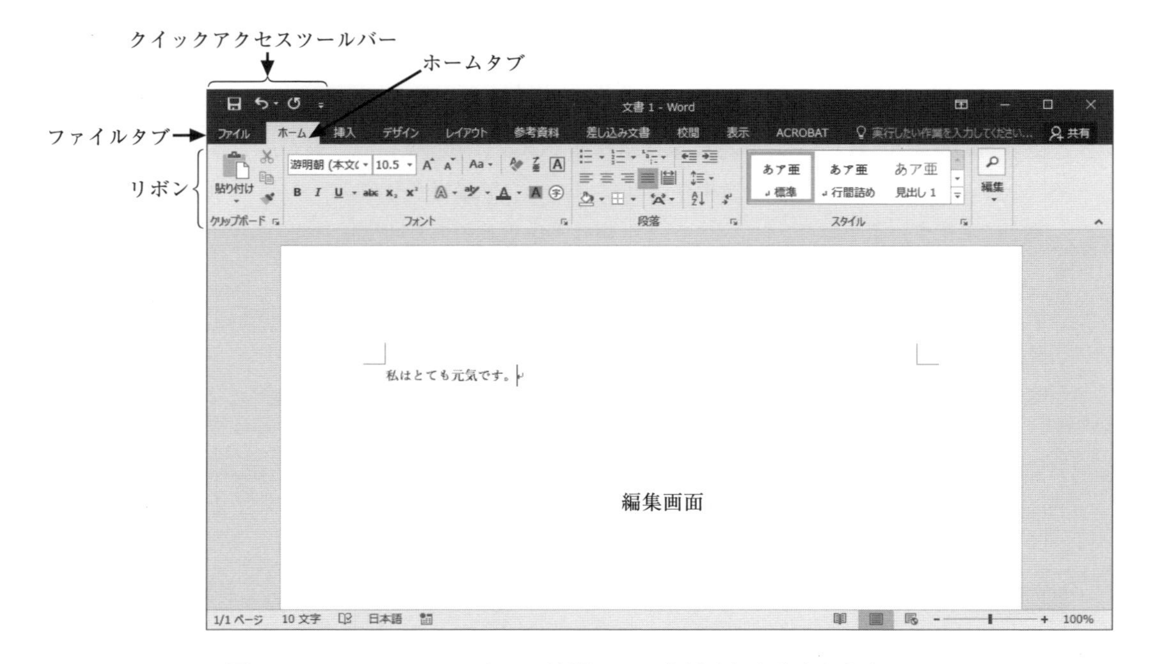

図 5.4　Word のウィンドウで演習 5.1 の文例 (1) を入力したところ

5.3　Wordのファイル

演習 5.1

1. Word の演習を行うための作業用フォルダー `Word` を作成する。
2. Word を起動する。図 5.4 を見て，Word のウィンドウのそれぞれの部分の名称を覚える。
   タブを順次クリックして出現するリボンを見る。
   リボンの各コマンドのボタンにマウスを重ねると説明が現れるのでそれらも順次見る。
3. 「文例 (1)」を入力する（図 5.4，図 5.5 参照）。
4. 「文例 (1)」を文書として，ファイル名 `rei1.docx` でフォルダー `Word` に保存する。
5. Word を終了する。
6. フォルダー `Word` を開き，文書が保存されていることを確認する。
7. ファイル `rei1.docx` のアイコンをダブルクリックし，作成された文書が保存されていることを確認する。

1. 本書の標準状態ではフォルダー `Word` は「ドキュメント」の中に作成する。（推奨されるフォルダーは p.43 参照。）
2. 前頁の起動の説明に従う。
3. 文例 (1) は以下である。
   ローマ字で「`watasihatotemogenkidesu.`」と入力する。末尾の「。」はピリオド（.）キーで入力できる。

私はとても元気です。

図 5.5　文例 (1)

文字列に下線がついている状態は未確定状態である。予測変換の候補が出てきたときは [Tab] キーを押し，入力したいものが選択されたら [Enter] で確定させる。

漢字に変換するときは [Space] キー（キーボード中央下の何も印字されていない横長のキー）を押す。文節ごとに入力して，個別に変換してもよい。

ひらがなのままで確定させたい場合は [Space] キーの左の [無変換] キーを押す。

変換後，確定させたい場合は [Enter] キーを押す。

編集操作については後で詳しく説明するが，必要最小限のキーについて述べる。カーソルとマウスポインタについての説明は前のページにある。

[Back Space] キー	[Delete] キー	カーソルキー（4つ）
カーソルの左の文字を消す	カーソルの右の文字を消す	カーソルを上下左右に動かす

4. **ファイル** タブをクリックし，「名前を付けて保存」を選び保存するフォルダーを選ぶと，図 5.6 の「名前を付けて保存」のダイアログボックスが現れる。（注意：図 5.6 のようなものを一般にダイアログボックス（dialogue = 対話）と呼ぶ。）

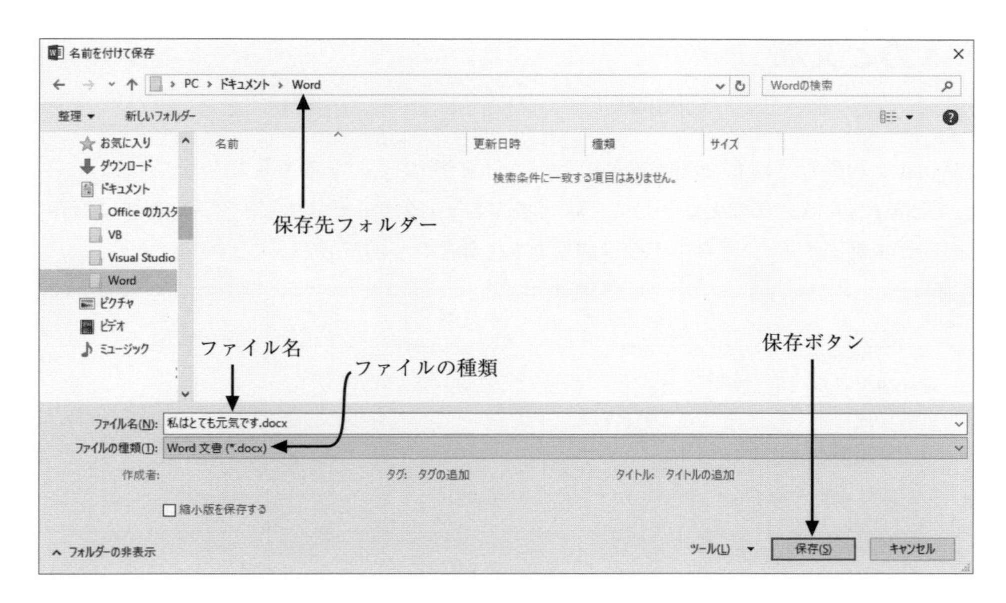

図 5.6　「名前を付けて保存」のダイアログボックス

次のとおりに操作する。

4.1　まず，保存先のフォルダーを指定する。

今の場合は，マイドキュメント（ドキュメント）のフォルダー Word を保存先に指定する。ダイアログボックスの上部の欄が保存先フォルダーとなるので，右の三角ボタン ▾ をクリックして，すでに作成した Word フォルダーがこの欄の中に表示されるようにする。

先に作成したフォルダー Word が現れたら，そのアイコンをクリックすると，保存先の欄に Word と表示される。その状態となれば OK である。

4.2　ファイル名を指定する。

ここでは rei1.docx というファイル名で保存する。このとき .docx は Word が自動的に付加してくれるので，拡張子の部分は入力する必要はない。下部のファイル名の欄に rei1 とだけ入力する。この欄にはシステムが自動的につけるファイル名の候補（通常文書の先頭の語句）が入っているので，それを [Back Space] や [Delete] キーで消してからタイプする。

4.3　保存する。

間違いがないことを確認して右下の［保存］ボタンを押す。

5. **ファイル** タブから［Word の終了］をクリックするか，ウィンドウ右上の ✕ をクリックする。なお，文書を保存していない場合，前回の保存以降に変更を加えた場合は，終了前に保存するのかどうかの確認のメッセージが出る。保存を忘れていた場合は「はい」を選び，前項の保存作業を行う。
6. フォルダー Word の指定やファイル名の表示などについては上の 4.1 および 2.3 節を参照せよ。
7. 確認ができたら，右上の ✕ をクリックして Word を閉じ，この演習を終える。

5.4 入力と文節

演習 5.2

1. Word を起動し，以下の説明を読んでから，「文例 (2)」の文章を入力する。
2. 「文例 (2)」の文章を文書として，ファイル名 rei2.docx でフォルダー Word に保存し，Word を終了する。(保存の手順は演習 5.1 に詳述してある。)

貴社の記者が汽車で帰社した。
裏庭には二羽、庭には二羽、鶏がいる。
ここで履物を脱ぐ。
ここでは着物を脱ぐ。

図 5.7 文例 (2)

入力中，IME の予測変換により候補が図 5.8 のように現れる。[Tab] キーを押して候補を選び，入力したいものが選択されたら [Enter] キーで確定させる。

[Enter] キーの使い方に 2 種類あることも，ここで確認しておく。未確定文字列とは，入力した文字列に点線あるいは実線の下線がついている状態を意味する。

- 未確定文字列のあるとき ⇒ [Enter] キーを押すと，文字列が確定される。
- 未確定文字列のないとき ⇒ [Enter] キーを押すと，そこで改行される。

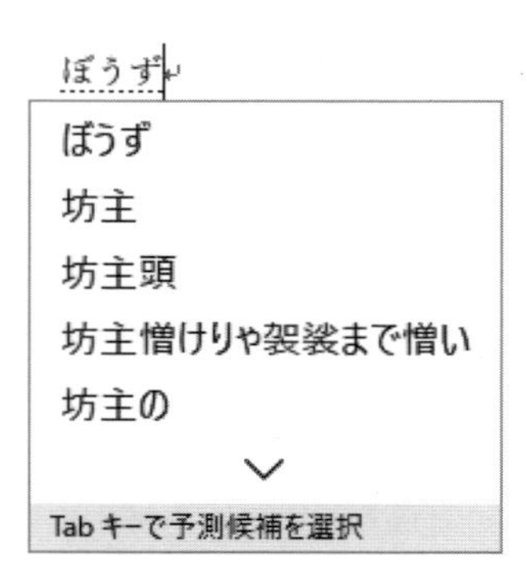

図 5.8 予測変換

漢字かな混じり文を，読みで入力するとき，変換が正確に行われない場合がある。その理由は 2 つある。

- 同音異義語に変換される
- 文節の区切りを間違えて変換される

文節単位で入力し変換するときは，区切りの問題は生じない。望まないものが現れたときは，[Tab] を押して，候補一覧から探せばよい。

慣れてくると，長い語句や文をそのまま入力して変換するが，このときの操作をIME の場合に説明する。ローマ字で入力してひらがなに変わった状態で Space キーを押すと，未確定部分に下線がつく。太い下線の文節が，変換語群の選択や確定を受けつける文節で，注目文節と呼ばれる。この状態での，主要なキーの操作を示す。

→，← … 注目文節の選択（隣の文節が注目文節となる）
Shift + → … 注目文節末尾を 1 字伸ばす（文節の区切り変更）
Shift + ← … 注目文節末尾を 1 字縮める（文節の区切り変更）
Ctrl + ↓ … 注目文節の確定
Space … 注目文節の変換候補を表示する
Enter … 全部の文節確定

初心者のための Q&A

Q. 行末はどうするのですか。

Ans. 本当に改行したいところだけ，Enter キーを押す。それ以外はどんどん入力していけば，自動的に次の行に入力が移る。

Q. 行と行の間をあけたいのですが。

Ans. 行末あるいは行頭で Enter キーを押せばよい。好きなだけ，「空行」が挿入される。

Q. 誤って改行してしまいました。行と行を連結したいのですが。

Q. 空の行を消したいのですが。

Ans. 後の方の行の先頭にカーソルを置き， Back Space キーを押す。

Q. 何行か上に（下に）入力した箇所が間違っていることに気づきました。

Ans. マウスポインタを，その位置でクリックすると，入力カーソルがそこに移動する。そこで Back Space，Delete キーなどで修正する（5.6 節を見よ）。

Q. 間違った操作をしてしまいました（別のコマンドを選ぶ，誤って消す，など）。

Ans 誤ったコマンドを起動しただけで，まだ実行していない場合は，Esc キーを押す。ダイアログボックスのときは［取り消し］，［cancel］などのボタンを押してもよい。

実行後，元に戻したい場合は，クイックアクセスツールバーの［元に戻す］ボタン を押す。戻しすぎたときは，［やり直し］ボタン を押す。ただし，この機能は万能ではないので注意すること。

Q. わかりません!

Ans. 初歩的なことは，だいたい，このテキストに書いてある。ていねいに読んでもらいたい。Windows 上のソフトウェア操作に共通なことがら（マウスの操作，ファイル，フォルダーなど）は，第 2 章や付録に説明がある。特に付録 A.5.2 を見てもらいたい。テキストに見あたらないときはヘルプを参照する（5.6 節の末尾），インターネットで検索する，よくわかっていそうな人に聞く，指導の先生に聞く，などとする。

5.5 各種の文字

演習 5.3

1. Word を起動し，以下の説明を読んでから，「文例 (3)」の文章を入力する。
2. 「文例 (3)」の文章を文書として，ファイル名 `rei3.docx` でフォルダー `Word` に保存し，Word を終了する。(保存の手順は演習 5.1 に詳述してある。)

番組ニュース☆★☆★
深夜１：００から FBC（Fiction Broadcasting Corporation）が『ウォーリィくんを笑え！』をオンエアしている。ディレクターは「新しい分野の笑いをもたらす、ヒット間違いなしの傑作で視聴率８００％はいける」と語った。

図 5.9 文例 (3)

ローマ字入力

ローマ字の表は 84 ページにある。確認を兼ねて，誤りやすい点についてまとめておく。

1. 拗音(ようおん)。きゃ，きゅ，きょは，`kya`，`kyu`，`kyo` とする。(文例では) ニュース，視聴率。
2. 促音(そくおん)。小さな「っ」は次の子音字を重ねる。切手 = きって =`kitte` とする。
   (文例では) 傑作，語った。
3. 撥音(はつおん)。「ん」の入力のとき，n に母音や y が続くと曖昧さが生じる。蟹 =`kani`= 簡易。はっきり「ん」と確定したい場合は，n を 2 回タイプするか，アポストロフィで区切る。つまり，かんい =`kanni` または `kan'i` とする。(文例では) 深夜，オンエア，分野。
4. 長音。長音にはマイナスキー `[-]` を使う。マイナス（−）と長音（ー）は違う文字である。マイナスを入力するには英数字に変換する（F9，F10）必要がある。
5. 小さい「ぁぃぅぇぉ」は `la li lu le lo` あるいは `xa xi xu xe xo` とタイプする。
6. `fa`= ふぁ，`dhi`= でぃ，などヘボン式のローマ字から類推できる特殊例もいくつかある。

かなと英数字

入力した後で，ひらがな，カタカナ，英数字にしたい場合は以下のファンクションキーを押せばよい。変換後 Enter キーを押すか，次の入力をタイプすると確定する。詳しくは，付録 A.4.1 を参照されたい。

キー	**F6**	**F7**	**F8**	**F9**	**F10**
機能	ひらがな	カタカナ	半角，半角カナ	全角英数字	半角英数字

半角文字と全角文字

日本語の文字は基本的に全角文字であるが，英数字は全角文字（ＡＢＣ,... １２３,... ）と半角文字（ABC,... 123,... ）の 2 種類がある。この両者は全く異なるものなので，区別して使わなくてはいけない。文例 (3) では「Fiction ···」は半角文字である。

半角文字（英数字）を入力する方法はいくつかある。[半角/全角] キーを押して日本語（全角）入力モードから抜け出せば半角英数字の入力となる。あるいは，日本語（全角）モードのまま全角で入力後，[F10] で変換する。

記号や部首入力

記号類（『』☆◎〒※ ···）を入力するには，図 5.10 の左のように，**挿入タブ**で，［記号と特殊文字］ボタンを選択し，「その他の記号」をクリックすると，図 5.10 の右に示すように，多数の文字群が表示されるのでスクロールバーで上下に動かして必要な記号をダブルクリックすると，その文字が入力される。

また，いくつかの記号は特別な読みをもっている。たとえば「やじるし」と入力してスペースキーを押すと，→↑←↓，…といった記号が現れるし，文例の「☆，★」は「ほし」の読みで変換できる。

このような文字群の中には環境依存文字（機種依存文字）が含まれている。たとえば，数字の 1 を入力して [Space] キーを何回か押すと，① や Ⅰ（丸囲み 1，ローマ数字の 1）が出て，その候補群表示で［環境依存］という説明が見える。このような文字は，他の環境や異種のパソコンでは異なる文字となったり，文字化けをする可能性がある。文書をメールで送る際などは注意が必要であり，なるべく使わないほうがよい。

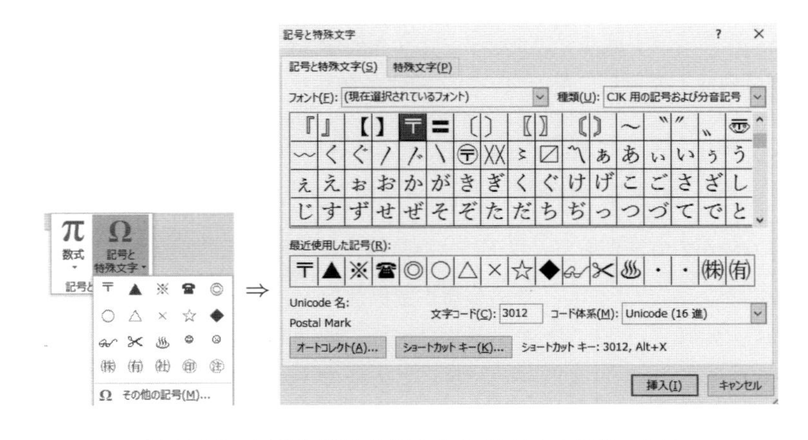

図 5.10 記号と特殊文字の入力ダイアログボックス

漢字を入力する際，その読みがわからないと，かな漢字変換による入力は不可能である。特に，人名や地名などではしばしば難読なものがある。IME のボタンを右クリックして，メニューから IME パッドを起動すると，手書き入力や部首で漢字を探すことができる。詳しくは付録 A.4.4 を参照されたい。

5.6 編集作業

> **演習 5.4**
> 1. Word を起動し，編集作業の練習のために，下記の指示に従い挨拶文を入力せよ。
> 2. 以下の説明を読みながら，実際に操作して，各種の編集作業の技術を学べ。

この節で解説する編集作業は，Windows のアプリケーション，特に Microsoft Office 系のソフトウェアに共通であるので，きちんと理解してもらいたい。そして，コピーや貼り付け操作などは異なるアプリケーションの複数のファイルの間でも可能である。

挨拶文の入力

まず「拝啓」と入力して Enter キーを押すと，結びの「敬具」も自動的に入力される。これも Word の機能である。次に，**挿入タブ**を選び，[あいさつ文] ボタンをクリックして，「あいさつ文の挿入」を選ぶ。あとは，月を選び 3 つのボックスで候補を選択して [OK] ボタンを押す，という作業を数回繰り返し，10〜20 行程度の文書を作成せよ。これが，この演習での作業用文書となる。そして**ホームタブ**を選び，以下を学べ。

選択

文章の一部の削除，移動，コピーなどの操作を行うに際して，まず，その操作の対象とする部分を選択する必要がある。次節の文字飾りやフォーマットなどの操作に際しても，選択することが必要である。選択された文字列は画面上で背景に色のついた文字列となる。

私はとても元気です。	⇒	私はとても 元気 です。
選択されていない状態		文字列「元気」が選択された状態

選択するにはいくつかの方法がある。以下にマウス操作による選択のやり方を示す。

- ドラッグ ··· その範囲が選択される
- ダブルクリック ··· その位置にある「語句」が選択される
- トリプルクリック ··· その位置にある段落全体が選択される
- 行左クリック ··· その行が選択される
- 行左ドラッグ ··· その範囲の複数の行が選択される
- 行左ダブルクリック ··· その段落全体が選択される
- 行左トリプルクリック ··· 文書全体が選択される
- Alt ＋ドラッグ ··· ブロック（長方形領域）が選択される
- Shift ＋クリック ··· カーソル位置からクリックしたところまでが選択される

上でいう「行左」とは，それぞれの行の左端の文字のすこし左の空白領域のことで，そこではマウスポインタの形が矢印に変わる。「語句」とは英文の場合は単語であり，和文の場合は文節になる。

キーボードで選択操作を行うときは以下の手順となる。

1. カーソルキーで（あるいはマウスで）起点にカーソルを置く。
2. Shift キーを押しながらカーソルキー（上下左右いずれも可）を押すと，その範囲が選択される。

切り取り，コピー，貼り付け

表題の 3 つの機能は編集作業で中心的役割を果たす。これらの機能は，コマンドボタン，キーボードのショートカットキー，選択領域の右クリックなどの方法で使用できる。以下，コマンドボタンの使用を中心に説明するが，どの方法でも同じ機能である。

Windows はクリップボードと呼ばれる一時記憶領域をもっており，ここに一時的に指定した文字列などを記憶しておくことができる。(一般に，このようなものを「バッファ」という。)

コマンドボタン		キーボード	機能
	［切り取り］ボタン	Ctrl + X	選択された領域を切り取ってクリップボードにコピー
	［コピー］ボタン	Ctrl + C	選択された領域をクリップボードにコピー
	［貼り付け］ボタン	Ctrl + V	クリップボードの中身をカーソル位置に入力

編集操作では，文字列の移動とコピーが重要である。この 2 つの機能の違いは，コピーが元の文字列を残すのに対して，移動は元の文字列を残さないというところにある。

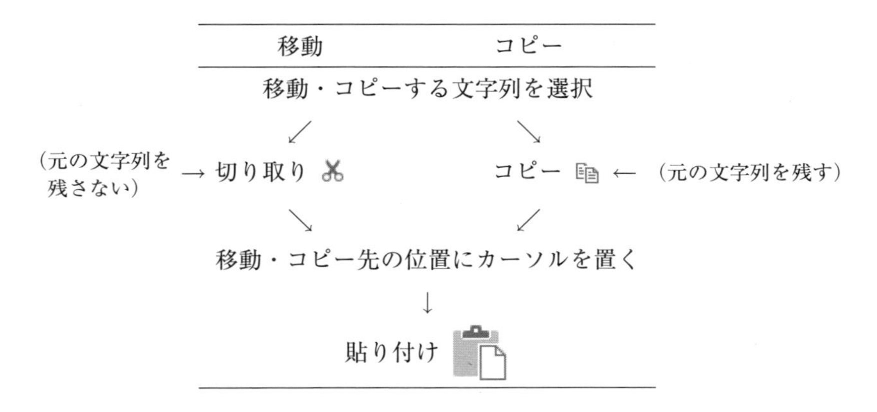

移動とコピーはマウスだけを使って行うこともできる。これは「ドラッグ＆ドロップ」と呼ばれる。手順は以下のとおりである。

1. 移動・コピーする文字列を選択する。
2. マウスポインタを選択領域に近づける。マウスポインタの形が矢印 に変わる。
3. 矢印の状態でドラッグすると，矢印に四角い箱がついた形に変わり，入力位置を示すカーソルは，薄い色の縦線となっている。

- 移動の場合はそのままドラッグする。
- コピーの場合は Ctrl キーを押しながらドラッグする。このときプラスのマーク ⊞ が矢印の脇に現れる。

4. 移動・コピーをさせたい位置にカーソルが移ったら，そこでドロップする（マウスボタンを離す）。

これらの操作で，移動・コピー先に，貼り付けアイコン (Ctrl)▾ が現れる。これは，移動元と移動先で書式（次の節参照）が異なる場合に調整を行うためのアイコンである。必要であれば，これをクリックして適切なものを選択する。消したければ，Esc キーを押す。

文字の削除と挿入

- Back Space キー
  カーソルの左側の文字が削除される。カーソルおよびカーソルの右にある文字列は，それにつられて左へ移動する。
- Delete キー
  カーソルの右側の文字が削除される。カーソルはその位置を変えず，消された文字の右にある文字列が左へ移動する。選択された文字列があれば，このキーを押すと全部消える。

次に Insert キーの動作について説明する。入力には，挿入モードと上書きモードの2つの状態がある。これは，ウィンドウ下部のステータスバー（図5.3）に表示されるが，図5.3の箇所の説明を見てもらいたい。通常は挿入モードになっている。Insert キーを押すごとに，両者の状態を往復（トグル動作）する。

普通の Word の利用で上書きモードが必要なケースは少なく，半角文字と全角文字が混在しているときの動きも複雑なので，基本的には挿入モードで利用することを勧める。挿入モードでは入力するとカーソルの位置に「割り込んで」文字が入力される。入力する前にカーソルの右に文字列があれば，その文字列は右にずれていく。カーソルは入力された文字の右に移動する。

元に戻す

編集作業で誤って必要なところを削ってしまったとか，文字列の変更をいろいろやったけれども元の状態に戻したいという場合がある。ツールバーの，［元に戻す］ボタン ↶ を押すことにより編集の1ステップ前の状態へと戻る。戻しすぎた場合は，［やり直し］ボタン ↷ を押すことにより編集の1ステップ先の状態へと戻る。

ただし，この機能は万能ではなく限界もあるので，やはり編集作業を慎重に行うに越したことはない。

検索，置換

検索，置換機能は，いままでの演習で扱っているような1画面分程度の短い文書ではさして役に立つものではない。しかし，長い文書を扱う際には不可欠の機能である。長い文書の中で，ある事柄がどこにあるのかを探すのは大変である。このようなときに検索機能を使う。

文書の中で特定の語句を別の語句に変更することが必要となる場合がある。このときに置換機能を使う。その語句が文章中に多数ちらばっているとき，手作業ですべてを直すのは大変だが，置換機能を使えば一瞬でひとつの見落としもなく実行してくれる。

置換機能には次のような使い方もある。文章を作成する際，ある長い単語が何度も出てくるとしよう。たとえば，アインシュタインについてのレポートを書いているとする。このとき，アインシュタインの代わりに，レポート中で使っていない文字，たとえば文字@を入力することに決めておくと，入力は楽になる。レポートが完成した後で「@」→「アインシュタイン」と全文書内で置換することができる。

検索，置換機能を使う際には，[編集] ボタンをクリックし，そこから，「検索」あるいは「置換」を選択する。すると，検索語，あるいは置換前と置換後の文字列を入力するダイアログボックスが現れる。それを入力し，必要なら検索方向などのオプションを指示した後，[次を検索]，[置換]，[すべて置換] などのボタンをそのときの目的にあわせて押す。

練習のため，現在の文書に現れる「貴社」をすべて「御社」に置換してみよ。

再変換機能

入力が確定してしまった文字でも，再度変換ができる。文章の中の再変換したい文字列を「選択」(5.6節をみよ) して，そこでは 変換 キーを押す。すると変換候補が現れるのでその中から選べばよい。

複数文書の編集

Word を起動すると，文書ごとに Word のウィンドウが画面に現れる。それぞれの Word のウィンドウは独立に利用でき，文字列の移動やコピーもウィンドウにまたがって行うことができる。

ヘルプの使い方

F1 を押すか，**ファイル** タブで右上の ? をクリックすると，オンラインヘルプが参照される。また，リボン上部の操作アシスト (「実行したい作業を入力してください」の箇所) に問いを入力することもできる。

《ひとくちメモ》

昔はソフトウェアを買うと，分厚いマニュアルが添付されてきた。現在ではオンラインヘルプ・ドキュメントが整備されているので，ソフトウェアの説明は本で読むのではなく，作業をしながらヘルプ機能を活用して見るスタイルが標準である。そもそも，最近のソフトウェアはオンライン版であったり，パッケージではあってもインストール手順程度しか印刷物は添付されていないことが多い。

5.7 文書を飾る

演習 5.5

1. 「自己紹介」の文書を以下の指示に従い作成せよ。例を文例 (4) として示すが，これはあくまで一例であって，内容，様式はそれぞれ十分に工夫すること。
   - 本文は400字以上とし，1ページ以内であること。
     （文字数はステータスバー（図5.3）の左端に表示される。）
   - ページの上部に氏名と学籍番号を記す。
   - フォントの変更，文字飾り，段落の書式，罫線の諸機能を必ず1回以上使用した文書であること。
   - 次の節を参照して図などを入れてもよい。
2. 文書はファイル名 `rei4.docx` で保存する。そして，指示に従いプリンターに出力せよ。

２０１８年5月1日

情報処理概論及演習

レポート Ｎｏ．１

自己紹介	所属学科	**機械工学科 1年**
	学籍番号	*A1-18888*
	氏名	**工学　一郎**

私は静岡県三島市で２０００年に生まれました。そして、豊かな自然の中でのびのびと育ちました。今は、東京のアパートに一人で暮らしていますが、・・・・・

図 5.11 文例 (4)

文字の書式

文字の書式としては，文字のフォント，文字の飾りなどがある。文書の中で使用される文字の書体をフォントと呼ぶ。フォントは，明朝，ゴシックなどの書体の種類と文字の大きさで指定される。大きさを表す数値をポイント数という。1ポイントはJISでは0.3514 mmであり，Windowsでは1/72インチ＝0.3527 mmである。文字には，各種の「飾り」をつけることができる。具体的には，太字，斜体，下線，囲み，網掛けなどである。文字に色をつけることもできるが，印刷する場合にはカラープリンターが必要となる。

文字のフォントを設定したり，文字飾りをつけるためには，まず，その対象となる文字列を「選択」

（5.6 節をみよ）する。

標準的な書式は，文字列範囲を選択後，図 5.12 に示す〈フォントコマンドグループ〉のボタンで簡単に設定できる。フォントの選択は，フォント（文字種）あるいはフォントサイズ（文字のポイント数）が示されている欄の右の三角 ▾ を押すと出てくる候補から選択する。下線や斜体，太字などは，単にボタンを押すだけでよい。下線などの設定を取り消したい場合は，再度選択すると，ツールバー上で該当するボタンが押されている状態になっているはずなので，そのボタンをもう一度押す。

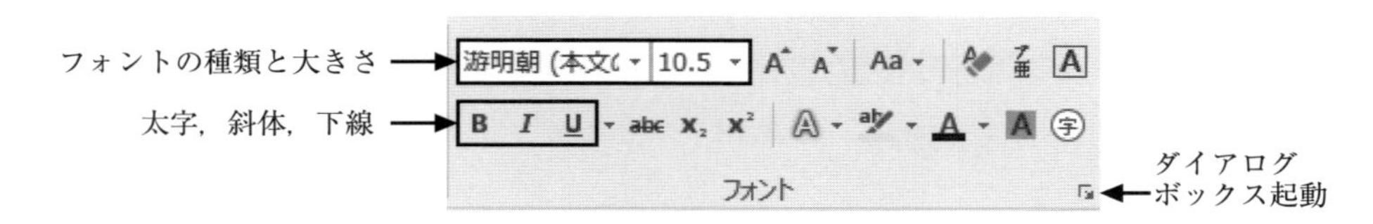

図 5.12　フォントコマンドグループのボタン

図 5.12 にはよく使われる書式設定のためのボタンしかないので，より詳細な設定やボタンにない設定を行いたい場合には該当箇所を選択した後，〈フォントコマンドグループ〉のダイアログボックス起動 ⧉ をクリックし，そこで開くフォントのダイアログボックスで設定を行う。文字の色，上付き文字，下付き文字，下線の種類を変えるなど，さまざまな設定が可能である。

ある書式を設定した領域およびその前後にあとから文字を挿入すると，自動的にそこで使用されている書式となる。

段落の書式

段落の書式とは，文の配置，両端の位置，段落や箇条書き設定などである。段落とは文書の一部分のことを指し，国語の意味での段落である必要はない。段落の書式を変更するためには，その段落全体を「選択」（5.6 節をみよ）する。

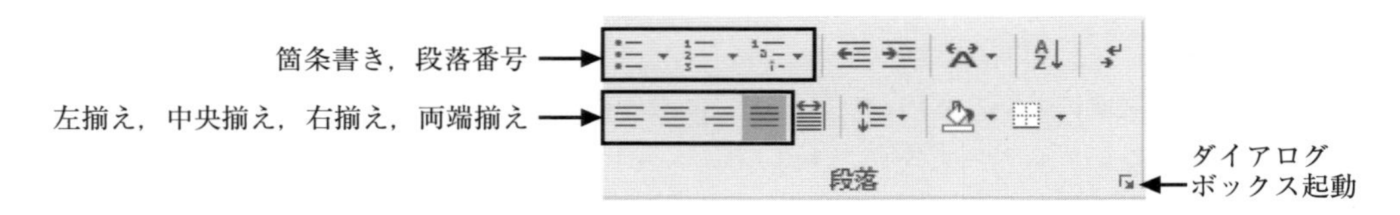

図 5.13　段落コマンドグループのボタン

単純な書式制御は，図 5.13 の〈段落コマンドグループ〉のボタンを利用する。これにより，段落の行の，両端揃え，中央揃え，右揃え，が選択できる。この結果以下のような段落書式となる。なお，以下の例の入力ではそれぞれの行の終わりで Enter キーが押されている。

両端揃え	中央揃え	右揃え
文章が	文章が	文章が
ここでは	ここでは	ここでは
両端揃え	中央揃え	右揃え
になっています。	になっています。	になっています。

図 5.13 のボタンを使うことにより番号付きの箇条書き，あるいは番号なしで記号（黒丸など）による箇条書きが簡単にできる。

段落の左右の端の位置を変更することを「インデント」と呼ぶ。インデントを簡単に変更する方法は，段落を選択した状態で，図 5.14 に示すルーラーにあるインデントマーカー（小さな三角と四角が組み合わされた形）をマウスでドラッグすることによりなされる。ドラッグした分だけインデントが行える。ルーラーが表示されていないときは，**表示タブ**でルーラーにチェック (√) をいれる。

図 5.14 ルーラー

左の ▽ を動かす		... 段落 1 行目のインデント
左の △ を動かす	（マーカー下半分動く）	... 1 行目を除くインデント
左の □ を動かす	（マーカー全体動く）	... 段落全体のインデント
右の △ を動かす		... 右側のインデント（段落全体）

図 5.13 にはよく使われる段落設定のためのボタンしかないので，より詳細な設定やボタンにない設定を行いたい場合には該当箇所を選択した後，〈段落コマンドグループ〉のダイアログボックス起動 ⧉ をクリックし，そこで開く段落のダイアログボックスで設定を行う。

書式のコピー

文書のある場所で設定した書式と同じ書式を別の場所で使いたい場合がある。このときは，元の場所にカーソルを置いて，〈クリップボードコマンドグループ〉の［書式のコピー］ボタン を押す。するとマウスポインタが，刷毛の形に変わるので，同じ書式に設定したい場所をドラッグすればよい。

表

いろいろな要素を縦横に並べたものは，Word では表として扱われる。表の要素は，語句，段落，図，その他何でもかまわない。もちろん空白でもよい。

表は多数の「セル」と呼ぶ長方形が縦横に並んだものであり，その各辺に指定した線を引くことができ，それが罫線となる。

表を作成するには，**挿入タブ**で［表］ボタンをクリックする。そして「表の挿入」を選ぶ（直接，画面上の四角を使うこともできる)。するとダイアログボックスが現れるので，行の数と列の数を入力して［OK］をクリックする。すると表の枠が画面に現れる。これに対して必要に応じ以下の操作を行う。

入　力　セルをクリックして文字を入力する。文字数が増えて幅に入り切らないときは自動的にセル内で折り返す。(そしてセルの大きさも変わる。) Enter キーで改行もできる。

編　集　あるセルのデータ全体，あるいは，その一部分の移動やコピー，削除といったことは，すべて 5.6 節で学んだ方法が使える。

セルの書式　セルの中の文字書式，段落書式は通常のテキストと同様に設定できる。

枠の位置の変更　変更したいと思っている枠線にマウスポインタを近づけるとポインタの形が変わる。たとえば縦線の場合，ポインタの形が ←||→ となる。その状態で線をドラッグすると位置が変わる。横線も同様である。

枠線の種類の変更　**表ツールタブ**の**デザインタブ**で，［罫線］ボタンのメニューから選ぶことができる。また［罫線を引く］ボタンを使うこともできる。線の種類を選ぶと，マウスポインタが鉛筆型になるので，変更したい線の上をその鉛筆でクリックすると（あるいは複数の線をなぞると）線が指定したものに変わる。作業が終わったら Esc キーを押す。

枠の中の色や網掛け　**表ツールタブ**の**デザインタブ**で，［罫線］ボタンから「線種とページ罫線と網掛けの設定」とすると，ダイアログボックスが現れる。このボックスはさらに，「罫線」，「ページ罫線」，「網掛け」の３つのページをもっており，タブで選択する。セルに色をつけるには［塗りつぶし］ボタンを使う。

セルの結合　**表ツールタブ**の**レイアウトタブ**で，結合したいセル全体を選択し，［セルの結合］ボタンをクリックする。

セルの分割　**表ツールタブ**の**レイアウトタブ**で，分割したいセルを選択し，［セルの分割］ボタンをクリックする。このときは分割数をダイアログボックスで入力する。

行や列の追加・削除　**表ツールタブ**の**レイアウトタブ**で，〈行と列コマンドグループ〉にあるボタンを利用する。

印刷

Word で作成した文書はプリンターに出力したり，メールに添付して他の人に送付することができる。編集中の文書をプリンターで印刷するには，**ファイル タブ**で「印刷」を選ぶ。このとき，右側に表示されるプレビューを見て，適切であることを確認してから［印刷］ボタンを押す。

プレビューの結果が不適切な場合は，再度編集あるいは調整を行うべきである。無駄なプリンター出力により用紙やトナーを浪費することは環境の面からもコストの面からも避けるべきである。

内容面ではなく，レイアウトが不適切である場合は以下のような調整をすることができる。印刷のメニューから，「標準の余白」の右側の三角をクリックし，余白のサイズを変更してみることができる。また，ある箇所で強制的にページを区切ったほうがよい場合は，**挿入タブ**でページを区切る場所にカーソルを置き，［ページ区切り］ボタンを押す。

プリンターが利用できるためには，Windows システムにおいて，適切なプリンタードライバが組み込まれ，さらに通常使うプリンターが選択されている必要がある。

プリンター自体の電源のオン／オフ，プリンターの給紙，オンライン状態にする操作（プリンターにはオンライン／オフラインの状態があり，オンライン状態のときに，コンピュータから印刷のデータを受け取って出力できる），などの点については，プリンターの管理者，プリンターの利用マニュアルに従う。

5.8 オブジェクト

Word では文章だけではなく，表，図，グラフ，数式，サウンド，ビデオ，ハイパーリンクなどのさまざまな要素をオブジェクトとして文書の一部に取り込むことができる。また，他のアプリケーションで作成した結果を取り込むこともできる。(表については，すでに 5.7 節で扱っている。) この節では，理工系のドキュメントに必須である数式と図の扱いについて簡単に解説する。

演習 5.6

1. 操作を効率的にするため，［数式］ボタンをクイックアクセスツールバーに追加せよ。
2. 以下に指示する文書を作成せよ。(例は文例 (5))
   - 1ページであること。
   - ページの上部に氏名と学籍番号を大きめの文字で記す。
   - 「2次方程式の解法」を記述する。
   - 今までに学習した数学公式あるいは科学法則を1つ選び，それを簡潔に説明したうえでその式を記述する。
3. 文書をファイル名 rei5.docx で保存し，指示に従ってプリンターに出力せよ。

レポート J1-18999 新宿 都市子

2次方程式の解の公式

方程式$ax^2+bx+c=0$ の解は判別式 $D=b^2-4ac$ の符号により以下のとおり与えられる。

- 判別式が正・・・2つの実数解 $x=\frac{-b\pm\sqrt{b^2-4ac}}{2a}$
- 判別式が0・・・1つの実数解（重解） $x=\frac{-b}{2a}$
- 判別式が負・・・2つの複素数解 $x=\frac{-b}{2a}\pm\frac{\sqrt{4ac-b^2}}{2a}i$

重力について

地上にあるすべての物体には以下の式の重力が働く。ここでmは物体の質量で、gは重力加速度であり、その値は9.8m/s^{2}である。

$$F=mg$$

図 5.15 文例 (5)

数式ボタンをクイックアクセスツールバーに追加

頻繁に使うコマンドは，それをクイックアクセスツールバーに追加するとよい。**挿入タブ**で，〈記号と特殊文字コマンドグループ〉のさらに［数式］ボタン（π 数式）を右クリックし，「クイックアクセスツールバーに追加」を選ぶ。

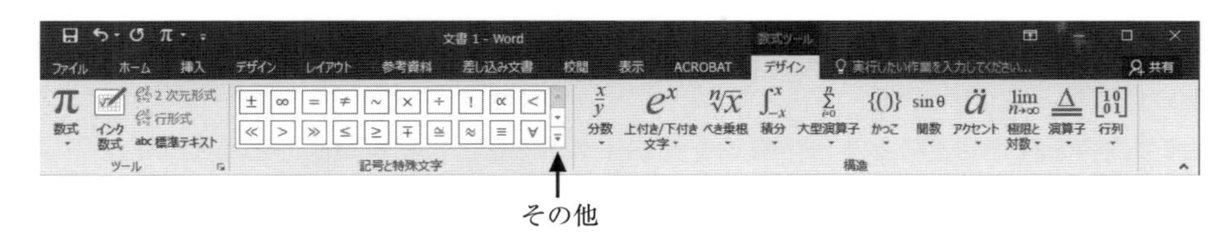

図 5.16　数式ツールタブのデザインタブ

数式の入力

クイックアクセスツールバーの［数式］ボタンをクリックすると，編集画面に「ここに数式を入力します」と数式領域の窓が現れ，図 5.16 のように**数式ツールタブ**の**デザインタブ**のボタンが現れる。

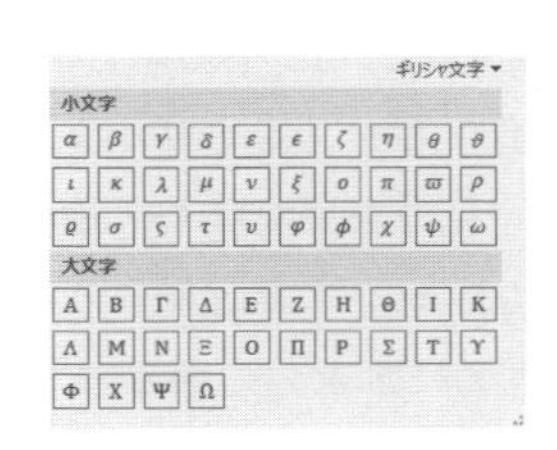

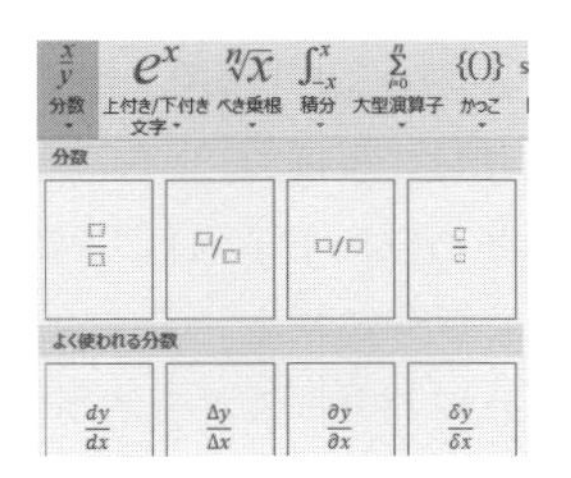

図 5.17　（左）ギリシャ文字のパネル，（右）［分数］ボタンをクリックしたところ

- 数式の変数などはイタリックにするので，［Ctrl］+［i］を押し斜体モードにする。
- 英数字はキーを押せばよい。
- 関数である sin, log などは立体で表記する。このため，文字をタイプするのではなく，図 5.16 の「関数」あるいは「極限と対数」を利用して入力する。
- 記号類やギリシャ文字は図 5.16 の「記号と特殊文字」の右下の矢印「その他」をクリックする。そして現れるメニューの上部の三角 ▾ をクリックすると，基本数式，ギリシャ文字，文字様記号，演算子，矢印，否定演算子，上付き／下付き文字，幾何学記号と記号のグループ名が現れる。この中から適切なグループを選び，入力したい文字をクリックする。
- 式の整形には，対応するメニューをクリックする。例として，分数の入力方法を説明しよう。
  1. ［分数］ボタンをクリックすると，さまざまなパターンの分数の形のメニューが現れる (図 5.17 の右)。
  2. 普通の分数なら左上のものをクリックする。
  3. すると数式領域に分子と分母，分数の線が現れる。

4. 分子を入力する。
5. カーソルをマウスで分母の領域に移す。
6. 分母を入力する。
7. 右向きカーソルキーを押し，分数構造から抜け出す。

- 入力が終わったら，どこか画面の他の場所をクリックすると，ツールバーは閉じる。
- 数式を選択して，フォントサイズを変えるボタンを使えば，数式も指定された大きさの文字で表現される。
- 数式の内容を修正したいときは，数式をクリックすると，再度編集画面となる。
- 数式をクリックし，枠の左のタブをドラッグして数式を移動できる。Ctrl を押しながら移動すれば，数式をコピーできる。

図，クリップアート，ワードアート

Word の文書に図を入れる方法を簡単に説明する。Word と互換性のあるものなら，別のソフトで開いた図をコピーし，［貼り付け］ボタンで文書の中に取り込むことができる。

挿入タブで，〈図コマンドグループ〉（図 5.18）の各種の機能を使うことができる。

1. 既存の図を貼り付ける場合： ［画像］ボタンをクリックし，図のファイル名を指定して取り込む。
2. クリップアートを貼り付ける場合： ［オンライン画像］ボタンをクリックし，クリップアートの検索ボックスに適当なキーワードを入れて図を検索し，見つかった図から適切なものを取り込む。
3. 雛型を利用して図を作成する場合： SmartArt グラフィックスと呼ばれるビジネスなどに適した図形配置が多数準備されており，これを活用すると，容易に訴求力のある図が作れる。［SmartArt グラフィックスの挿入］ボタンをクリックし，適切な雛型を選び，必要な文字などを入力して完成させる。
4. 自分で図を描く場合： この場合，まず「描画キャンバス」を作り，その中にいろいろな部品を組み合わせて絵を描く。［図形］ボタンをクリックし，下の「新しい描画キャンバス」を選ぶ。あとは，各部品を組み合わせて描画する。
5. スクリーンショット： ［スクリーンショット］ボタンを使うと，その時点で表示されているウィンドウの全部あるいは一部分を図として文書の中に取り込むことができる。
6. グラフ： ［グラフ］ボタンを使うと，Excel のデータと連携したグラフを作成できる。

図 5.18 図コマンドグループのボタン

第6章

表計算ソフトウェア

表計算ソフトウェアというと，業務用のソフトウェアというイメージがある。実際，企業の経理処理や業務分析から，個人の家計簿まで幅広く使われる機能をもつ。しかし，理工系のデータ処理やシミュレーションにも大きな力を発揮するソフトウェアであることを強調しておきたい。表計算ソフトウェアは技術者にとっても不可欠の重要なツールなのである。

この章では表計算ソフトウェアの利用法について Microsoft Excel 2016 に基づいて説明する。説明の内容は他のバージョンの Excel でもそのまま通用するが，機能の呼び出しやアイコンが変わっているので読み替えが必要となる[1)]。Excel の機能は膨大であり，この章では理工系の学生の学習を念頭において，その一部を紹介した。各自の関心に応じてオンラインヘルプを活用したり参考書を調べるなどして理解を深めてもらいたい。

6.1 構成要素

Excel を利用するにあたって，まず，3 つの言葉を覚えてもらう。

ブック Excel のファイルをブックと呼ぶ。とりあえず，ブックは「ワークシートの集まり」であると定義しておこう。(詳しくいうと，ブックには，マクロやグラフなども含まれる。) ブックのファイル名の拡張子は Excel 2016 の標準では `xlsx` である。これ以外に，マクロもファイルの一部として保存するマクロ有効ブックの拡張子 `xlsm`，Excel 2003 以前の旧版の Excel と互換性のあるブックの拡張子 `xls` がある。

ワークシート Excel を起動すると，画面の大きな部分を占める表のようなエリアがある。これがワークシートである。ワークシートは「セルの集まり」である。Excel のウィンドウの下のほうを見ると，ワークシートのシート見出しが見える (⇒図 6.1)。標準的な状態では，`Sheet1` という名前のついた 1 つのワークシートがある。ワークシートを追加したければ，シート見出しの右側の ⊕ をクリックする。シート見出しを右クリックするとメニューが現れる。そのメニューを利用すればワークシートの名前を好きな文字列に変更できる。複数のワークシートがあるときは，操作したいワークシートのシート見出しをクリックすればよい。

---

1) この章では，Excel の標準的な設定を仮定している。 ファイル タブ ⇒ ［オプション］で，［数式］を選択したとき，「ブックの計算」は自動とし，「R1C1 参照形式を使用する」はチェック (√) をはずしておくこと。

セル ワークシートを構成する1つ1つの小さな四角形をセルと呼ぶ。このセルに各種のデータや計算規則を入力することができる。以下で学ぶが，セルは単なる空欄ではなく，1つ1つが高度な計算機能をもつ賢い存在である。セルの位置は行番号 (1, 2, 3, ···) と，列番号 (A, B, C, ···) で指定され，「セル A1」，「セル C5」などのように呼ぶ。例として下にセル C3 を示す。

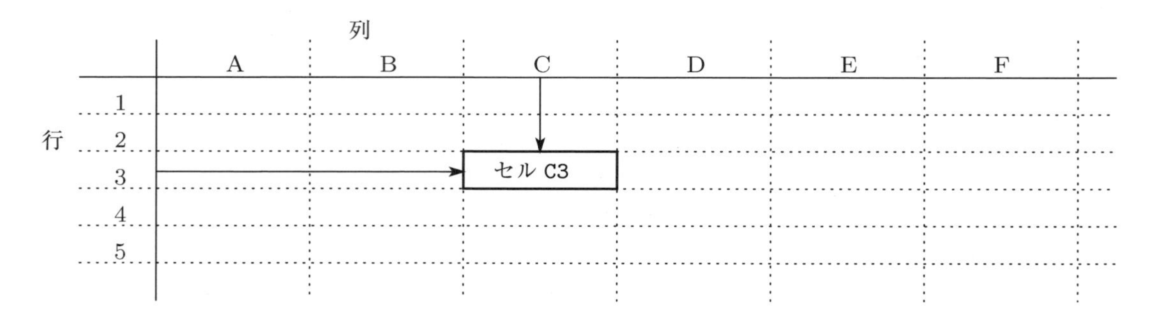

システムの資源が十分であれば，1つのワークシートの中で，セルは 1,048,576 行，16,384 列まで利用することができる。セルが保持できる数値は有効桁数が 15 桁まで，セルが含むことのできる文字数は 32,767 文字までである。

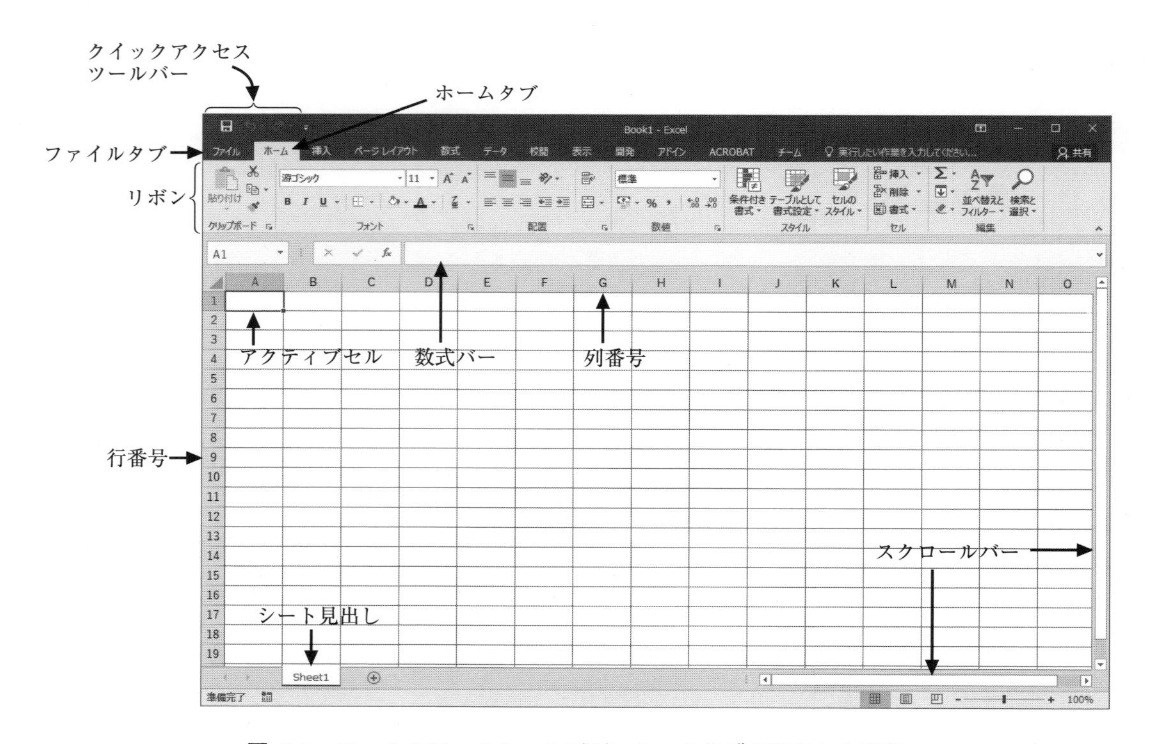

図 6.1 Excel のワークシート画面，**ホームタブ**を選択した状態

6.2 基本技術

演習 6.1

以下の説明に従い，実際に Excel を操作して，基本的な技を習得せよ。

以下での操作の説明で現れるコマンドやコマンドグループは，特に明示していない限り**ホームタブ**が選択されているときのリボンのコマンドである。図 6.1 ではリボンは圧縮された状態で表示されている。図 6.2 も必要に応じ参照されたい。

6.2.1 Excel の起動と終了

■技 1■ 起動と終了

起動にはいくつかの方法がある。デスクトップ上に Excel のアイコンがあるときは，それをダブルクリックすれば起動する。また，［スタート］ボタンから［スタートメニュー］に出てくるプログラム中から Microsoft Excel を選んでもよい。エクスプローラーでファイルの一覧を表示し，Excel のアイコンのついたブック（Excel のファイル）をダブルクリックすれば，Excel が起動して，そのファイルを開く。

Excel のアイコン

Excel 2016 ブック
拡張子 `xlsx`

Excel 2016 マクロ有効ブック
拡張子 `xlsm`

Excel 97-2003 ブック
拡張子 `xls`

終了する場合には，その内容を捨てる場合を除き，ファイルを保存してから終了する。新規作成のブックや，現在とは別の名前で保存するときは，**ファイル タブ**をクリックし，［名前を付けて保存］を選び，適切なフォルダーに移動してから，名前を入力して ［保存］ボタンを押す。本書の標準状態ではフォルダーは「ドキュメント」の中に作成する。（推奨されるフォルダーは p.43 参照。）ブックには拡張子 `xlsx` が自動的につけられる。保存後，**ファイル タブ**をクリックし，［Excel の終了］を選ぶか，あるいは，ウィンドウの右上の ✖ を押して終了する。

［やってみよう］ Excel の演習のためのフォルダー `Excel` を作成せよ。

［やってみよう］ Excel を起動せよ。起動後の画面を図 6.1 と比較して各部分の名称を学べ。マウスをそれぞれのタブのコマンドボタンにのせたときに現れる説明を読め。

［やってみよう］ どこかのセルに何か値を入れて，上に説明されている手順で `file1.xlsx` という名前で，いま作成したフォルダー `Excel` に保存せよ。

［やってみよう］ エクスプローラーでフォルダー `Excel` を開き，さらに，その中にある，いま作成した `file1.xlsx` をダブルクリックせよ。そして Excel が起動されて，上で作成したブック（ファイル）が開かれたことを確認せよ。

6.2.2 セルの操作

■技2■ セルを選択する

セルに対してデータを入力したり，コピーや削除を行ったり，その属性を変更したりするためには，まず1つあるいは複数のセルを選択する必要がある。

1つのセルを選択するには，そのセルをマウスでクリックする。すると下の図のようにセルは太線で囲んで表示される。このとき右下に現れる，小さな黒い四角を「フィルハンドル」と呼ぶ。

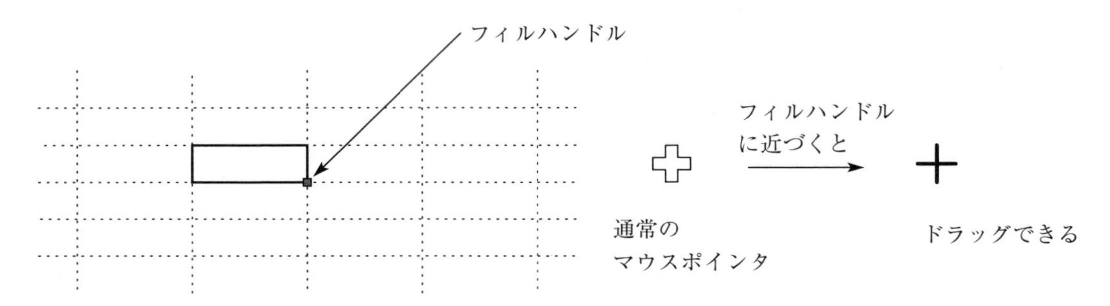

あるセルをクリックしたままドラッグすると，連続したセル範囲を選択することができる。行方向に連続した複数のセル，列方向に連続した複数のセル，長方形の領域をなす複数のセルを選択できる。このような範囲は下の例のように参照演算子：（コロン）を使って記述する。◯:△ はセル ◯ からセル △ までの連続した範囲のセルを表す。

1つあるいは複数のセルを選択した後で，Ctrl キーを押しながら別のセルを選択すると，その選択が，それまでの選択に追加される。単にクリックした場合はそれまでの選択は消える。

1つのセルを選択した後で，Shift キーを押しながら別のセルを選択すると，その2つのセルおよびその間のセルが選択される。長方形の領域のセルの選択もできる。

行番号をクリックすれば行全体が，列番号をクリックすれば列全体が選択される。ワークシート左上隅（A の左で1の上）をクリックするとワークシート全体が選択される。

やってみよう 以下の選択操作を行え。

- セル C3 を選択せよ。
- C3, C4, C5 の3つのセル（C3:C5）を選択せよ。
- セル C3 とセル F5 を左上，右下とする12個のセルの長方形領域（C3:F5）を選択せよ。
- セル C3，セル D4，セル F6 の3つのセルを同時に選択せよ。
- 第3行全体を選択せよ。
- 第C列全体を選択せよ。
- ワークシート全体を選択せよ。

■技3■ セルに入力する

やってみよう セル A1, B1, C1, D1, E1, F1 に，それぞれ，「1234」，「ABC」，「表計算」，「'1234」，「4/1」，「'4/1」と入力せよ。

通常の設定では数値はセルに右詰め，文字列は左詰めで入力される。日本語の入力は通常通り，日本語入力キーを押して行う。セル E1 に見るように，日付を入力する簡便な方法がある。先頭にアポストロフィ (') をつけると，それ以降は文字列とみなされる。セル A1 とセル D1 の違い，セル E1 とセル F1 の違いから理解すること。

■技 4■　セルの内容を修正する

ワークシートのセル領域のすぐ上に数式バーがある（⇒図 6.1）。位置を確認せよ。

やってみよう　（技 3）の学習が終わった状態で，数式バーに注目しながら，A1 から F1 のセルを順次クリックせよ。

上の練習でわかったように，数式バーにはセルの「本物の」内容が表示される。セルの内容を修正するには，そのセルをクリックして再度入力するという方法が簡明である。しかし複雑な内容の場合は，数式バーを利用して，あるいはそのセルをダブルクリックして，部分的に修正することができる。数式バーあるいはセルの表示の修正箇所をクリックし，文字の挿入や削除などの編集ができる。編集が終わったら Enter キーを押す。

やってみよう　セル C1 をクリックし，数式バーを利用して，「表計算」を「表の計算」と変更せよ。

■技 5■　セルの内容を移動あるいはコピーする

移動あるいはコピーの対象となる 1 つのセル，あるいは複数のセルを選択する（⇒技 2）。次に，以下のどちらかの方法をとる。

- マウスを使う方法：選択した範囲の境界近くにマウスを近づけると，マウスポインタの形が変わる。そこからドラッグし，移動先まで動かしてドロップする。この場合，元のセルは空となるので「移動」となるが，ドラッグするとき，Ctrl キーを押しながらドラッグすれば，元のデータは変化しないので「コピー」となる。Ctrl キーを押したときはマウスポインタに「+ マーク」がつく。

- 〈クリップボードコマンドグループ〉のボタンを使う方法：「移動」の場合は［切り取り］ボタンを，「コピー」の場合は［コピー］ボタンを押す。そして，移動先のセルをクリックし［貼り付け］ボタンを押す。［貼り付け］ボタンは大きく，三角 ▾ をクリックし，オプションを選択して貼り付けることもできる。

やってみよう　セル A1 からセル F1 の内容を，1 つずつ，あるいは複数を同時に移動あるいはコピーする練習をしてみよ。

■技 6■　セルの内容を削除する

内容を削除する 1 つのセル，あるいは複数のセルを選択する（⇒技 2）。そして Delete キーを押す。

> **注意：**　内容を削除しても，セルの属性までは削除されない。「4/1」を入力したセル E1 を削除したあと，そのセルをクリックして，〈数値コマンドグループ〉の表示形式を見ると「ユーザー

定義」となっている。属性も含めて消去したい場合は，〈編集コマンドグループ〉の［クリア］ボタン を使うとよい。

■技7■　動作のやり直し

この機能があるので，Excel を使っているとき，操作をミスしても慌てる必要はない。ただし，どんな場合でも無限に効くわけではないので，慎重に作業するに越したことはない。

クイックアクセスツールバーの［元に戻す］ボタン と［やり直し］ボタン を使う。［元に戻す］ボタン を押すと1つ前の状態に戻り，［やり直し］ボタン を押すと1つ先（［元に戻す］ボタンを押す前の状態）の状態となる。

やってみよう　1つあるいは複数のセルを何回か削除し，［元に戻す］ボタン ，あるいは，［やり直し］ボタン を操作して，動作を理解せよ。

■技8■　オートフィルによる連続セル入力

説明の都合上，ワークシートの内容を全部消去してもらいたい。（ワークシート全体を選択し〈編集コマンドグループ〉の［クリア］ボタン を使い，「すべてクリア」する。）それから，（技2）で説明した「フィルハンドル」という言葉を思い出しておくこと。

やってみよう　セル A1 に「XYZ」と入力する。セル A1 のフィルハンドルを下に数セル分ドラッグせよ。

やってみよう　セル B1 に「20」，セル B2 に「25」と入力する。B1, B2 の2つのセル全体を選択する（⇒技2）。フィルハンドルを下に数セル分ドラッグせよ。

やってみよう　セル C1 に「4/1」，セル C2 に「4/8」と入力する。C1, C2 の2つのセル全体を選択する（⇒技2）。フィルハンドルを下に数セル分ドラッグせよ。

上で体験したことがオートフィルである。最初の例では，フィルハンドルをドラッグすることにより，ドラッグした範囲のセルに同一の内容を入力（コピー）することができた。これは，そんなものか，と思うだろうが，次の例は少し驚いたのではないだろうか。つまり，入力された，20 と 25 から5間隔の数字であることを理解し，その規則に従ってセルの内容が決まっていくのである。日付の場合はいくつかの月にまたがっても大丈夫である。Excel はこのように「等差数列」を理解している。この操作例では列方向（上下）にオートフィルしているが，もちろん，行方向（左右）にもできる。

規則的な連続データを入力する際に，この機能は極めて強力な働きをする。

やってみよう　D 列に1から 100 までの範囲の整数で7で割り切れるものを入力せよ。（ゆっくりドラッグすると，右側に数字が見えるので 100 を超えたらドラッグをやめる。）

やってみよう　E 列に，「20 秒」，「19 秒」，...，「0 秒」という 20 秒からのカウントダウンを入力せよ。

■技9■　検索，置換

〈編集コマンドグループ〉には［検索と選択］ボタンがある（⇒図 6.2）。このメニューを使うと検索や置換が実行できる。具体的な手順は Word の場合と同様であり，5.6 節を参考にしてもらいたい。

■技10■　並べ替え

セルに並んだ一連のデータを，数値の大きい順やアルファベット順，あるいはその逆順に並べ替えることができる。〈編集コマンドグループ〉の［並べ替えとフィルター］ボタンを使う（⇒図 6.2）。

やってみよう A 列に順に 3, 5, 2, 10, 9, 4 と，B 列に順に three, five, two, ten, nine, four と入力せよ。そして，この 12 個のセル全体を選択せよ。［並べ替えとフィルター］ボタンをクリックし，「昇順」あるいは「降順」を選択し，セルの中のデータがどうなるかを見よ。さらに，「ユーザー設定の並べ替え」を選択し，「優先されるキー」で 列 B を選んで［OK］ボタンを押してみよ。

図 6.2 大きいウィンドウのときの**ホームタブ**（2 段に表示）

6.2.3 フォーマットと修飾

以下で，［書式設定のダイアログボックス］を使う場合がある。それを開けるには，〈フォントコマンドグループ〉，〈配置コマンドグループ〉，〈数値コマンドグループ〉のいずれかのダイアログボックス起動 ⧉ をクリックするか，あるいは，〈セルコマンドグループ〉で［書式］ボタンを選び，その中の「セルの書式設定」を選択する（⇒図 6.2）。

▌技 11▌ 行と列のサイズ変更

変更の対象となる 1 つの行（列），あるいは複数の行（列）を選択する（⇒技 2）。次に，以下のいずれかの方法をとる。

- 数字で指定する方法：〈セルコマンドグループ〉で［書式］ボタンを選び，「行の高さ」あるいは「列の幅」を選び，出てくるボックスに数字を入力する。

  ここでは，「行の高さの自動調整」「列の幅の自動調整」を選ぶこともできる。

- マウスで操作する方法：マウスを行番号エリアあるいは列番号エリアに移動させ，セルの境界の辺りにマウスを近づけるとマウスポインタの形が白い十字形から，上下あるいは左右に黒い矢印がついた形に変わる。その状態で，適切なサイズにマウスでドラッグする。

やってみよう どこかのセルにあなたの住所を入力する。その列の幅を広げて，文字列全体がその列の中のセルに入るようにせよ。

▌技 12▌ セルの書式設定

書式設定の対象となる 1 つのセル，あるいは複数のセルを選択する（⇒技 2）。そして，〈フォントコマンドグループ〉，〈配置コマンドグループ〉，〈数値コマンドグループ〉にある必要な機能のボタンを利用すればよい（⇒図 6.2）。より細かい指定をするときは，［書式設定のダイアログボックス］を使う。ここでは，以下の 3 つだけ説明する。次の（技 13），（技 14）も参照のこと。

- ［フォント］：選択されているセルのフォントの種類，サイズ，色などを指定できる。フォントについては Word とボタンも共通なものが多く，5.7 節も参照のこと。

- ［配置］：選択されているセルの内容の位置を，上揃え，上下中央揃え，下揃え，左揃え，中央揃え，右揃えなどに指定する。配置については Word とボタンも共通なものが多く，5.7 節も参照のこと。
- ［表示形式］：通常は「標準」であるが，場合によって使い分ける。「数値」「通貨」「会計」「日付」「時刻」「パーセンテージ」「分数」「指数」「文字列」などいろいろな形式があるが，いずれもクリックすると，具体的な例が表示されるので，適切なものを選択すればよい。

やってみよう 連続した数個のセルに5桁の正負の数を適当に入力する。これらの数を「円記号が先頭につき，マイナスは赤字となり，3桁区切りでコンマがつく」形式で表示せよ。

■技 13■ 罫線

罫線をつけたい1つのセル，あるいは複数のセルを選択する（⇒技 2）。

- 簡単な罫線は〈フォントコマンドグループ〉の［罫線］ボタン の右の三角 ▾ をクリックし，出てくるメニューから引きたい罫線の種類をクリックして選択すると，その罫線が引かれる。
- より細かく罫線を制御したい場合は，［書式設定のダイアログボックス］のメニューで「罫線」を選択する。線の種類と色は右側のボックスから選択し，左の罫線ボックスの中で，上下左右，内部のタテとヨコについて，どの種類の罫線を使用するかを指定して［OK］ボタンを押す。

やってみよう 5 × 5 のセル領域を選択し，その外周には実線の罫線を，内部には点線の罫線を引け。

■技 14■ セルの結合

複数のセルを結合して，大きなセルを作る必要のあるときに使う。〈配置コマンドグループ〉の中の［セルを結合して中央揃え］ボタン（および，その右側の ▾）を使うか（⇒図 6.2），あるいは，［書式設定のダイアログボックス］のメニューで「配置」を選択する。この機能で大きなセルを作り，そこに入力した内容がセルからはみ出す場合，［折り返して全体を表示する］ボタンが有効な場合が多い。

やってみよう セル B2 をクリックし，Shift キーを押しながらセル C4 をクリックすると6つのセルが選択される（⇒技 2）。［書式設定のダイアログボックス］のメニューで「配置」を選び，「セルを結合する」を選択せよ。次に，そのセルに abc ⋯ z の 26 文字の文字列を入力せよ。そして，「配置」の「折り返して全体を表示する」を選択せよ。

6.2.4 数式

セルに入力する数式を使いこなせるかどうかが，あなたが excellent な Excel 使いになれるかどうかの分かれ道である。では，慎重に進んでいきなさい。

■技 15■ 数式を利用する

やってみよう 適当なセルに「=2+3」と入力し，Enter キーを押せ。

このようにセルには式を入力することができる。式を入力するとき，先頭に「=」（イコール記号）をつける。値 5 が表示されている今のセルをクリックして，数式バーを見てみよ。入力した数式が表示されるはずである。このように，セルに表示される見かけの値は計算結果であり，セルの「本物の」内容は数式バーに表示されるのだということを理解してもらいたい。

演算子の記号として，加算は+，減算は-，乗算は*，除算は/，べき乗は^が使われる。数値の後ろにつけると，100 で割ることを意味する%演算子がある。また，左括弧 (と右括弧) は普通の計算と同じように利用される。ただし，中括弧 { } や大括弧 [ ] は使えないので，必要な場合は丸い括弧を多重に使用する。文字列については，文字列と文字列を連結する& 演算子が使われる。

セルの名前を変数のように，式の中で引用することができる。

やってみよう　セル A1 とセル B1 に数値「100」と「200」を入力する。次に，セル C1 に「=A1+B1」と入力する。

この結果，セル C1 にセル A1 とセル B1 の和が表示される。

やってみよう　続いて，セル A1 に「300」を入力する。

すると，C1 の値も連動して変化する。このようにセルの値の関係式が与えられているとき，元のデータが変化すれば，それに関連したセルの計算結果の値も変化する。この性質を利用することにより複雑な計算を反復してすばやく実行できるのである。

ところで，セル C1 に「=A1+B1」を入力するとき，実は，これをそのままタイプする必要はなかった。セルの名前は，そのセルをクリックするだけで，セル式に取り込める。セル C1 に「=A1+B1」と入力するためには，

セル C1 をクリック ⇒ 「=」をタイプ ⇒ セル A1 をクリック ⇒ 「+」をタイプ ⇒ セル B1 をクリック ⇒ Enter キーを押す

という手順でよい。

やってみよう　上の手順で，再度，セル C1 に「=A1+B1」と入力せよ。

やってみよう　続いて，セル D1 に「=C1*2」と入力する。セル E1 に「=D1+1000」と入力する。そして，セル A1 の値を変化させると，関連するセルの内容が全部芋づる式に変化することを確認せよ。

セルの内容は数式バーに示される。したがって，セルの数式の内容を編集したい場合は，数式バーで修正を行うか，あるいは，セルをダブルクリックしてそこに「本物の」内容を表示して修正する。

■技 16■ 数式とセルのコピー

セルの数式と移動およびコピー操作（⇒技 5）との関係を学ぶ。練習のため，ワークシートに図のように入力する。

	A	B	C	D	E
1	1	2	3		
2	4	5	6		
3	7	8	9		
4					
5					

やってみよう　セル A4 に「=A1+B1」と入力せよ。このセル A4 をマウス操作，もしくは，［切り取り］ボタンと［貼り付け］ボタンによって，セル B5 に移動せよ。さらに，セル C6 に移動せよ。それぞれの場合に数式バーでセルの「本物の」内容を確認しておくこと。

上の操作では，セルの内容は移動後も「=A1+B1」であった。ではコピーではどうなるだろうか[2)]。

やってみよう セル A4 に「=A1+B1」と入力せよ。このセル A4 をマウス操作（Ctrl キーを押しながらドラッグ&ドロップ），もしくは，［コピー］ボタンと［貼り付け］ボタンによって，セル B5, C6 にコピーせよ。それぞれの場合に数式バーでセルの「本物の」内容を確認しておくこと。

このときは，貼り付けられた内容が変化していることがわかる。

元のセル	コピー先のセル	相対移動	元のセルの内容		コピー先の内容
A4	B5	行1，列1	=A1+B1	→	=B2+C2
A4	C6	行2，列2	=A1+B1	→	=C3+D3

上の説明でわかるように，数式が入っているセルをコピーするとき，数式の中にセルの参照が含まれていると，それは，セルが移動した行と列の数だけ相対的に変化する。なお，上の例では，コピーした結果何もデータの入っていないセル D3 が参照されてしまっている。(この場合0と解釈された。) このようなことがミスを引き起こすこともあるので注意してもらいたい。

コピーのイメージを下の図に示す。相互の参照の位置関係が相対的に固定されたまま，コピーされるのである。

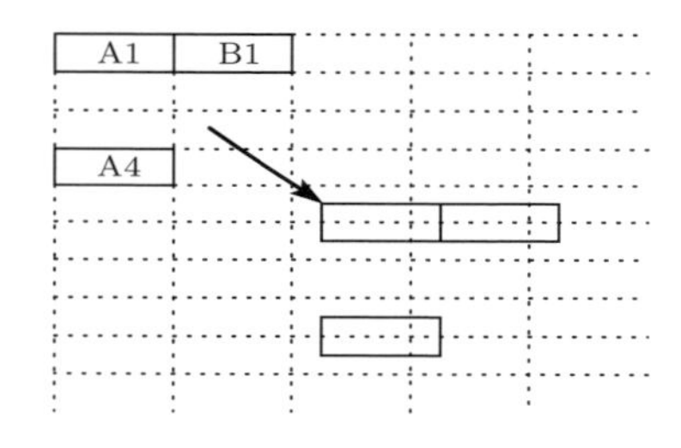

この参照については，(技19) でもう1つの重要な点を説明する。

■技17■ 関数を使う

セルの数式には Excel に内蔵された関数を利用することができる。［関数の挿入］ボタン *fx* をクリックすると，関数の分類が示され，その分類をクリックすると，それに所属する関数の一覧が表示される。関数の一覧から関数名をクリックして選択すると，簡単な説明が窓の下部に表示される。さらに調べたいときは，左下の「この関数のヘルプ」をクリックすると，詳しい説明の窓が開く。関数の種類は極めて多数であって，ここで詳しく説明することは不可能である。以下，いくつかの例を説明する。

- 和と平均： いくつかのセルの合計を計算する，平均値を計算するという操作には，関数 SUM，関数 AVERAGE を利用する。たとえば，セル A1 から A5 までの数値を合計するには，和の結果を代入したいセルに，「=SUM(A1,A2,A3,A4,A5)」あるいは「=SUM(A1:A5)」と入力すればよい。

  これらの入力は〈編集コマンドグループ〉の［オート SUM］ボタン Σ を使うことによりマウス操作だけでできる。まず，結果を入れるセルをクリックし，［オート SUM］ボタン Σ の右側の三角 ▾ をクリックして機能を選択し，次にデータのあるセル範囲を選択して Enter キーを押せばよい。

2) ここでは「貼り付けオプション」に関する説明は省略しており，特に無指定のまま貼り付けたものとしている。

やってみよう 実際にセル A1 から A5 までに数値を入力し，セル A6 で合計の値を，セル A7 で平均の値をそれぞれ求めよ。

- 数学関数： 三角関数は SIN( )，COS( )，TAN( ) であり，引数はラジアン単位である。自然対数の底（e）に関する指数関数は EXP( )，対数関数は LN( ) である。平方根関数は SQRT( ) である。実数を切り捨てて整数化する INT( ) もある。これらは，いずれも ( ) の中に引数を記述する。円周率は引数なしで「PI()」とすると π の数値が得られる。MOD は整数の割り算での余りを与える関数で，MOD(x, y) とすると，関数の値は整数 x を整数 y で割ったときの余りとなる。
- 文字列関数： 文字列の長さを返す LEN(文字列) 関数，文字列の先頭から指定された数の文字を返す LEFT(文字列, 文字数) 関数，文字として入力してあるデータを数値として返す VALUE(文字列) 関数などがある。
- IF 関数： セルの中で条件判断をさせるために使用する。IF(論理式, 式 1, 式 2) の形で使う。「論理式」が正しいとき「式 1」の値，そうでないとき「式 2」の値となる[3)]。

やってみよう セル A1 とセル B1 に数値を入力する。次に，セル C1 に「=IF(A1>B1, A1,B1)」と入力する。そして，セル A1 とセル B1 の値をいろいろと変化させてみよ。

■技 18■ 数式とオートフィル

すでに（技 8）のところで，自動的に連続するデータを入力する方法を学んだ。また（技 16）で数式を含むセルがコピーされる状況を学んだ。素晴らしいことに，この 2 つを組み合わせることができる。とりあえず，試してみよう。

やってみよう セル A1 から A10 までオートフィル（⇒技 8）で，1, 2, ⋯, 10 を入力し，セル B1 から B10 までオートフィル（⇒技 8）で，10, 20, ⋯, 100 を入力する。この A 列と B 列の積を C 列に入れる。まずセル C1 に「=A1*B1」と入力する。このセル C1 のフィルハンドルを C10 まで下に引っ張る。

上の操作で，A 列と B 列の積が C 列となったことがわかるであろう。念のためにセルの内容を確認する。

やってみよう セル C2 以下をクリックし，その内容を数式バーで確認せよ。

あなたが入力したセル C1 の「=A1*B1」は，オートフィルされたセル C2 では「=A2*B2」に自動的に変わっている。このように，組織的に計算を行いたい場合，最初の式を入力するだけで，残りの式は自動的に生成されるのである。

やってみよう セル A1 から A20 まで 1, 2, ⋯, 20 を入力せよ。セル B1 から B20 までに，これらの A 列の数の平方根を与えよ。(平方根は（技 17）参照。)

■技 19■ 相対参照と絶対参照

最後の難関である。これをクリアすればあなたは Excel ウィザードである。

具体的な例として，次の計算を考えてみる。食堂のメニューの本体価格を与えたときに，消費税込みの販売価格を計算する。消費税を 8%とすれば，

$$\text{税込価格} = 1.08 \times \text{本体価格}$$

3) ここでは「論理式」に関する詳しい説明は省略する。詳細はヘルプ機能を活用して学んでもらいたい。

となる。この計算をするのだが，消費税率は将来変更となるかもしれないので，この「1.08」は変更が容易なようにしておきたい。そこで，次のような表を作った。

	A	B	C	D	E
1	情報食堂		税率係数	1.08	
2					
3	メニュー	本体価格	税込価格		
4	カレー	300			
5	かけそば	200			
6	かつ丼	500			
7	Aランチ	600			
8					

さて，最初の項目である，「カレー」の税込価格を計算しよう。「1.08」はセル D1 にあるので，セル C4 に「=B4*D1」と入力する。

やってみよう　上の例を入力し実行してみよ。

計算は正しく実行された。では，その他のメニューについても計算しよう。すでに学んだように Excel では自動的に計算する機能があるのだから簡単なはずである。

やってみよう　セル C4 をクリックし，フィルハンドルを下にドラッグせよ。

すると，計算がうまくいっていないことがわかる。どうしてだろうか。

やってみよう　セル C5 をクリックし，その「本物の」内容を数式バーをみて調べよ。

セル C5 の中身は「=B5*D2」となっている。これは（技 16）で説明したように，次のように変化してしまったからである。

セル C4	=	B4	*	D1
		⇓		⇓
セル C5	=	B5	*	D2
		OK		×

消費税を計算する因子である「1.08」はセル D1 にあり，この参照するセルの位置は変化してもらっては困るのである。（上の例ではセル D2 は空なので値 0 とみなされた。）

実は，セル式の中で，セルを参照するには 4 つの方法がある。例として，セル C3 の参照方法を以下に示す。

	C3	$C3	C$3	C3
行 (3)	相対参照	相対参照	絶対参照	絶対参照
列 (C)	相対参照	絶対参照	相対参照	絶対参照
		（複合参照）	（複合参照）	

要するに $ 記号をつけると，それが絶対参照となる。絶対参照した場合は，そのアドレスはオートフィルなどでコピーしても変化しなくなる。

やってみよう　セル C4 をクリックし，数式バーで「=B4*D1」と修正せよ。それから，セル C4 をクリックし，フィルハンドルを下にドラッグせよ。

今度は，それぞれのメニューについてうまくいっていることがわかるだろう。まとめると，数式で計算する際には，コピー（あるいはオートフィル）したときに位置が変わっては困るセルの参照については絶対参照にしておけばよいのである。

消費税率が 10% に変更されたとしよう。消費税を計算する因子であるセル D1 の「1.08」を「1.1」に変更してみよ。すると，すべての税込価格が一気に変更される。いちいち直すことと比べて，このセルの参照を利用する手法が有用であることを理解してもらいたい。

セルの参照の変更は以下の手順でもできる。

やってみよう　まず，セル C4 を「=B4*D1」と入力する。

(1) セル C4 をダブルクリックする。⇒ すると数式が表示され，さらに，セル参照に色がつき，同じ色の枠が該当するセルを囲んでいることにも気づく。
(2) 変更したいセル参照，今の場合は D1 という文字の直後をクリックする。
(3) ファンクションキー F4 を押す。すると，順次，D1⇒ D1⇒ D$1⇒ $D1⇒ ⋯ と変化することがわかる。この機能を利用して適切なもの（今は D1）を選ぶ。

6.2.5 そのほかの重要な技

■技 20■ グラフを作る

Excel でグラフを作成する手順は次のとおりである。

(1) グラフとするデータが入力されているセル範囲を選択する。
(2) **挿入タブ**をクリックし，〈グラフコマンドグループ〉の中から適切なコマンドボタンを利用する。
(3) コマンドの指示する手順に従い操作する。

グラフは，それが表す数値データの傾向や要約を示し，その全体像を直感的に把握したり，それから基本的なパラメータを求めたりするためにある。したがって，研究目的や元のデータの性質に応じて，適切なグラフの形式を選択しなくてはいけない。

次の［やってみよう］の操作である，〈グラフコマンドグループ〉の中から「散布図」⟶の右の三角 ▾ をクリックしたところ。

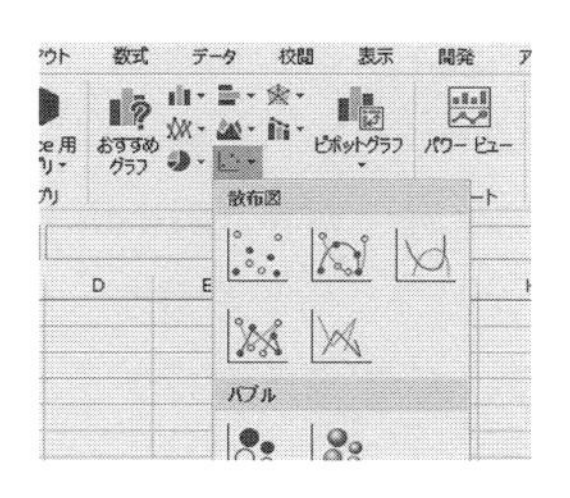

やってみよう　以下の手順に従い，$y = \cos(x)$ $(0 \leqq x \leqq 10)$ のグラフを作成せよ。

(1) まず A 列に x の値を 0.4 刻みで入力する（⇒技 8）。セル A1, A2 に値「0」,「0.4」を入力する。セル A1, A2 を選択し，A26 までドラッグする。0 から 10 まで 0.4 間隔の数字が A 列に入ったはずである。
(2) B 列に y の値を入力する（⇒技 18）。セル B1 に「=cos(A1)」と入力する。このセル B1 をセル

B26 までドラッグする。A 列の x の値に対応する $y = \cos(x)$ の値が B 列に入ったはずである。

(3) **挿入タブ**をクリックし，セル A1 から B26 までの領域を選択する（⇒技 2）。〈グラフコマンドグループ〉の中から「散布図」の右の三角 ▾ をクリックし，左下の「散布図（直線とマーカー）」を選ぶ。（本当は［データポイントを折れ線でつないだマーカーなしの散布図］のほうがこの場合妥当であろうが，後続の練習の関係でこれを選ぶ。）

(4) 出来上がったグラフは，グラフエリアの周辺の枠の部分をクリックすると，ドラッグして適切な位置に動かすことができ，また，枠の隅や辺にあるハンドルをドラッグすると適切な大きさに変えることができる。

グラフはいくつかの要素から構成される。見出し，凡例，x 軸，y 軸，プロットエリア（内側の四角形の内部），データ系列などである。これらの各部分はそれぞれ編集が可能である。システムが自動的に行った設定は必ずしも万全ではないので，必要に応じて編集を行う。グラフの〈レイアウトコマンドグループ〉を使って見出しなどを入力することもできる。このグループは，通常のタブの上部にある**グラフツールタブ**をクリックすれば表示される。

ひとつ注意すべき点を述べる。画面上でグラフをみているときにはカラー表現がわかりやすいのであるが，モノクロ（白黒）のプリンターに出力したり，黒で印刷した配布資料にする場合は，色がかえって邪魔になったり，データの区別を難しくするおそれがある。このような場合，プロットエリアの背景は無色とし，データが複数あるときはマーカーの形で区別できるようにしておくべきである。

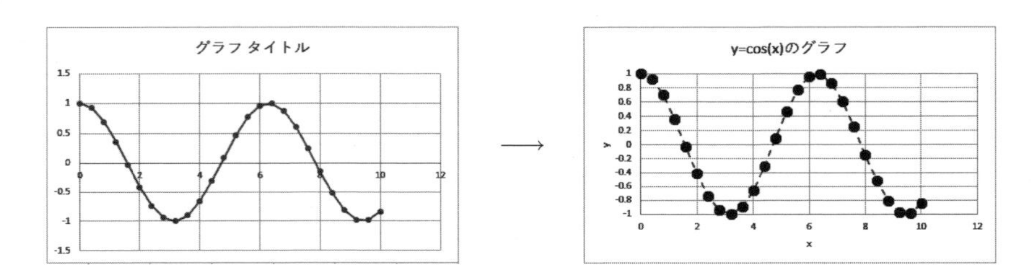

やってみよう　作成した $y = \cos(x)$ のグラフを右図のように編集せよ。

(1) グラフの空白部分をクリックすると**グラフツールタブ**が選択される。グラフの右側に3つのボタンが出る。上の［＋］ボタンをクリックし，軸ラベル，グラフタイトルを ON にし，文字列のプレースホルダをクリックして入力する。

(2) カーソルを左の縦軸に近づけ「縦（値）軸」と表示されたら，マウスを右クリックし，「軸の書式設定」を選んで，目盛の範囲（最小値，最大値）を -1 と 1 にせよ。また，横軸との交点を -1 にせよ。これで表示範囲と横軸の目盛の位置が変わる。

(3) データ系列を選択してマウスを右クリックし，「データ系列の書式設定」の「塗りつぶしと線」で，線のスタイル，マーカーオプションでマーカーの形や大きさなどを変更してみよ。上の右図は線を点線，マーカーを丸で 8 ポイントとしたものである。

■技 21■　複数のワークシートの操作

1つのブックの中には複数のワークシートがあり，相互に参照することができる。（さらに他のブックの中のデータを参照することもできるが，ここでは省略する。）いくつかのポイントを説明する。

- あるワークシートから別のワークシートにセルの内容を移動あるいはコピーできる。手順は（技 5）の操作と同じである。元のデータがあるワークシート上で，「移動」の場合は［切り取り］ボタン を，「コピー」の場合は［コピー］ボタン を押す。そして，シート見出し（⇒図 6.1）をクリックして，コピー先のワークシートを開き，必要なセルをクリックし［貼り付け］ボタン を押す。
- 数式で別のワークシートのセルを参照するときは，シートの名前と！記号をセル参照に前置する。たとえば「Sheet1!C3」などと書く。
- 複数のワークシートの同じ位置にあるセルに対して合計などの演算を簡単に行うために「3-D 参照」という機能がある。たとえば，Sheet1 から Sheet5 までのワークシート上のセル A1 の合計は「=SUM(Sheet1:Sheet5!A1)」で計算できる。

■技 22■ Word との連携

Excel は表を使った計算やグラフを作成する作業を行う優れた環境である。そうやって得られた結果は，Word で書く報告書や，PowerPoint で行うプレゼンテーションに活用されることになる。このため，Excel で作成した表やグラフ，あるいはワークシートそのものを Word の文書の中に取り込むことができる。そのための手順は次のとおりである。

(1) 元のデータのある Excel のブック，貼り付け先の Word の文書を開く。
(2) まず Excel の側でコピーしたい部分（表となるセル範囲，グラフなど）を選択し，Excel の［コピー］ボタン を押す。
(3) Word のウィンドウに移動し，データを貼り付けたい場所をマウスでクリックして，Word の［貼り付け］ボタン を押す。このとき，［貼り付け］ボタンの下の三角 ▾ をクリックしてオプションを選択してもよいし，貼り付けた後に図のそばに表示される，［貼り付けのオプション］をクリックしてオプションを選択することもできる。

オプションで「グラフ（Excel データにリンク）」を選ぶと，Excel 側で値を更新した結果が，Word の図にも反映される。「図として貼り付け」を選んだ場合は，そのようなことはなく，貼り付けたままの図である。

■技 23■ 印刷

Excel のワークシートをプリンター出力するには，**ファイル** タブから「印刷」を選ぶ。このとき，右側に表示されるプレビューを見て，適切であることを確認してから［印刷］ボタンを押す。

プレビューの結果，複数のページの出力となるのだが，改ページの位置が不適切であるといった場合がある。表が横長である場合は，「縦方向」の右の三角をクリックして横方向とすることができる。あるいは，「標準の余白」から余白のサイズを変更してみることができる。

ページの区切りを調節したい場合は，**表示タブ**を選び，〈ブックの表示コマンドグループ〉の中の「改ページプレビュー」を選ぶ。すると，改ページの位置が点線で表示される。その境界をマウスで適切な位置までドラッグする。このように手動で動かしたページ境界は点線から実線に変わる。終わった後は，〈ブックの表示コマンドグループ〉の「標準」を選ぶ。そして再度 **ファイル** タブに戻る。

6.3 応用

演習 6.2

あなたは青果商である。りんごを仕入れて販売しようとしているが，すべてのりんごを売り切れるかどうかはわからない。販売個数と利益の関係を調べたい。仕入れは1個100円の単価で100個のりんごを仕入れ，販売単価は1個150円である。

何個以上売れば赤字にならないかを調べたい。まず，50個売れたときの収支を求めよ。次に51個から100個売れた場合のすべて個数の場合の収支を求めて，利益がでる最小の個数がいくつになるか答えよ。

まず，準備のため，ワークシートに以下を入力する。

	A	B	C	D	E	F	G	H	I
1	損益分岐点の計算								
2		仕入			販売				
3	品名	単価	個数	総額	単価	個数	総額	＜収支＞	
4	りんご	100	100		150				
5									
6									

最初に，セル D4 に仕入れの総額を入れる。金額は「仕入れの総額＝単価×個数」で計算できるので，セル D4 に「=B4*C4」を入力する。

注意： このようなとき，$100 \times 100 = 10000$ と計算して，数値 10000 を直接入力してはいけない。データというものは変化する可能性がある。人間が計算していると，データが変更になるたびに，それを直す必要があり，複雑なケースでは見落としも発生する。「計算規則」があるときは，その数式を入力し，計算自体は Excel にやらせるのが賢い使い方である。

次に50個売れたと仮定して，セル F4 に「50」を入力する。そして，売り上げの総額と収支を計算しよう。計算規則は，「販売の総額＝単価×個数」，「収支＝販売の総額－仕入れの総額」である。すると，セル G4 とセル H4 に入れるべき数式は「=E4*F4」，「=G4-D4」である。

さらに，他の個数の場合を順次調べるが，いちいちやるのは大変であり，Excel の賢い機能を活用すべきである。50の下のセル F5 に 51 と入力し，オートフィルの機能（⇒技8）を使って，100まで順に F 列（F4〜F54）に個数の数字を入れる。

あとは，販売の総額と収支をオートフィルで計算すればよいだけのように思われるが，ここが注意すべきところである。

とりあえず試してみる。セル G4 をクリックし，フィルハンドルをセル1つ分下に引っ張り，個数が51個のときの総額を計算してみよう。正しくない結果0を与えていることがわかる。

セル G5 をクリックし数式バーを見てみよ。そこには「=E5*F5」と表示されている。本当は51個のときの総額を計算したかったのだから，ここでは「=E4*F5」を計算したかったのである。

これは相対参照であったために起きた間違いである。販売の単価はセル E4 にあるのだから，その参照が動かないように絶対参照でセルを指定しないといけない（⇒技 19）。

セル G4 の内容である「=E4*F4」を「=E4*F4」と直す。セル H4 も同じ理由から，「=G4-D4」を「=G4-D4」と直す。その後で，G4 および H4 セルをクリックし，フィルハンドルを下のほうに 54 行まで引っ張る。これにより，50～100 個までの売り上げと収支がわかった。何個以上売れると黒字になるかがわかったであろう。

最後に，数値のセルのフォーマットを行う。金額の先頭に円記号をつけ，数値がマイナスの場合は赤字で表示するフォーマットを選ぶとよりわかりやすいものとなる（⇒技 12）。さらに罫線をつけて，表を見やすくしてみよう（⇒技 13）。

やってみよう　仕入れの単価が 90 円，販売の単価が 145 円ならどうなるか。さきに注意したように，関係式を与えて計算を行っているので，データを変更すれば直ちに変更結果がわかる。

演習 6.3

1) 以下の表は東京と札幌の月別平均気温である。これを入力し，さらにグラフとして表示せよ。グラフの表現形式や見出しは適切なものを選択すること（⇒技 20）。
2) 関数を利用して，それぞれの都市の平均気温を求めよ（⇒技 17）。
   次に，各月ごとに気温の差を効率的に求めよ（⇒技 15，18）。
3) 以下の条件を満たす Word の文書を作成し，プリンターに出力して提出せよ（⇒技 22，23）。

	1 月	2 月	3 月	4 月	5 月	6 月	7 月	8 月	9 月	10 月	11 月	12 月
東京	5.2	5.6	8.5	14.1	18.6	21.7	25.2	27.1	23.2	17.6	12.6	7.9
札幌	−4.6	−4.0	−0.1	6.4	12.0	16.1	20.2	21.7	17.2	10.8	4.3	−1.4

提出する Word 文書の仕様

(1) 1 ページであること。
(2) 上部に氏名と学籍番号を大きめのフォントで示すこと。
(3) 項 1) で作成した気温の表とグラフを取り込む。なお，表は事前に列の幅を狭くし（⇒技 11），罫線をつけてから（⇒技 13），コピーすること。グラフは白黒のプリンターに出力することに注意して適宜調整しておくこと。
(4) 項 2) で求めた各都市の平均気温の数値を報告する。
(5) 項 2) で平均気温を求めるときに行った Excel での操作，各月ごとに気温の差を求めるときに行った Excel での操作を具体的に文章で記述する。

演習 6.4

次の関数を 3D（3 次元）表示せよ。表示する範囲は，$-2 \leqq x \leqq 2$，$-2 \leqq y \leqq 2$ とする。

$$z = f(x, y) = e^{-(x^2+y^2)}$$

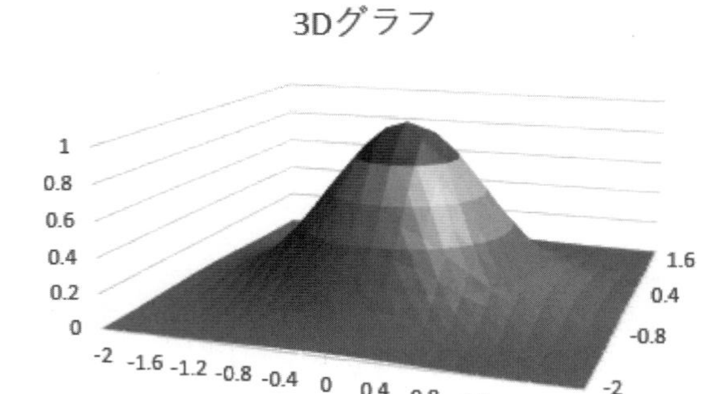

Excel のグラフ作成機能を利用するが，まず，この関数の z の数値をワークシートに記入しなくてはいけない。次のような方針で行う。x の値は第 1 行に，セル `B1` から Δx 刻みで記入する。y の値は第 A 列に，セル `A2` から Δy 刻みで記入する。そして，1 行 k 列にある値が x_k，n 行 A 列にある値が y_n とすると，n 行 k 列にあるセルに $z = f(x_k, y_n)$ の数値を計算して入れる。その値をグラフとする。以下に操作の手順を示す。ここでは，$\Delta x = \Delta y = 0.2$ とした。

1. オートフィルの操作を楽にするため，セルの幅を小さくしたほうがよい。ワークシート全体を選択し（⇒技 2），セルの列の幅を 5 とする（⇒技 11）。
2. x の値を第 1 行に設定する（⇒技 8）。セル `B1` に「-2」，セル `C1` に「-1.8」を入力する。`B1`, `C1` セルを選択し，オートフィル機能により x の値が 2 となるまで，右のほうに（V 列まで）ドラッグする。
3. y の値を第 A 列に設定する（⇒技 8）。セル `A2` に「-2」，セル `A3` に「-1.8」を入力する。`A2`, `A3` セルを選択し，オートフィル機能により，y の値が 2 となるまで下のほうに（22 行まで）ドラッグする。
4. セル `B2` からセル `V22` までの範囲に z の値を計算して入れる（⇒技 17〜19）。まず，セル `B2` を考えよう。入力する数式は，「`=exp(-(B1^2+A2^2))`」となると考えられる。しかし，オートフィルの機能を使うために参照の仕方に注意する必要がある。このとき，x の値は常に第 1 行にあり，y の値は常に第 A 列にある。だから，入力する数式は，「`=exp(-(B$1^2+$A2^2))`」となる。
5. セル `B2` をクリックし，フィルハンドルをセル `B22` まで下にドラッグし，そのままセル `V22` まで右にドラッグする。
6. セル `A1` からセル `V22` までの長方形のセル領域が選択されている状態とする。まずセル `A1` をクリックし，Shift キーを押しながらセル `V22` をクリックする（⇒技 2）。**挿入タブ**をクリックし，〈グラフコマンドグループ〉の中からクモの巣のような形の「等高線グラフまたはレーダーチャートの挿入」の右の三角 ▾ をクリックし，「等高線」の左端のもの（3D-等高線）を選ぶ（⇒技 20）。
7. 完成した 3D グラフは，右クリックして「3D 回転」を選ぶとあらゆる方向から眺めることができる。

やってみよう　$\Delta x, \Delta y$ の値を小さくして試みよ。より精度の高い図が見られる。

やってみよう　別の関数を表示してみよ。

$$（例）\quad f(x,y)=\frac{x^2+y^2}{1+(x^2+y^2)^2},\qquad f(x,y)=\sin(4x)$$

演習 6.5

1) 1 から 20 までの数の和，$1+2+3+\cdots+20$ を計算せよ。
2) 10! の値を求めよ。（階乗記号は $n!=1\times2\times3\times\cdots\times n$ を意味する。なお $0!=1$ と定義する。）
3) 自然対数の底 e は $e=\displaystyle\sum_{n=0}^{\infty}\frac{1}{n!}$ で定義される。$n=10$ までの和を求めて，e の近似値を求めよ。

セルに式を入力できるということは，セルとセルの値の間に関係をつけることができるということである。しかも（技 18）により，その関係式はマウスでドラッグするだけで任意の回数だけ反復できる。だから，数学的な数列，級数，各種の逐次計算は Excel で容易に実行できる。

1. セル A1 からセル A20 に数 $1,2,3,\cdots,20$ をオートフィルで入力する（⇒技 8）。
   セル A21 で「=sum(A1:A20)」により（⇒技 17），和を計算する。
2. セル A1 からセル A10 に数 $1,2,3,\cdots,10$ をオートフィルで入力する（⇒技 8）。セル B1 に 1 を入力する。これを 1! と考える。セル B2 に「=B1*A2」を入力する。これで，セル B2 の値は $1!\times2=2!$ を計算したことになる（⇒技 15）。セル B2 を選択し，フィルハンドルを B10 まで下に動かす（⇒技 17）。セル B10 の値が 10! である。

   セル B2 から B10 までを順次クリックし，数式バーに表示される内容を確認して，10! の計算となっていることを理解せよ。
3. 前項の状態で，セル C1 に「=1/B1」を入力する。これで階乗の逆数が計算された。セル C1 をクリックし，セル C10 までオートフィルする。セル C12 で「=1+SUM(C1:C10)」とすれば答えが求められる（⇒技 17, 18）。最初の 1 は $n=0$ の項，C1 から C10 までの和が $n=1\sim10$ の項である。なお，正確な値は，$e=2.71828182\cdots$ である。

注意：　数 $1/3=0.33333\cdots$, $\pi=3.14159\cdots$ などを小数で正確に表現しようとすれば無限の桁を必要とする。しかし，実用上は，これらの数の最初の数桁だけを残してそれから先の桁を無視した数値で十分である場合が多い。これが近似値である。（何桁あればよいかは，その問題に応じて検討する必要がある。）上の項 3) の例でいえば，e の正確な値を計算するには無限個の和をとるべきだが，それには無限の時間と無限の精度（桁数）を必要とするので不可能である。しかし，個々の項は n とともにどんどん小さくなるので，最初のいくつかの項の和だけを（有限の時間で）求めることで e の近似値を計算することができる。（このことが正当化されるためには無限和が「収束」している必要があるが，その意味は数学で学んでもらいたい。）

やってみよう　1 から 51 までの奇数の和を計算せよ。

やってみよう　次の指数関数のマクローリン展開を使って，$\sqrt{e}$ の近似値を求めよ。$e^{1/2}=\sqrt{e}$ を利用する。

$$e^x = \sum_{n=0}^{\infty} \frac{x^n}{n!} = 1 + \frac{x}{1!} + \frac{x^2}{2!} + \frac{x^3}{3!} + \cdots$$

ヒント：セルの使い方を論理的に考えること。

演習 6.5 の後であれば，A 列に $1, 2, 3, \ldots$ が，B 列に $1!, 2!, 3!, \ldots$ がある。であれば，C 列に x^n を，D 列に $x^n/n!$ を入力しよう。そうすれば，1+（D 列の和）が e^x となる。今の場合，セル C1 に「= 0.5^A1」と，セル D1 に「= C1/B1」と入力しオートフィルを使う。

やってみよう 次の無限和の値はある整数となることが知られている。その整数がいくつか推定せよ。

$$\sum_{n=1}^{\infty} \frac{n^3}{2^n} = \frac{1}{2} + \frac{2^3}{2^2} + \frac{3^3}{2^3} + \cdots$$

ヒント：セルの使い方を論理的に考えること。

例えば A 列を n， B 列を $\frac{n^3}{2^n}$， C 列を n 項までの和としよう。A 列にオートフィルで $1, 2, 3, \ldots$ と入れる。セル B1 を「 = A1^3/2^A1 」としオートフィルする。これで和の各項ができた。セル C1 にはセル B1 と同じ値を入れ，セル C2 を「= C1+B2」としオートフィルする。そうして B 列と C 列の数字の変化を見ていけば極限が推定できる。

やってみよう 円周率 π を計算する公式の 1 つに 16 世紀にヴィエトにより与えられた次のものがある。

この公式は正 N 角形は N を増やしていけば，どんどん円に近くなるということに基づいている。

$$\pi = 2 \cdot \frac{2}{a_1} \cdot \frac{2}{a_2} \cdot \frac{2}{a_3} \cdot \frac{2}{a_4} \cdot \cdots, \qquad a_{n+1} = \sqrt{2 + a_n}, \qquad a_0 = 0$$

これは無限個の積の計算の形をしているが，最初の 10 数項の積を計算して π の値と比べてみよ。

ヒント：セルの使い方を論理的に考えること。

A 列を a_n，B 列を $2/a_n$，C 列を（π を表す）B 列の数の積としよう。セル A1, C1 に値 0, 2 を入れる。あとは上の計算式を表す式をセル A2, B2, C2 に入れ，オートフィルで順次計算していく。平方根関数は（技 17）を参照する。

演習 6.6

次の数列がある。ここで $0 < x_n < 1$, $0 < a < 4$ である。初期値 x_1 と係数 a を与えて，最初の 30 項程度をグラフで表示せよ。係数 a はいろいろ変えて数列の挙動を調べるので，どこかのセルにその値を入力するものとする。

$$x_{n+1} = a x_n (1 - x_n)$$

数列を A 列にとることにし，係数 a をセル B1 におくことにする。値は条件を満たせばなんでもよいが，たとえば，セル A1 に「0.6」，セル B1 に「2」などと入力する。

このセル A1 が x_1 である。セル A2 は $x_2 = a x_1 (1 - x_1)$ となるのだから，「= B1*A1*(1-A1)」となると思える。しかし，次にこの式を使ってオートフィルするためには，いつものように注意が必要である。係数 a はセル B1 にあるのだから絶対参照が必要で「= B$1*A1*(1-A1)」が正しい。あとは，このセル A2 を下に 30 項程度ドラッグする（⇒技 18, 19）。

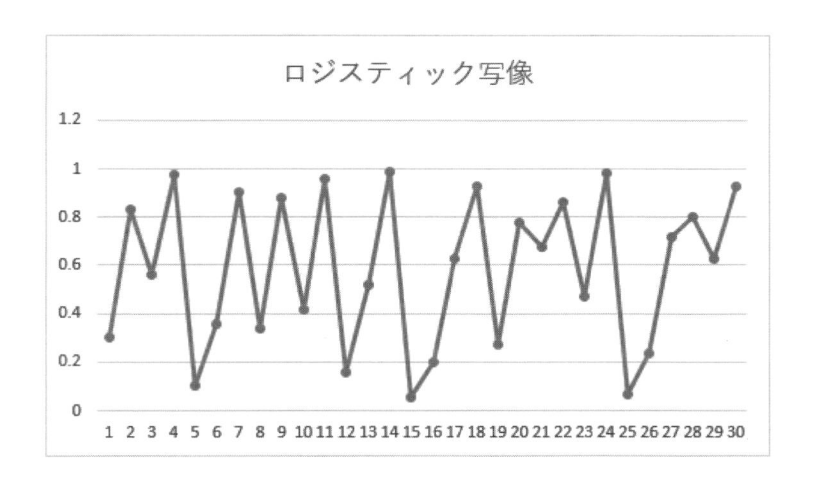

次にグラフで表示する。A 列の数値全体を選択し，**挿入タブ**をクリックし，〈グラフコマンドグループ〉の中から「折れ線／面グラフの挿入」の右の三角 ▾ をクリックし，「2-D 折れ線」の中の「マーカー付き折れ線」を選ぶ（⇒技 20)。

グラフを表示した状態で，セル B1 の係数 a の値を，いろいろなものに（$0 < a < 4$ の範囲で）変更してみよ。(例の図は $x_1 = 0.3, a = 3.95$ である。)

注意： この数列はロジスティック写像と呼ばれ，生物集団の個体数の時間変化などを研究するのに使われる。今やっていることは，シミュレーションの 1 つである。パラメータ a を与えるセルの値を変えるだけで，グラフが連動して変わるので，数列の挙動を調べることが Excel では容易にできることを理解してもらいたい。

[やってみよう] 次をフィボナッチ数列という。

$$x_0 = 1,\ x_1 = 1,\ x_2 = 2,\ x_3 = 3,\ x_4 = 5,\ x_5 = 8, \cdots$$

この数列は次の式で定義される。x_{10} の値を求めよ。

$$x_{n+2} = x_{n+1} + x_n \qquad (x_0 = 1,\ x_1 = 1)$$

[やってみよう] 初期値としてある正の整数を与える。これから次の規則に従い，次の整数を計算する。

$$\begin{cases} 1\text{ のとき} & \cdots \quad \text{計算終了} \\ \text{偶数のとき} & \rightarrow \quad 2\text{ で割る} \\ 3\text{ 以上の奇数のとき} & \rightarrow \quad 3\text{ 倍して }1\text{ を加える} \end{cases}$$

いろいろな初期値を与え，この計算が常に停止することを確かめよ。

奇数と偶数に分けてセル式を定義し（⇒技 17，IF 関数)，少しずつドラッグして値 1 が出てきたら止めればよい。奇数と偶数の判定は MOD 演算（⇒技 17）が使える。

[やってみよう] 一般的に周期的な関数は，三角関数の和で表すことができ，フーリエ級数と呼ばれる。た

とえば，下図の左の矩形波は次の式で表現される。

$$y = \frac{4}{\pi}F(x), \qquad F(x) = \sin(x) + \frac{\sin(3x)}{3} + \frac{\sin(5x)}{5} + \frac{\sin(7x)}{7} + \cdots = \sum_{n=\text{奇数}}^{\infty} \frac{\sin(nx)}{n}$$

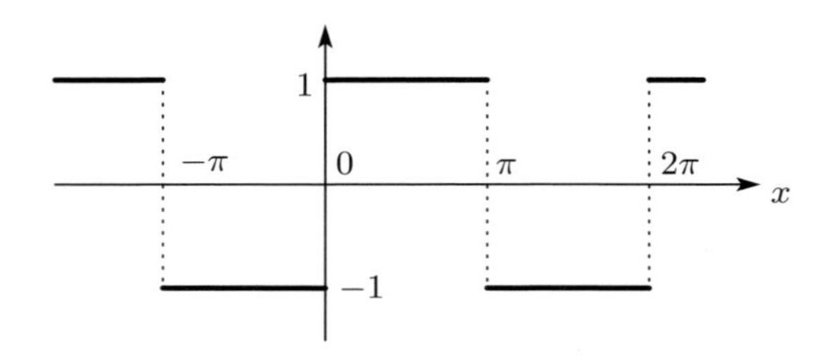

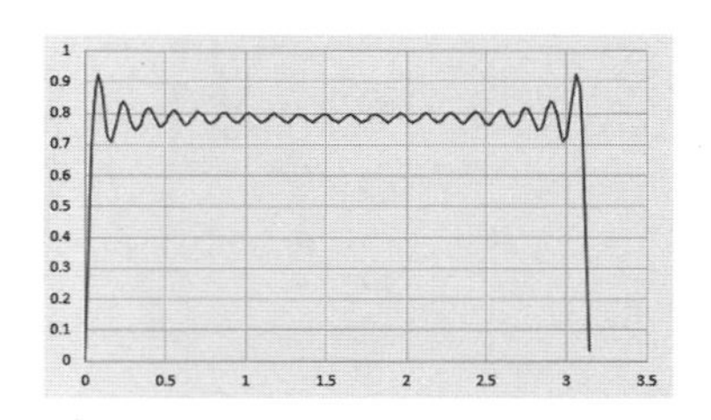

この $F(x)$ を以下の手順で計算した。以下では最初の 20 項（$n = 39$ まで）を $0 \leqq x \leqq 3.14$ の範囲で計算してみる。空欄にあてはまる内容を考えて計算を行え。上の図の右のグラフがその計算結果である。この級数は収束が遅いが，この計算を反復することにより，どのように矩形波に収束していくのかがわかるであろう。

1 行は n の値 $(1, 3, 5, \ldots)$ とする。A 列が 0.02 刻みの x の値，B 列が級数の 1 項目，C 列が級数の 1 項目から 2 項目までの和，D 列が級数の 1 項目から 3 項目までの和，$\cdots$，となるようにセルに式を入力していく。

1. セル `B1` から 1 行目に n の値を置く。セル `B1`, `C1` に値 1, 3 を入れ，オートフィルでセル `U1` まで値を入れる。
2. x の値を 0.02 刻みで，A 列にセル `A2` から入れる。セル `A2`, `A3` に値 [　　　　　] を入れ，オートフィルでセル `A159` まで値を入れる。
3. セル `B2` に「`= sin(A2)`」を入れる。
4. セル `C2` に「`= B2 + sin[　　　　　] / [　　　　]`」を入れ，セル `C2` を セル `U2` までドラッグしてオートフィルする。
5. セル `B2`〜`U2` までを選択して，下に 159 行までドラッグする。
6. 計算が終わったので図を描く。A 列と U 列を選択する。（まず，セル `A2` をクリック，Shift を押しながらセル `A159` をクリック，Ctrl を押しながら，セル `U2` をクリック，そして Shift を押しながらセル `U159` をクリック。）そしてグラフを描く。それが上の図の右のグラフである。

今まで学んできたように，ワークシートを使用するだけで，各種の計算処理やシミュレーションができることがわかった。もっと複雑な処理や高度な仕事をさせる場合には，マクロを活用することになる。実は，Excel は Visual Basic 言語を利用してマクロを記述し，それにより処理を行う機能をもっている。それについては別の機会に学習してもらいたい。

第7章

プレゼンテーション

7.1　序　　　論

プレゼンテーションとは「発表すること」である。広い意味で報告書や論文，作品の展示などもプレゼンテーションと考えてよいが，この章ではプレゼンテーションを口頭発表に絞り，発表時に使用するスライドの作り方，発表の心構えなどを紹介しよう。

大学や学会での研究発表の目的は，研究に区切りをつけ，内容を整理して，結果を披露することである。研究者にとって研究発表は成果のひとつであり，論文とともに重要である。いうまでもなく，このようなプレゼンテーションで一番大切なことは，内容を正確に報告することである。聴衆が同じ分野の研究者である場合は，その専門分野の用語を使用することが許される。しかし，分野が異なる研究者も対象に報告する場合は，その研究の専門用語や常識はまず通用しないと考えて準備しなければならない。

研究者が一般向けに講演を行う場合には，内容を理解してもらうために，最初に大衆の関心を引くような話を盛り込んで興味や関心を高めて，次第に話を中心テーマに移していくような工夫をする場合がある。会社の技術者が自社開発の製品について顧客に説明する場合にも，全くの素人に話を理解してもらえるように，話の内容を前もって十分検討して準備しておく必要がある。

プレゼンテーションはとても知的な作業である。発表の様子を観察することによって，その人の能力を評価する目的にも利用される。話の内容を整理して発表資料を準備する段階で，自分自身の理解が不十分な点や誤解している点が明らかとなり，知識として整理することの大切さを思い知らされる。十分な準備と経験を重ねることにより，人前でも堂々と要領のよい発表ができるようになることを期待したい。

7.2　プレゼンテーションの下準備と心構え

人の発表を聞くのは気楽であるが，自分自身がいざ発表するとなると容易なことではない。プレゼンテーションを行うというのに十分な用意がないまま本番を迎えると，何を話してよいかわからなくなる。プレゼンテーションの目的=「聴衆に理解してもらうこと」を達成するために，次の下準備が必要である。

(1)　誰にでも理解できる明快な論理を構成する。

(2)　話の順番にスライドを用意する。

(3)　発表の練習を積んでおく。

発表では自分の考えや意見を正確に相手に伝え，根拠を明快に示すことが重要である[1)]。実験に基づく研究発表を例に挙げると，結論は実験結果から導かれるため，根拠となる観測データなどの一次資料がどのようにして得られたのか，説得力のある説明が必要になる。このような研究発表を限られた時間内に行う場合には，I. 背景，II. 目的，III. 実験方法，IV. 実験装置，V. 測定結果，VI. 結論，VII. 今後の課題といった順番に話を展開して，明快で要領のよい説明を心がけたい。

話の内容をスライドに整理しておけば，第一に話の内容をもらさずに聴衆に伝えられる。第二に整理されたスライドは資料として残せる。各スライドには一目でわかるようにタイトルをつけて，スライド番号を振る。スライドの記述は大きな文字を使い，長い文章は避け，要点だけを箇条書きで示す。詳細は口頭で説明する。一目でわかるグラフや表を利用する。

計画的に準備した発表はうっかりすると一方的で単調になってしまうこともある。参加者の興味を引くような話の展開，参加者が飽きないで話について来れるような工夫が望まれる。

以上をまとめて，わかりやすい効果的なプレゼンテーションとするための要点を列挙しておこう。

(1) 明快な論理，わかりやすい順番

(2) スライドの文字は大きく

(3) 要点を簡潔に箇条書き

(4) 一目でわかるグラフや表の利用

(5) 図形やイラストの活用

(6) 聴衆を飽きさせない工夫

このように十分準備を整えておけば，あとは本番で堂々と発表すればよい。そのときの心構えとして，

(1) 冷静に，落ち着いて

(2) メリハリのある声でゆっくり話す

(3) 聴衆の方を見て，反応を確認しながら，話をする

(4) 適切な時間配分を心がける

といった点が重要である。最後に制限時間でちょうど話が終わるようにまとめることが大切である。研究室の仲間に発表のリハーサルを聞いてもらえば，率直な感想や意見が役に立つであろう。

この章ではプレゼンテーションソフトウェア PowerPoint を用いた演習を行う。PowerPoint は初心者でも簡単にスライドが作成できて，アニメーションの設定も容易である。大学の講義室などではパソコンの画面を高輝度のプロジェクタによってスクリーンに投影させて，パソコンでスライドを見せながら講義・輪講・研究発表などが行われている。そのような AV 設備が整った教室や講堂における口頭発表では，PowerPoint で作成したスライドがあれば，プレゼンテーションを能率よく，非常に効果的に演示することができる。そのような AV 設備がなくても，OHP[2)] とスクリーンが使える場合なら，PowerPoint で作成したスライドを OHP シートに印刷しておけばよい。最悪の場合でも PowerPoint で作成したスライドを配布資料として印刷すればよいので，講演環境に応じて，発表の下準備を整えておこう。

---

1) 具体的な事例はクリティカルコミュニケーションに関する書籍などに紹介されている。
2) overhead projector の略称。

7.3 PowerPoint を利用したプレゼンテーション作成の流れ

演習 7.1

PowerPoint を起動して，画面構成を確認する。

［スタート］ボタン ⇒［スタートメニュー］⇒［PowerPoint 2016］を選ぶ。すると PowerPoint が起動して図 7.1 の新しいプレゼンテーションを作成する初期画面が表示される。

図 7.1 PowerPoint 2016 初期画面

初期画面の上部にはホームタブのリボンが表示される。大きなスライドペインでスライドの編集を行う。スライドウィンドウにはスライドがサムネイル（小さなイメージ）で表示される。下のステータスバーにはスライド番号，ノートボタン（後述），コメントボタン，表示モード切替ボタン，ズームスライダーがある。図 7.1 のタイトル スライドには 2 つのプレースホルダー（= データ入力領域）がある。

演習 7.2

図 7.2 のようなタイトル スライドを作成してみよ。タイトルとサブタイトルの文字の大きさは，それぞれ 60 ポイントおよび 24 ポイントでよい。

① タイトル スライドとはプレゼンテーションの表紙である。図 7.1 のタイトル（「**タイトルを入力**」と書かれてある箇所）をクリックすると，表示されていた文字は消え，そこにタイトルを入力する状態になる。文字の大きさは最初は 60 ポイントである。

② 次にサブタイトルの「**サブタイトルを入力**」をクリックすると，上のタイトルの周囲の枠線が消え，サブタイトルを入力する状態になる。文字の大きさは最初は 24 ポイントである。①と同様であるがサブタイトルは複数あるので，行末で Enter キーを押すことにより改行する。行数が増えて枠をはみ出る状況になると，自動的に文字の大きさが小さくなる。

図 7.2　タイトル スライドの例

演習 7.3

スライドを追加して，図 7.3 のとおりにスライドを作成してみよ。

スライドコマンドの中の［新しいスライド］ボタンの上部分  を押すと，**タイトルとコンテンツ**のプレースホルダーからなるスライドが追加される。タイトルと箇条書きの項目を入力する。

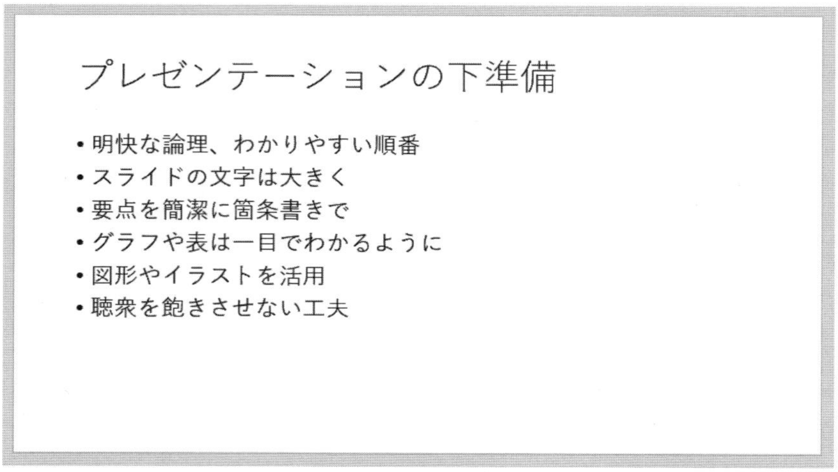

図 7.3　タイトルとコンテンツ（この文例のとおりに作成せよ）

演習 7.4

図 7.4 のようなクリップアートを挿入したスライドを作成する。

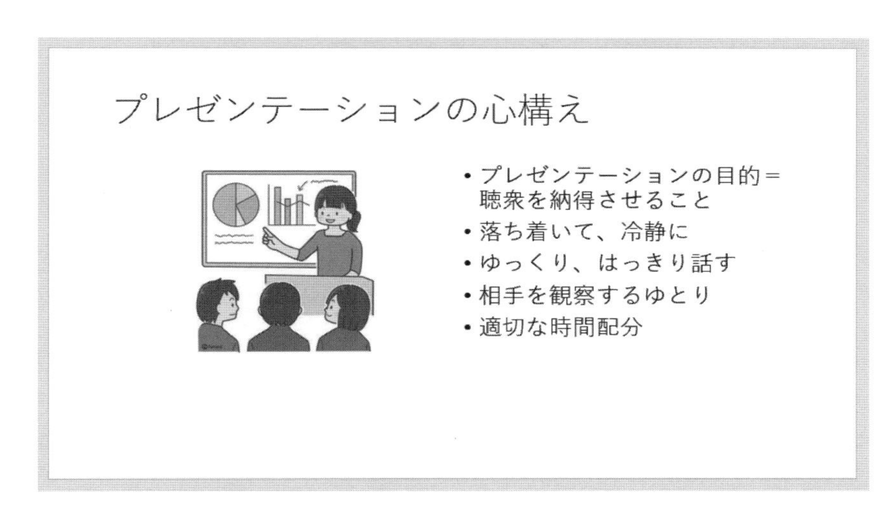

図 7.4 イラストを入れたスライド

① ［新しいスライド］ボタンの下部分 新しいスライド をクリックして，「2 つのコンテンツ」（図 7.5）を選択すると，タイトルと 2 つのコンテンツのプレースホルダーが図 7.6 のように配置された新しいスライドが追加されるので，まずタイトル部分をクリックして入力する。

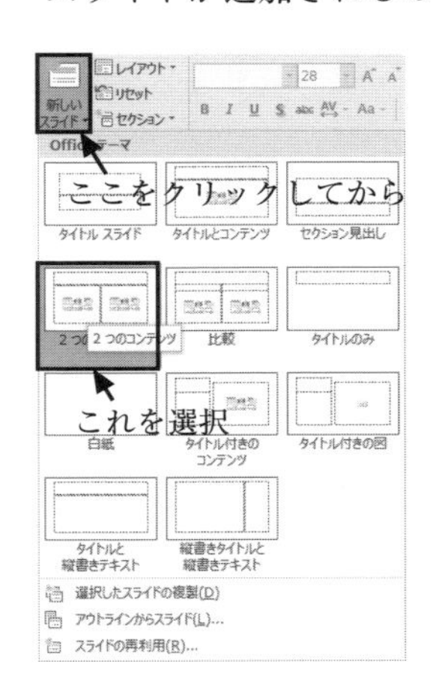

図 7.5 レイアウトの選択

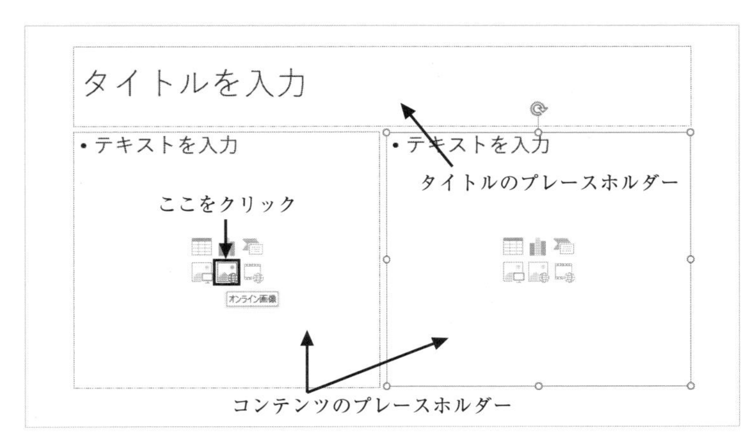

図 7.6 タイトルと 2 つのコンテンツ

② 次に，左側のコンテンツプレースホルダー中央にある［オンライン画像］ボタン（図 7.6）をクリックすると，［画像の挿入］ウィンドウが開くので，Bing イメージ検索の入力欄に検索文字列として「プレゼンテーション」を入力して（図 7.7），Enter キーで検索を実行する。すると，プレゼンテーションに関連する図が選別されて表示されるので，その中から好きなイラストを選択して，Enter キーを押して画像を読み込む。

図 7.7 画像の挿入（Bing イメージ検索）

③ 右のプレースホルダーで箇条書き項目を入力する。図 7.4 では，すでにコンテンツの大きさと位置の調整，テキストの横幅を広げる操作が行われている。大きさの変更は，プレースホルダーをクリックしたときに四隅と各辺の中間点に現れる，小さな白い丸のハンドルにマウスを合わせてドラッグして行う（図 7.6 参照）。丸ハンドルはドラッグすると回転ができる。位置の移動は，コンテンツの場合はプレースホルダー上にマウスを置いて，タイトルやテキストの場合は境界線上にマウスを置いて，クリックした後にドラッグする。

演習 7.5

プレゼンテーションを保存して，PowerPoint を終了する。

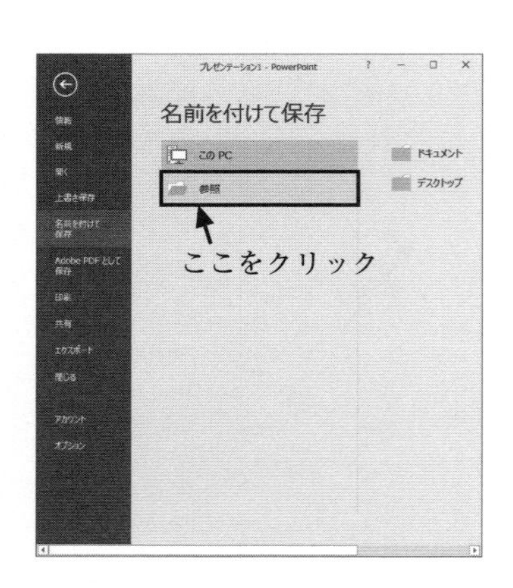

図 7.8 「名前を付けて保存」

図 7.9 「名前を付けて保存」ダイアログボックス

プレゼンテーションの保存は次の手順で行う。

① ファイルタブから［名前を付けて保存］をクリックすると，図 7.8 の「名前を付けて保存」の表示になるので，下の参照ボタン 参照 をクリックすると「名前を付けて保存」ダイアログボックス（図 7.9）が表示される。第 2 章で作成しておいた学習用フォルダー `PowerPoint` をクリックして選択する。もしフォルダーがない場合は，［新しいフォルダー］をクリックすることによって `PowerPoint` という名称のフォルダーを作成する。そして右下の［開く (O)］ボタンをクリックする。この操作によって，図 7.10 のように保存先は `PowerPoint` となる。

②「ファイルの種類 (T):」が「PowerPoint プレゼンテーション (*.pptx)」であることを確認する。旧版との互換性を考慮する場合は「PowerPoint 97-2003 プレゼンテーション (*.ppt)」を選ぶ。図 7.10 の「ファイル名 (N):」の入力窓には「プレゼンテーション`.pptx`」と表示されている。このまま［保存 (S)］ボタンをクリックすると「プレゼンテーション`.pptx`」の名称で保存される。

図 7.10 「名前を付けて保存」ダイアログボックス

PowerPoint を終了するときは，ウィンドウ右上の閉じるボタン ×をクリックすればよい。

演習 7.6

いま保存した「プレゼンテーション`.pptx`」を再度読み込む。

---

① まず，PowerPoint を再起動する。ファイル操作はファイルタブで行う。演習 7.5 の保存操作をした後であれば，「最近使ったアイテム」の中にそのときのファイル名が示されるので，それをクリックするとファイルの読み込みが行われる。

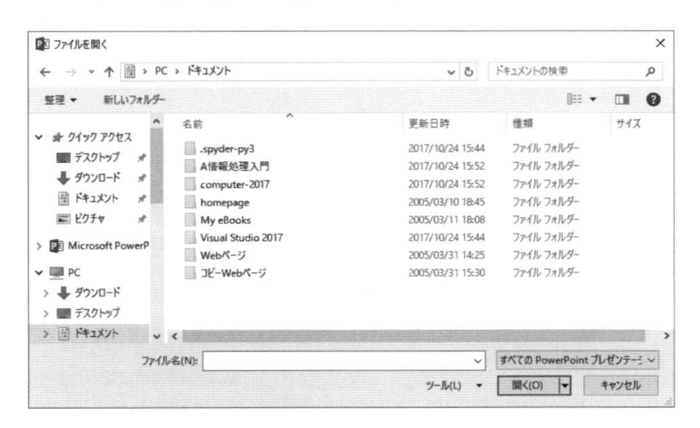

図 7.11 ②の「ファイルを開く」ダイアログボックス

② それ以外の方法としては，ファイルタブで「最近使ったアイテム」の下の「この PC」をクリックして，ドキュメントフォルダーの一覧から該当するフォルダーを選択すると，中に入っているプレゼンテーションファイルの一覧が表示されて選択することができる。あるいは「参

照」をクリックすると「ファイルを開く」ダイアログボックス（図 7.11）が表示される。その中でファイルを選択しておき，最後に［開く (O)］ボタンによってファイルを読み込めばよい。

演習 7.7

スライドのデザインの設定を行う。

① デザインタブをクリックすると図 7.12 のリボンが表示される。文書全体のデザインと書式を一組のセットにしたものをテーマと呼ぶ。テーマを選択することによりスライドのデザインを統一したものにできる。図 7.12 のテーマ一覧の右側の 3 つのボタン ▾（次の行），▴（前の行），⊽（その他）によって表示するテーマの種類を切り替えることができる。好きなテーマをマウスでポイントすればスライドペインのスライドのデザインが一時的に変化する。そこで，気に入ったテーマをポイントした状態で左クリックすると，そのテーマがすべてのスライドに適用される。

② **複数スライドの選択**は，画面左のスライドウィンドウで 1 つのスライドをクリックして選択し，次に Ctrl キーを押した状態で他のスライドを順次クリックすることにより追加選択ができる。複数のスライドを選択後，デザインタブのテーマをポイントして左クリックすれば，選択されたスライドに対してそのテーマを適用することができる。

③ 各テーマにバリエーションが用意されている。テーマを選択後，バリエーションのスライドをマウスでポイントするとスライドの背景や文字の配色が変化する。気に入った配色のスライドを左クリックですべてのスライドに適用するか，右クリックで選択したスライドだけに適用する。他の配色やフォントを利用したい場合にはバリエーション一覧の右側の ⊽（その他）を左クリックすると，図 7.13 のように表示されるので，配色，フォント，効果，背景のスタイルの中から変更する項目をクリックして，表示された選択肢の 1 つを選んでスライドに適用する。

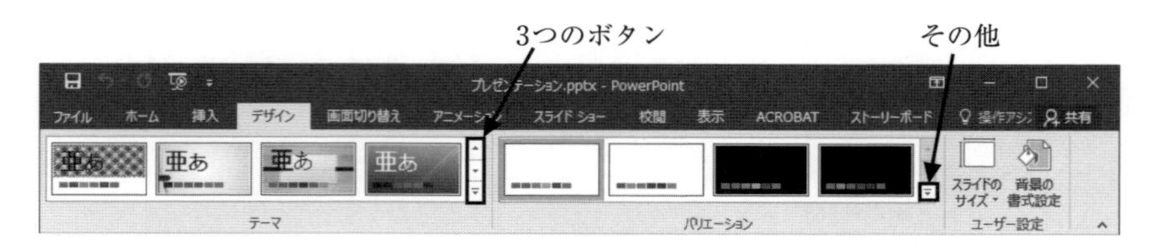

図 7.12　デザインタブのリボン

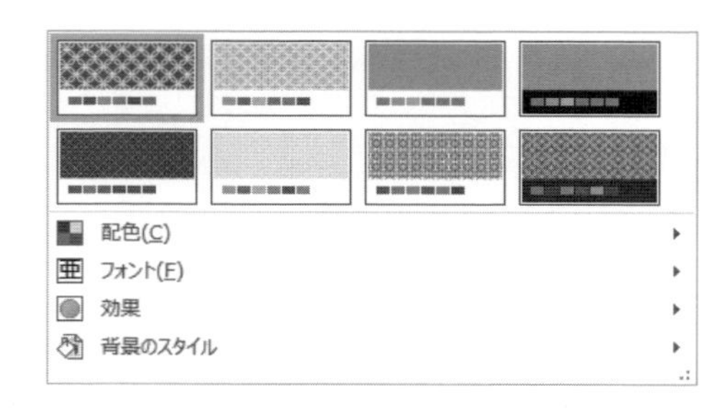

図 7.13　バリエーション（その他）

演習 7.8

画面切り替え効果を追加して，スライドショーにより確認する。その後，画面切り替え効果をなしにする。

① 画面切り替えタブをクリックすると，リボンには図 7.14 の画面切り替え効果の選択肢が表示される。その右側の 3 つのボタン ▾（次の行），▴（前の行），▿（その他）によって表示する画面切り替え効果の種類を切り替えることができる。

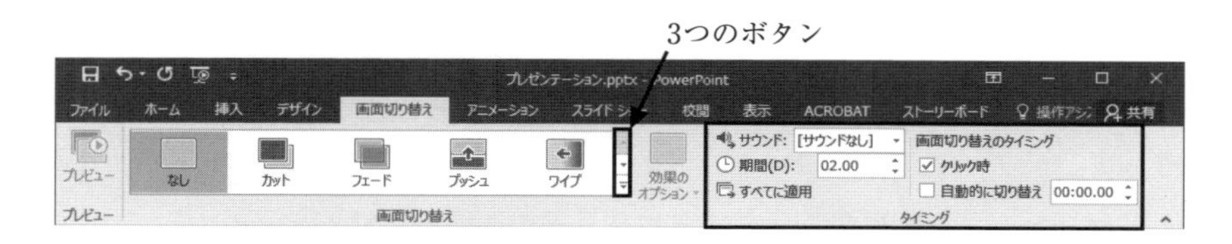

図 7.14　画面切り替えリボン

② 画面切り替え効果の中の 1 つをポイントして左クリックすれば，スライドペインのスライドでその効果を確認することができる。このとき，選択されているスライドにその効果が適用されるとともに，スライドウィンドウのサムネイルのスライド番号の下に星印 1★ がつく。画面切り替え効果を右クリックしてクイックアクセスツールバーに登録することもできる。

③ サウンド: [サウンドなし] ▾（画面切り替え時の音）の ▾ をクリックして，切り替え時に出す音を選択することも可能であるが，耳障りとなるので，音を出すのは効果的な場合に限るべきである。

④ 期間(D): 01.20 ⬍（画面切り替えの継続時間）の ⬍ をクリックして 0.25 秒単位で継続時間を調整できる。

⑤ すべてに適用（すべてに適用）は画面切り替え効果を全スライドに適用する。

⑥ 画面の切り替えはクリック時および指定した秒数後に自動的に切り替える設定が可能である。

⑦ スライドショータブをクリックするとリボンの左側に「スライドショーの開始」が表示される（図 7.15）。最初からスライドショーを実行して，Enter キーでスライドを切り替えて確認する。

図 7.15　スライドショーの開始コマンド

⑧ スライドショー実行中は，左クリックでアニメーション効果（後述）が 1 つずつ実行される。右クリックを行うとメニューが表示されるので，**次へ**，**前へ**，**ポインターオプション**，**スライドショーの終了**などを選択できる。

⑨ 最後に**スライドショーの終了**を選択して，画面切り替え効果を「なし」とする。

7.4　プレゼンテーションの具体例

本節ではより実践的なスライドの具体例として，スライドへのグラフの挿入，オブジェクトの挿入，図形オブジェクトによる図の描画，アニメーションの設定方法について学ぶ。

7.4.1　グラフの挿入

7.4.1.1　概要

ここでは，PowerPoint のグラフのサンプルデータシート（図 7.17）を利用して，演習 7.9 を行う。

① まず，ホームタブをクリックして，左のスライド一覧から最後のスライドを選択して表示しておく。そして 新しいスライド （新しいスライド）ボタンをクリックして，スライドレイアウトの中から「タイトルとコンテンツ」を選択し，タイトル「月平均気温の比較」を入力する。

② 次に，図 7.16(a) の［グラフの挿入］ボタンをクリックすると図 7.16(b) の「グラフの挿入」ダイアログボックスが表示されるので，折れ線グラフを選択して［OK］ボタンで確定する。

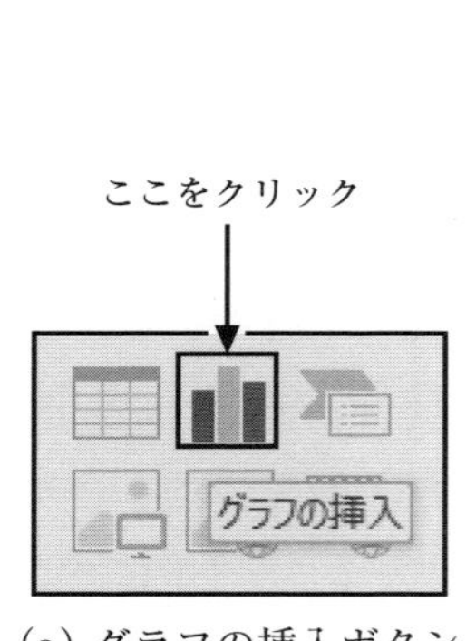

(a) グラフの挿入ボタン

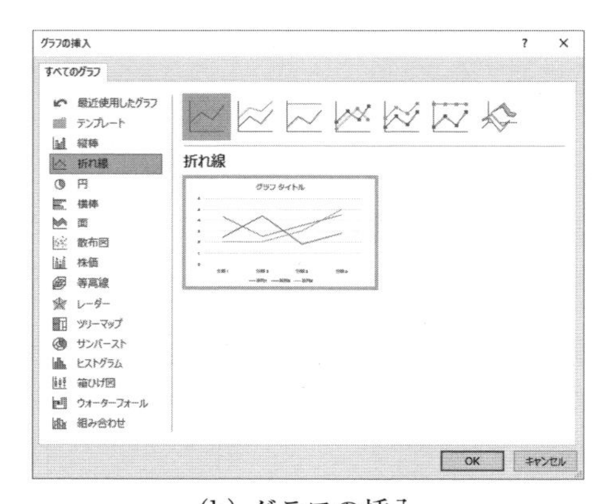

(b) グラフの挿入

図 7.16　グラフの挿入

③ グラフツールのデザインタブが開いた PowerPoint のウィンドウには，スライドペインのスライド上にサンプルデータのグラフが表示される。その上にデータの編集ウィンドウが重ねて表示される（図 7.17）。そこに 5 行 4 列分のサンプルデータが表示されるので，サンプルデータの右下端をドラッグして適切なデータ領域になるように設定する。各セルにデータを入力して，最後にデータの編集を終了すればよい。

> **演習 7.9**
>
> サンプルデータシートの内容を編集して，図 7.18 で示される札幌，山形，東京，軽井沢の月平均気温のデータを入力し，折れ線グラフを作成してみよ。

① 以下の手順に従って，データを入力する。

【データ入力手順】

1. データシートのタイトルバーにある ▦ (Microsoft Excel でデータを編集) ボタンをクリックして Excel を起動する。Excel が起動したら A1 セルの左上部 ◢ をクリックして全選択とする。次にホームタブの中のセルの［書式］⇒［列の幅］を順にクリックして，列幅を 5 桁にする。
2. B1 セルをクリックして 1 月と入力して Enter キーを押す。再度 B1 セルを選択して，フィルハンドルを M 列までドラッグすると 12 月まで入力できる。
3. A2 セルに「札幌」を入力し，Tab キーを押して B2 セルに移動して −3.6 を入力する。以下同じ繰り返しで M 列の −0.9 まで入力する（図 7.18）。
4. 山形，東京，軽井沢のデータも同様の操作により入力する。
5. 図 7.18 のデータを入力後，横軸＝行，縦軸＝列という対応関係を切り替える。図 7.17 のリボンを見ると，データの編集中はグラフツールのデザインタブでデータの行/列の切り替えボタンがクリック可能となる。それをクリックしてグラフの変化を確認する。

図 7.17 編集前の画面

	A	B	C	D	E	F	G	H	I	J	K	L	M
1		1月	2月	3月	4月	5月	6月	7月	8月	9月	10月	11月	12月
2	札幌	-3.6	-3.1	0.6	7.1	12.4	16.7	20.5	22.3	18.1	11.8	4.9	-0.9
3	山形	-0.4	0.1	3.5	10.1	15.7	19.8	23.3	24.9	20.1	13.6	7.4	2.6
4	東京	5.2	5.7	8.7	13.9	18.2	21.4	25	26.4	22.8	17.5	12.1	7.6
5	軽井沢	-3.5	-3.1	0.5	6.8	11.8	15.6	19.5	20.5	16.3	10	4.4	-0.7

図 7.18 編集後のデータシート

Excelを終了すると，スライドには折れ線グラフが表示されている。

② データを修正するときには，まずグラフを左クリックして選択状態（外枠が表示）にする。次に右クリックして表示されるメニューから［データの編集］をクリックして修正を行う。

③ グラフの種類を変更して体裁を整える。
グラフの種類を変えるときも，まずグラフをクリックして選択する。次に右クリックして，表示されるメニューの［グラフの種類の変更］で行う。この例では折れ線グラフにした方がわかりやすい。さらに図7.19に示されるようなグラフに変更してみよ。

- グラフツールのデザインタブにいろいろなグラフスタイルやクイックレイアウトのパターンが登録されている。それらの中に気に入ったパターンがあれば簡単に変更できる。
- グラフツールのデザインタブにはグラフ要素の追加ボタン，色の変更ボタンが用意されている。縦軸ラベル，横軸ラベル，グラフタイトルなどのグラフ要素を追加したり，データ系列の色のパターンを変更する場合に利用する。
- 各個別要素の書式設定の簡便な方法は，まずその要素をクリックして，次に右クリックで書式設定を選択して行えばよい。たとえば，1つの折れ線の線分上でクリック，右クリック ⇒ ［データ系列の書式設定］で線の色・スタイル（幅や種類）やマーカーの色・スタイルを変更できる。プロットエリアの外側の空白領域をグラフエリアと呼ぶ。グラフエリアをポイント，右クリックして［グラフエリアの書式設定］を選択して領域の塗りつぶしによって色やパターンを変更できる。これらの操作はグラフツールの書式タブでも行える。
- 各要素の配置と形状は，クリックしてハンドルを表示させて，ドラッグすれば変更できる。

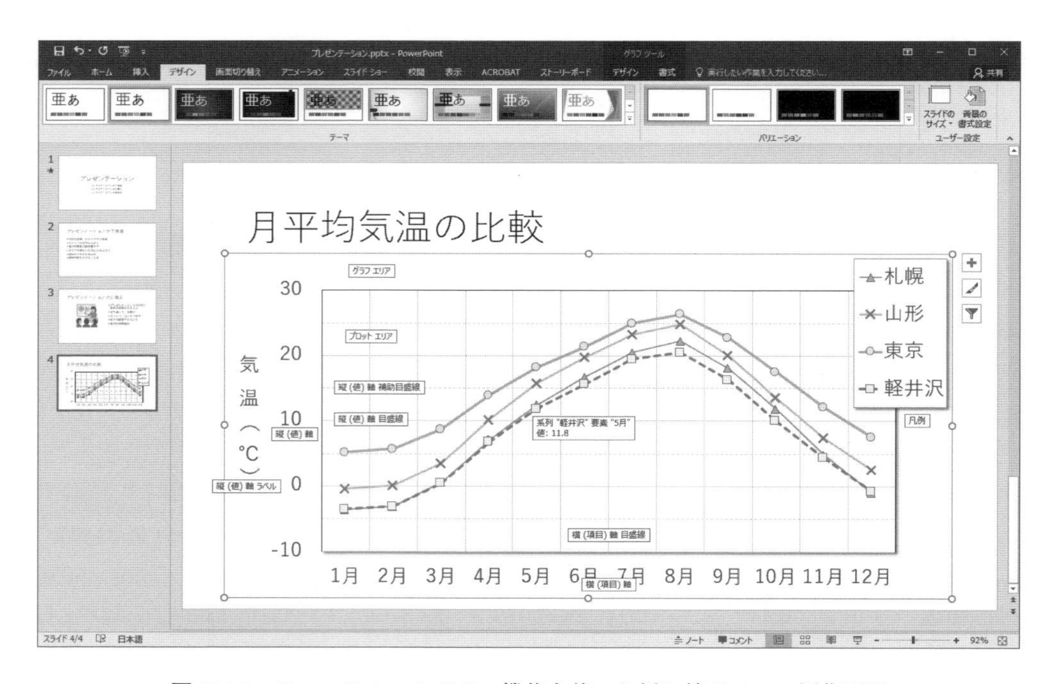

図 7.19　PowerPointのグラフ機能を使った折れ線グラフの編集画面

7.4.2 オブジェクトを挿入する

演習 7.10

第6章 表計算ソフトウェアで作成した Excel のワークシートをスライドに挿入してみよ。

① ホームタブの 新しいスライド▾ (新しいスライド) ボタンをクリックして，スライドレイアウトの中から「タイトルのみ」を選択し，タイトルに「Excel のワークシートとグラフ」と入力する。

② 挿入タブのテキストの中から オブジェクト (オブジェクト) ボタンをクリックする。「オブジェクトの挿入」ダイアログボックスが表示されるので「ファイルから (F)」を選択する。

③ ［参照 (B)］ボタンの操作によって Excel ファイルを選択して，長方形窓に表示する (図 7.20)。

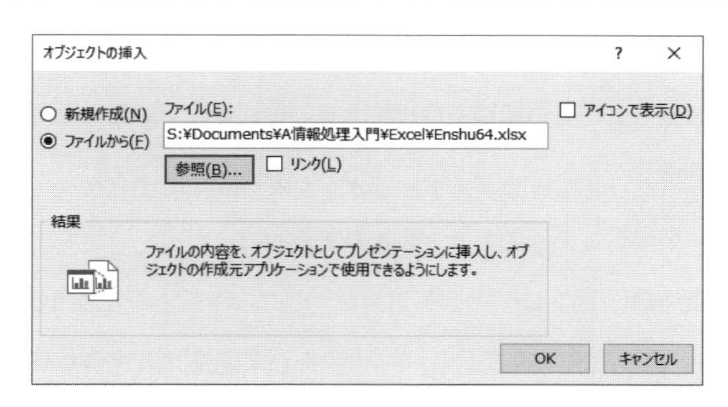

図 7.20 「オブジェクトの挿入」ダイアログボックス

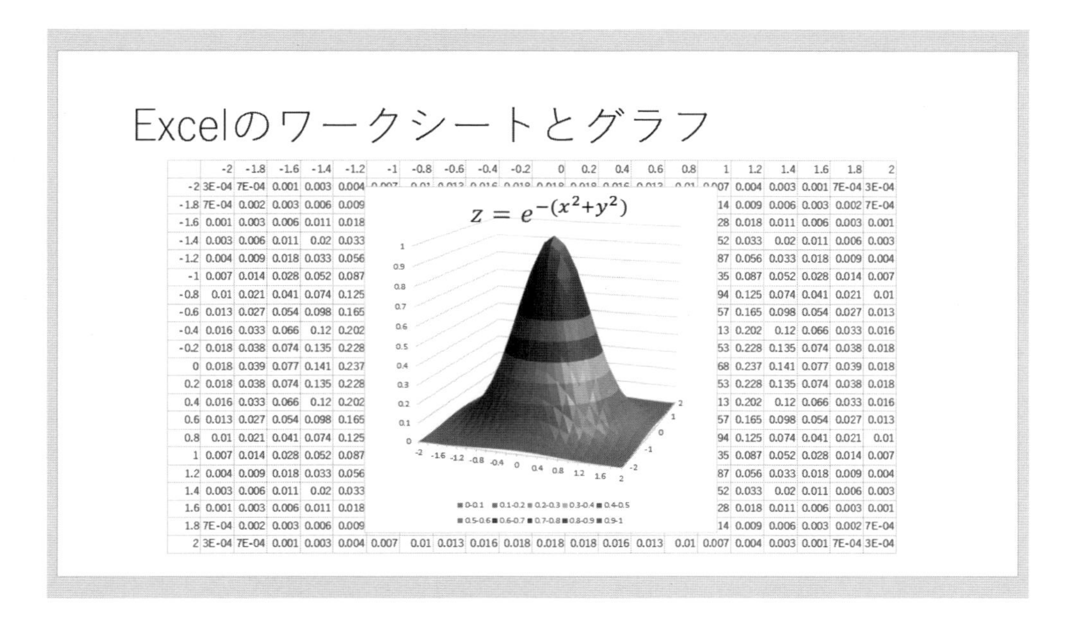

図 7.21 Excel で作成したグラフのスライドへの貼り付け

④ 最後に［OK］ボタンを押せば，スライドにExcelのワークシートが挿入される（図7.21）。

⑤ Excelのオブジェクトをクリックして選択すると外枠が表示されるので，外枠の四隅か枠線の中央部分をポイントした状態でドラッグして大きさを調整する。別のワークシートの内容を表示したり，データを編集する場合には，オブジェクトをダブルクリックする。次に，表示したいワークシートをクリックして選択して，そのデータを編集したり，グラフウィザードでグラフを作成することができる。編集画面を終了するときは，オブジェクトの外側をクリックする。

7.4.3 描画オブジェクトの利用

演習 7.11

図7.22を参考にして適当な絵図をスライドに描いてみよ。

描画オブジェクトを使用して任意の絵図を作成できる。方法は以下のとおりである。

① ホームタブの 新しいスライド▾（新しいスライド）ボタンをクリックして，スライドレイアウトの中から「タイトルのみ」を選択して，タイトルを入力する。

② ホームタブの図形描画（図7.23）の図形ボタン から適当な描画オブジェクトを選択して描画する。図形ボタンの右下の ▾（その他）をクリックすると描画オブジェクトの一覧（図7.24）が表示される。

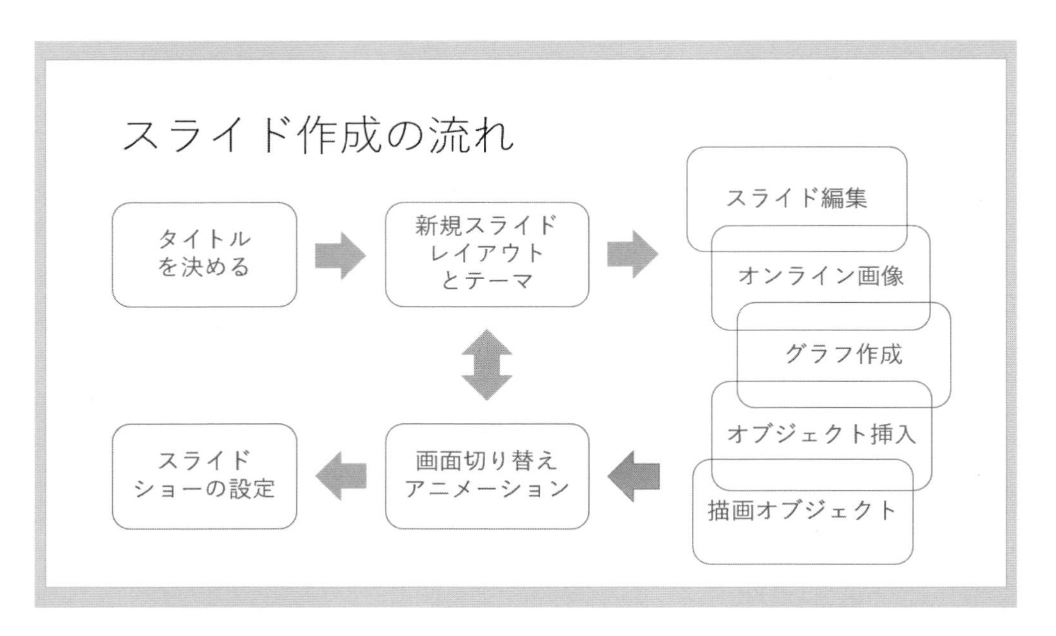

図 7.22 スライド作成の流れ

1. 描画オブジェクトには図 7.24 に示されるさまざまな図形が用意されている。図形を 1 つ選択後，スライド上でクリックしてドラッグすると描画される。選択状態にあるときは白い丸のハンドルや回転ハンドル をドラッグすればサイズ変更や回転ができる。ハンドル以外の部分をドラッグすれば移動できる。
2. 選択された図形の，塗りつぶしの色の変更は 図形の塗りつぶし，枠線の色の変更は 図形の枠線 の各ボタンをクリックして行う。また，図形の効果 図形の効果 はオブジェクトに影をつけたり，3 次元表示にすることができる。
3. 大きさのあるオブジェクトは選択状態で内部にテキストを入力できる。横書きテキストボックス や縦書きテキストボックス は，文字を入力するボックスを生成した後に，ボックス内部に文字列を入力する。
4. 描画した図形を選択して，描画ツール[3]の書式タブをクリックすると（図 7.25），図形のスタイル の中の 1 つを選択したり，オブジェクト内部のテキストをワードアートのスタイル の中の 1 つの書体に変更することができる。
5. 描画ツールの書式タブの配置にあるオブジェクトの選択と表示 オブジェクトの選択と表示 ボタンを利用するとオブジェクトの表示順序を変更できる。オブジェクトを選択して，前面へ移動 前面へ移動 ボタン，または背面へ移動 背面へ移動 ボタンで変更することもできる。

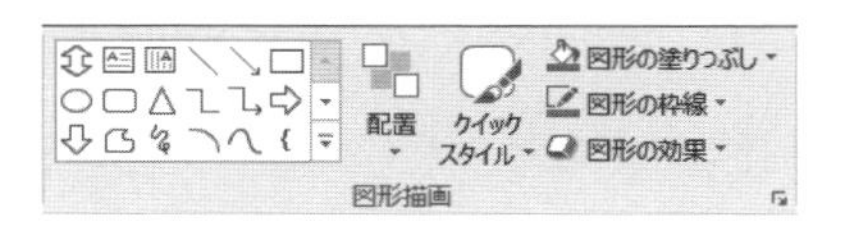

図 7.23　ホームタブの図形描画

図 7.24　描画オブジェクトの一覧

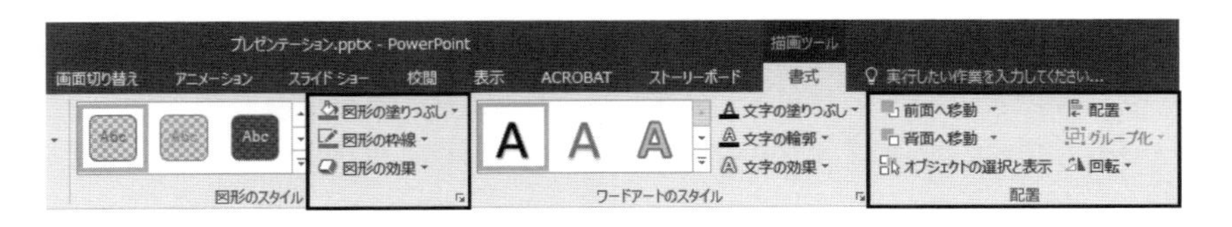

図 7.25　描画ツールの書式タブのリボン

3) 描画ツールのタブは図形，プレースホルダー，テキストなどが選択されているときにだけ表示される。

7.4.4 アニメーションの設定と効果

素朴な紙芝居のように，各スライドを表紙から順に1枚ずつ参加者に示すだけでもプレゼンテーションの目的を十分達成することはできる。しかし，1枚のスライドの中にはいくつかの項目が含まれているのが普通であり，単語が1つしか書いていないスライドというものはまれであろう。見せられている側にとっても，スライドのどの部分を演示者が説明しているのかが明確にわかる演示のほうが理解が容易となるであろう。話術だけでは単調になってしまうことを，参加者の注意をスライドに引き寄せ，視覚に訴え，目で理解させる手段とすることはプレゼンテーションの技法の1つでもある。

アニメーションの設定は，参加者の耳と目の両方に訴えるような，話の進め方と融合したうまい演示になるように工夫することが大切である。

演習 7.12

ここまでで作成したタイトルとイラストが入ったスライドに対して，好きなアニメーションの設定をしてみよ。そして，その効果を確認せよ。

ここではアニメーションを各スライドごとに設定することを考える。準備することとして，アニメーション効果を設定するスライドを表示しておく。次の順番で操作すれば，アニメーションの設定ができる。

① アニメーションタブをクリックして アニメーション ウィンドウ をクリックすると画面右側にアニメーションウィンドウが現れる（図7.26）。

② 表示されているスライドの1つ1つのオブジェクト（タイトル，テキスト，コンテンツなど）に対して別々のアニメーションが設定できるから，設定対象とするオブジェクトをマウスでクリックして選択する（たとえばタイトルをクリックする）。

③ アニメーションの追加 ボタンが有効になるので，それをクリックして，開始，強調，終了，アニメーションの軌跡の各効果の中から適切なものを1つ，またはその他の開始効果，その他の強調効果，その他の終了効果，その他のアニメーションの軌跡効果の中から1つを選択する。 開始のタイミング をクリックすると各オブジェクトごとにアニメーション効果を開始するタイミングをマウスのクリック時などに設定できる。1つのオブジェクトに複数のアニメーション効果を指定することもできる。設定したアニメーション効果はその順番が番号でオブジェクトの左に表示されるとともに，具体的な効果の内容がアニメーションウィンドウに表示される。

④ 各オブジェクトに個別に設定したアニメーションをアニメーションと効果のオプションの中から選択して変更したり，アニメーションをなしにすることができる。図7.26のアニメーションウィンドウの右上にある ▲▼ ボタンによってアニメーションの順序を変更することができる。

以上の手順で，設定したいすべてのオブジェクトにアニメーション効果を設定する。実際にアニメーション効果を見てみるには，アニメーションタブのリボン左端にあるプレビューボタン をクリックすればスライドペインのスライドに設定されている一連のアニメーションを連続して見ることができる。ステータスバーの表示モード切り替えボタンからスライドショーボタン をクリックすると，そのスライドを画面全体に表示するスライドショーによってアニメーション効果を確認することができる。

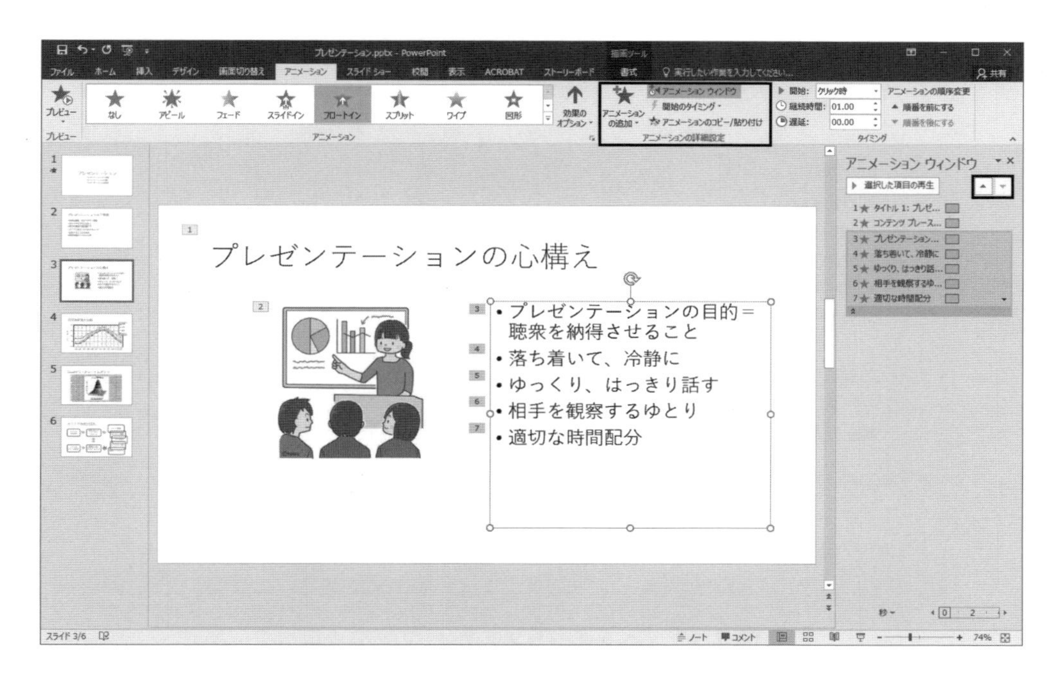

図 7.26 アニメーションの設定

7.5 スライド資料の印刷

7.5.1 OHP シートへの印刷

PowerPoint で作成したスライドを用いて学会などで報告することを考えてみよう。当日会場で利用できる機器を当然確認しておかなければならないが，通常は最低でも OHP（オーバーヘッドプロジェクタ）が用意されている。最近は持参するノートパソコンや会場に用意されたパソコンで PowerPoint を利用できることが多いので，そのような状況であれば問題はないはずであるが，実際には何らかの事情（機器の故障など）で使えなくなる場合がある。そうなるとせっかく用意した PowerPoint のファイルが何の役にも立たなくなってしまう。その事態となって，資料なしで説明せざるを得なくなり，途方に暮れる発表者も時々見受けられる。そのときのために，大事な会議で使用する予定のスライドは OHP シートなどに印刷して持参することを薦める。

スライドを印刷するときは次の点に注意する必要がある。

① OHP シートの順序と持ち主をはっきりさせることは大切である。各 OHP に「ヘッダーとフッター」を利用して，日付，ページ番号，名前を記入しておく。
挿入タブのテキストにある［ヘッダーとフッター］ヘッダーとフッター をクリックして，**スライド**の項目（図 7.27）を設定して［すべてに適用 (Y)］ボタンをクリックする。印刷する前に全ページにわたってこれらの位置関係を確認して，順序や内容が重ならないようにする。

② デザインタブのユーザー設定の中にあるスライドのサイズでサイズ指定を OHP として，印刷の向きは横または縦の適切な向きに設定する。

図 7.27　「ヘッダーとフッター」の設定画面

③ 印刷方法は次項の「配布資料の作成」を参考にすればよい。

④ カラースライドを OHP シートに印刷する場合は，そのシートを実際に OHP でスクリーンに投影して事前に確認しておこう。背景色や写真を印刷したスライドを OHP で投影すると，スクリーンにはそれらの影が投影されることになり，何が写っているのかさえ判別できないことが多い。パソコンの画面をプロジェクターで映写するのとは全く異なるので注意が要る。

7.5.2　配布資料の作成

参加者の立場になってみれば容易に想像できることだが，一般にスライドを使った講演では話の内容を整理して細かくノートに取る時間的余裕が十分でないことが多い。したがって，話を聞いているときはよくわかるけれど，講演が終わってから，細部まで確認することは困難な面があるだろう。そこで，各スライドを紙に印刷してあらかじめ参加者に配布しておけば，スライドのメモまで取る必要はなくなるし，話のポイントを配布資料に記入することもできるので大変喜ばれる。

また，作成したスライドの各ページにはノートを記述できる。ステータスバーにある ≜ノート ボタンをクリックすると図 7.28 に示すように，スライドペインの下にノートを記述する部分が現れる。境界にマウスを合わせてドラッグすることにより，ノートの表示領域を広く取ることができる。各スライドの説明内容などをあらかじめノートに記述しておく。このノートは，発表者が話の内容を漏らさず報告するための説明用の資料として役立てることもできるし，場合によっては必要部数印刷しておいて，発表当日に詳しい配布資料として希望者に限定して提供したり，講演記録として保管しておけばよい。

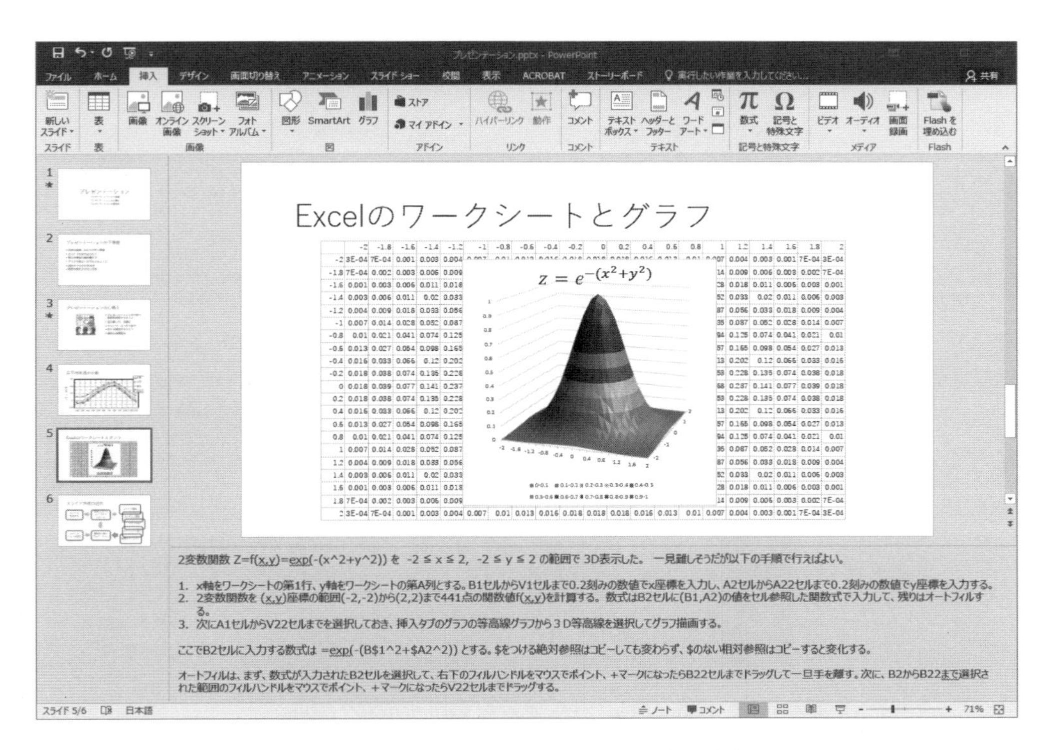

図 7.28 ノートペインを少し広げた画面

ヘッダーとフッター

スライド　ノートと配布資料

ページに追加

☑ 日付と時刻(D)

◉ 自動更新(U)

2017/10/26

言語(L):　日本語

カレンダーの種類(C):　グレゴリオ暦

○ 固定(X)

2017/10/26

☑ ページ番号(P)

☑ ヘッダー(H)

プレゼンテーション

☑ フッター(F)

情報太郎

プレビュー

すべてに適用(Y)　キャンセル

図 7.29 「ヘッダーとフッター」の設定画面（ノートと配布資料）

配布資料を印刷するときも，配布資料に発表者の氏名を入れたり，ページ番号を入れることは当然必要である。挿入タブのテキストにある［ヘッダーとフッター］ をクリックして，**ノートと配布資料**の項目（図 7.29）を設定して［すべてに適用 (Y)］ボタンをクリックする。実際の印刷は次の手順に従う。

① ファイルタブから［印刷］を選ぶ。

②「プリンター」から適切なプリンターを選択して，印刷部数を指定する。

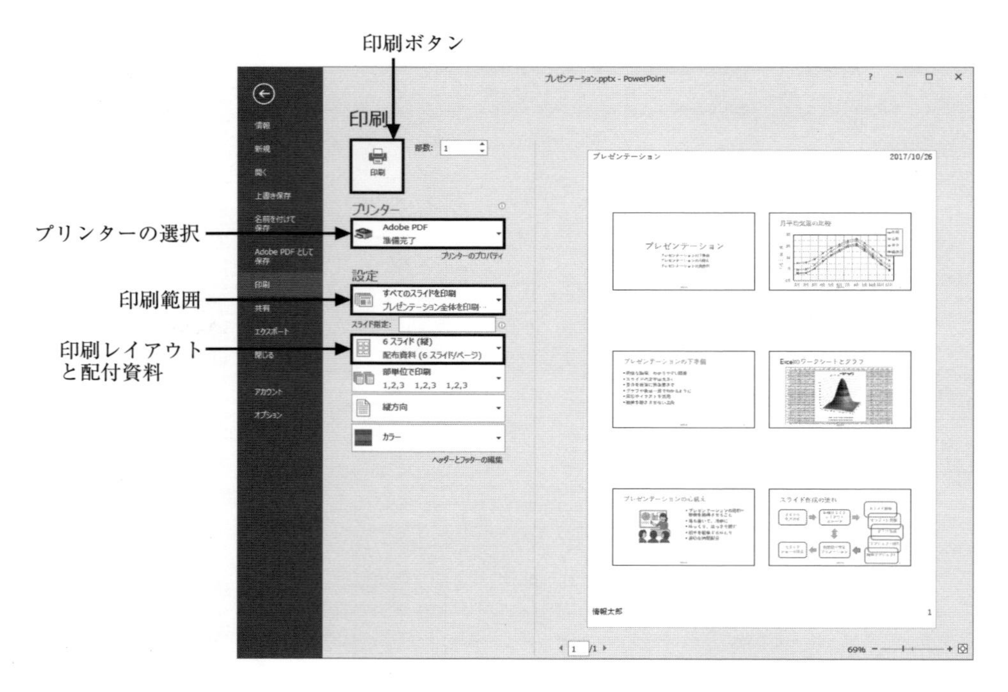

図 7.30 ファイルタブの［印刷］

③ 次に「設定」の印刷範囲（すべてのスライドを印刷，選択した部分を印刷，現在のスライドを印刷，ユーザー設定の範囲）および印刷レイアウト（フルページサイズのスライド，ノート，アウトライン）と配布資料からそれぞれ 1 つを指定する。OHP シートにスライドを印刷するときは印刷レイアウトの中のフルページサイズのスライドを選択する。図 7.30 は配布資料の中の 6 スライド（縦）が選択されている。配布資料の場合は 1 ページ当たりのスライド数を 1 枚，2 枚，3 枚，4 枚（横），6 枚（横），9 枚（横），4 枚（縦），6 枚（縦），9 枚（縦）の中から 1 つ選択して，「スライドに枠をつけて印刷する」，「用紙に合わせて拡大／縮小」，「高品質」の 3 つのオプションを指定する。この章の課題として配布資料の提出を求められた場合は，1 ページに 6 枚または 9 枚のスライドを選択すれば十分であろう。

④ 印刷プレビューが画面右側に表示されるので，印刷イメージを確認する。

⑤ 印刷部数の左側の［印刷］ 印刷 ボタンをクリックすれば印刷される。

演習 7.13

この章の演習で作成したスライドを配布資料として印刷して提出せよ。その際に，図 7.29 の「ヘッダーとフッター」のノートと配布資料の設定で，日付と時刻，ヘッダーに学籍番号と氏名を入れる。また，作成したスライドがなるべくちょうど 1 ページに収まるように 1 ページ当たりのスライド数を適宜調整すること。もし，どうしても複数ページになる場合には，「ヘッダーとフッター」の設定画面でページ番号をチェックするように。

第8章

ウェブページ制作入門

8.1　はじめに

スイス，ジュネーヴの CERN[1]で WWW（World Wide Web）は Tim Berners-Lee[2]によって発明された。その後，ウェブブラウザ Mosaic[3]が誕生したことによって，WWW はインターネット上の主要なアプリケーションへと成長して，インターネットで何ができるのかを世界中の人々に知らしめた。巷では「インターネット」が WWW の代名詞として使われるほどにまでなった。

WWW の仕組みを実現するソフトウェアには 3 つの基本的なコンポーネントがある。それはウェブブラウザ，HTML ファイル，ウェブサーバ[4]の 3 つである。ウェブブラウザのアドレスの欄には URL[5]が指定される。たとえば，URL が

```
http://www.example.ac.jp/
```

である場合，先頭の `http:`[6]という部分が通信手段を表し，`//www.example.ac.jp/` の部分はウェブサーバのアドレスを指す。指定されたウェブサーバにブラウザからの送信要求が伝達されると，サーバからブラウザへページ内容を記述した HTML ファイルが送られる（図 8.1）。それを解釈して画面に表示するのがブラウザの主要な機能である。このようにウェブページの実体は HTML ファイルである。

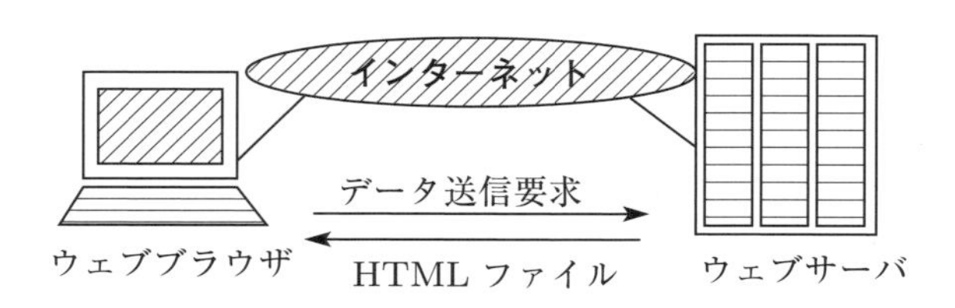

図 8.1　WWW の概念図

HTML（HyperText Markup Language）はページ記述言語であり，WWW という仕組みを実現させるために 2 つの機能を備えている。最初の語 HyperText は，文書の任意の部分に他の文書の情報を

---

1) セルンと読む。欧州原子核研究機構。
2) WWW 発明の業績で 2004 年 4 月にフィンランドの Millenium Technology 賞の最初の受賞者となった。
3) Mosaic はイリノイ大学で開発され，その技術が Netscape Navigator や Internet Explorer に活かされた。
4) WWW のサービスを提供するソフトウェアが稼動している計算機システムをウェブサーバと呼ぶ。
5) Uniform Resource Locator：通信手段とウェブページのインターネット上のアドレス（住所）を記述したもの。
6) HyperText Transfer Protocol：ハイパーテキストを送受信するための通信方法。

付加することにより，文字列，画像，音声などのオブジェクトにリンクを張り，連結させる機能である。WWW はネット上に分散する巨大なハイパーテキストである。リンクはマウスで各オブジェクトをたどるときに利用される。後ろの2語 Markup Language（マークアップ言語）は，テキスト（文字）からなるデータに，テキストで構成されるマーク（印）を挿入することにより，文書の見出し，段落，改行，表などの構成要素を表す機能である。HTML はこれらの2つの機能を併せ持っている。

ウェブページの制作とは，端的に言えばHTML ファイルの制作である。完成したHTML ファイル[7]をインターネットのウェブサーバ上に転送して，決まった名称のフォルダー[8]に入れておくだけで，そのウェブサーバに登録された個人ID のホームページを指すURL によってアクセスが可能となる。

8.2 ホームページ制作手順

ホームページを制作する準備段階からのステップを短くまとめると次のようになるだろう。

(1) どのようなホームページにするか，目的と運用方針を具体的に検討して，ページに掲載する文字データや図や写真の画像ファイルなどを収集する。

(2) ホームページのリンクの階層構造，各ページのレイアウトの設計を行う。

(3) ウェブページの実体となるHTML ファイルをウェブページ作成ソフトやテキストエディタによって作成する。作成したHTML ファイルをウェブブラウザに表示して出来具合を確認する。文字の色や背景色やページのレイアウトはどうか，画像は表示されるかなど。必要ならHTML ファイルを再編集して，ウェブブラウザで確認する作業を繰り返す。

(4) リンクをたどったとき，リンク先に誤りがないかを確認する。

(5) 自分のホームページを公開するウェブサーバにログインして，必要なフォルダーの作成やフォルダーのアクセス権限の設定変更などの準備作業[9]を行う。

(6) 完成したHTML ファイルや画像ファイルなどデータ一式をウェブサーバへ転送する。

(7) ウェブブラウザのアドレス欄に自分のホームページのURL を打ち込んで，ブラウザに表示されるかどうか，画像・音声などのデータが正しく表示・再生できるかどうか，リンクが張られているかどうかを再度確認する。不具合があれば(3) に戻る。

企業が管理するウェブページはそれを職業としている人々によって企画，制作，運営が行われているので，ページ更新も頻繁に行われ，よく整備されていて問題点があれば改善されるのも早い。それは当然である。それと比較すると，自分のノウハウだけで作るホームページは見劣りがすると思うかもしれない。しかし，WWW が革命的な点は一個人が容易に世界中に向けて情報発信できる点である。あなたが本当に必要を感じたときにホームページの作り方を知っていると大変役に立つことだろう。以下の節では，上に挙げたステップの中で，HTML ファイルの作成に関連する事柄を中心に解説する。

---

[7] トップページに相当するファイルは通常 `index.html` と決められている。

[8] 自分のホームディレクトリの中に通常 `public_html` という名称のフォルダーで格納する。

[9] この段階であなたのホームページのURL も決まっているはずである。詳しくはあなたがホームページを公開するウェブサーバの管理者に問い合わせてほしい。

8.3 HTML ファイルの編集

HTML ファイルはテキストファイル[10]である。この章の演習では HTML ファイルの編集をテキストエディタを用いて行う。テキストエディタには文字列の挿入，削除，複写，移動，検索，置換，ジャンプ（指定行を表示する機能）などの編集機能に加え，ファイルに対する入出力機能がある。これらの作業ならワープロでも行えるのだが，テキストエディタの方が編集機能が豊富で軽やかに行うことができる。

Windows に付属するメモ帳（notepad）というテキストエディタで全く問題ないが，ここでは，フリーソフトの，メモ帳よりも高性能なサクラエディタ[11]を利用して編集を行う。

8.3.1 テキストエディタによる HTML ファイルの作成

演習 8.1

1. ウェブページを制作する演習のためのフォルダー `Homepage` を用意しておく。
2. サクラエディタを起動する。
3. （例 1）の文章を入力する。
4. `Homepage` の中にファイル名 `index.html` で，文字コードセットを `UTF-8` として保存する。
5. Internet Explorer を起動して，`index.html` を表示する。

（例 1） `index.html` の内容

```
<!DOCTYPE html>      <!-- HTML5 の文書型宣言 -->
<html lang="ja">     <!-- html 要素の開始タグ 日本語文書を表す -->
<head>               <!-- head 要素の開始タグ -->
<meta charset="UTF-8">
<title>Taro's Homepage</title>
</head>              <!-- head 要素の終了タグ -->
<body>               <!-- body 要素の開始タグ -->
<h1>太郎のホームページ</h1>
<hr>
<p>はじめてウェブページの制作に取り組んでいます。<br>
これから充実した内容にしたいと思っています。</p>
</body>              <!-- body 要素の終了タグ -->
</html>              <!-- html 要素の終了タグ -->
```

1. サクラエディタの起動

［スタート］メニュー ⇒ ［サクラエディタ］⇒ ［サクラエディタ］により起動する。

10) テキストファイルとは，文字コードをそのまま記録したファイルである。このファイル形式は，異なる計算機の間の情報交換に用いられる一般的なデータ形式であるために，広く利用されている。次章の LaTeX ソースファイル，プログラムのソースファイルはすべてテキストファイルである。テキストファイルでは ASCII，ShiftJIS，JIS，EUC，Unicode などの文字コードセット（第 1 章を参照）が使われる。

11) ©1998-2015 Norio Nakanishi & Collaborators.

2. データ入力

（例 1）を参考にデータ入力してほしい。<!-- から --> までは，注釈（コメント）なので，省略してもよい（⇒ 図 8.2）。内容を簡単に解説しておこう。

- <!DOCTYPE html> は HTML 第 5 版（HTML5）以降の文書型宣言である。
- <html lang="ja">〜</html> の中に <head>〜</head> と <body>〜</body> が入っている。<html lang="ja"> の lang="ja" は日本語の文書を表す。
- <meta charset="UTF-8"> は文字エンコーディング（符号化）の指定であり，現在は "UTF-8" が推奨されている。この文書は文字コードセットを UTF-8 として保存する。
- <title>〜</title> の所にはブラウザのタイトルバーに表示する内容を記述する。
- <h1>〜</h1> は大見出し，<hr> は水平罫線，<p>〜</p> は段落を，
 は改行を，それぞれ表している。

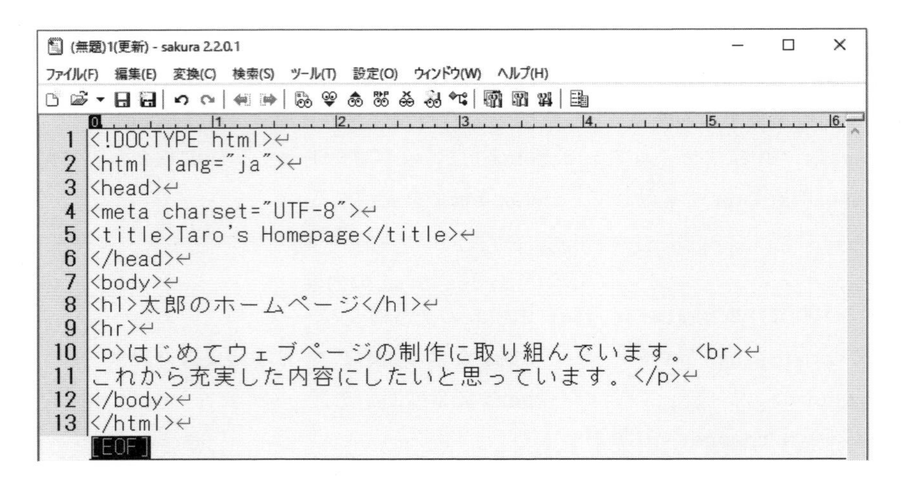

図 8.2　サクラエディタを起動して，文例を入力したところ

3. ファイルの保存

メニューの［ファイル］⇒［名前を付けて保存］（キー操作では［Ctrl］＋［S］）で「ライブラリ」の中から「ドキュメント」をダブルクリックして，第 2 章で作成しておいたウェブページ制作用フォルダー Homepage を開き，ファイル名を index.html と入力して，ファイルの種類は「ユーザー指定（*.txt;*.*）」，文字コードセットは UTF-8（図 8.2 で記述した文字エンコーディングと同じもの）を選択する（図 8.3）。以上を確認してから［保存］をクリックする[12]。

後の修正のために，ファイル保存後もサクラエディタは終了せずに開いたままにしておく。

4. ブラウザで確認

［タスクバー］⇒ ［エクスプローラー］を起動する。「ドキュメント」の中から Homepage フォルダーを開き，保存したファイル index.html を確認する。ファイル名をマウスで右クリック（図 8.4）して［開く］をクリックすると図 8.5 のように index.html が表示される。

12) 通常のテキストファイルのファイル名の拡張子は txt であるが，ここでは拡張子を html とする点に注意する。

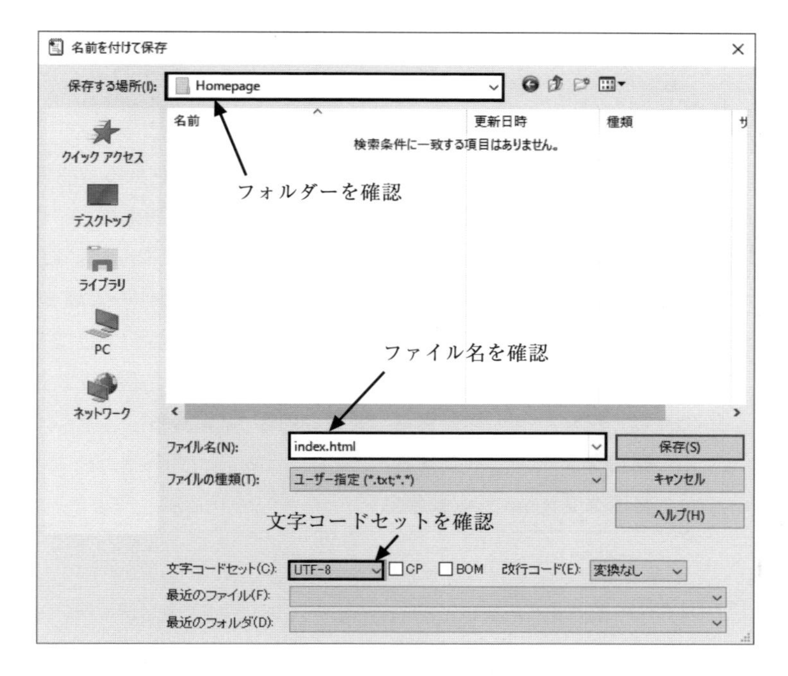

図 8.3　ファイルの保存で文字エンコーディングを UTF-8 と指定した例

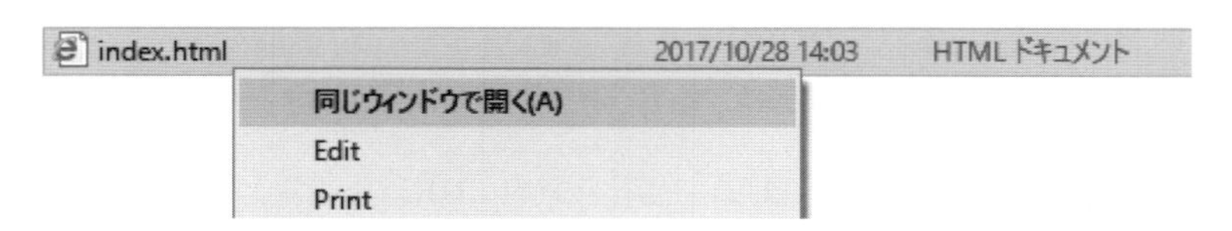

図 8.4　`index.html` を右クリックして「同じウィンドウで開く (A)」をポイントした図

図 8.5　`index.html` の Internet Explorer による表示

図 8.5 を見て，表示内容が期待通りでなければ，図 8.2 のサクラエディタで内容を修正して，［Ctrl］+［S］でファイルに上書き保存する。そして図 8.5 の Internet Explorer をアクティブにして［F5］キーを押して（最新の情報に更新ボタン ↻ を左クリックに相当），再表示させて内容の修正結果を確認する。この手順を何度も繰り返して HTML ファイルを完成させる。

8.4 HTML

8.4.1 要素とタグ

HTML（HyperText Markup Language）は多数の**タグ**（札）で構成される言語である。HTML 文書の構成単位は**要素**と呼ばれる。要素とは**開始タグ**から**終了タグ**までの範囲を指す。**<要素名>** が開始タグ，**</要素名>** が終了タグである。1 つの要素から開始タグと終了タグを取り除いた部分を**要素の内容**または要素のコンテンツと呼ぶ。要素の内容と終了タグがない開始タグだけの要素を**空要素**と呼ぶ。

要素とタグの関係

```
要素      =  <要素名> 要素の内容 </要素名>
開始タグ  =  <要素名>
終了タグ  =  </要素名>
```

8.4.2 属性（プロパティ）

一般にどの要素にも複数のいろいろな属性を指定できる。属性の記述は開始タグの中で行う。次のように半角の空白を置きながら，各属性の後ろに = をつけて，二重引用符で囲った属性値を指定する。

```
<要素名 属性 1="値 1" 属性 2="値 2" ... 属性 n="値 n">
```

例として次の a 要素（アンカー要素）は `href` 属性の値に URL を指定してリンクを張っている。

```
<a href="http://www.abc.example.ac.jp/~johotaro">情報太郎のページ</a>
```

8.4.3 代表的なタグ

HTML には，文書を表すタグ，リンクを張るタグ，見出し，テキスト，リスト，表などの様々な種類のタグがある。多数のタグの中から適切なタグを組み合わせてウェブページの内容を表現するので，タグの使い方には慣れる必要がある。これらについて，限られたページで網羅的にすべてを紹介することはできないので，以下では基本的なものだけを示すことにしよう。

表 8.1　代表的な要素とタグ

種類	要素	タグの記述例	親要素	特記事項
文書	html	<html> ～ </html>		HTML 文書全体
文書	head	<head> ～ </head>	html	ページ情報の記述
文書	body	<body> ～ </body>	html	文書内容の記述
文書	title	<title> ～ </title>	head	タイトルの記述
リンク	link	<link rel="stylesheet" href="style.css" type="text/css">	head	外部スタイルシート "style.css" の指定

表 8.1 のつづき　代表的な要素とタグ

種類	要素	タグの記述例	親要素の例	特記事項
リンク	a	<a href="URL"> 内 容 </a>	p,li,td	内容と URL を関連づける
グループ化	div	<div id="ID 名"> ～ </div>	body	id 属性または class 属性
グループ化	span	<span id="ID 名"> ～ </span>	p,li,td	id 属性または class 属性
著者情報	address	<address> ～ </address>	body	著者情報を記述
見出し	h1	<h1> ～ </h1>	body	h1,h2,h3,h4,h5,h6 の 6 種類
テキスト	p	<p> ～ </p>	body	1 つの段落(paragraph)を表す
テキスト	strong	<strong> ～ </strong>	p,li,td	強調文字で表示
テキスト	sup	[～]	p,li,td	上付き文字で表示
テキスト	sub	_～	p,li,td	下付き文字で表示
テキスト	br	 	p,li,td	改行を行う
テキスト	pre	<pre> ～ </pre>	body	入力されたとおりに表示
リスト	ul	<ul> ～ </ul>	body	番号なしリスト
リスト	ol	<ol> ～ </ol>	body	番号付きリスト
リスト	li	<li> ～ </li>	ul, ol	1 項目を記述
表	table	<table> ～ </table>	body	表全体
表	caption	<caption> ～ </caption>	table	表の題名を記述
表	tr	<tr> ～ </tr>	table	表の横 1 行
表	th	<th> ～ </th>	tr	見出し 1 セル（強調）
表	td	<td> ～ </td>	tr	データ 1 セル
横罫線	hr	<hr>	body	横罫線（horizontal rule）を引く
イメージ	img	<img src="cat.png" alt="子猫">	p	静止画像ファイルを指定する
注釈		<!-- と --> で囲む		囲まれた部分が注釈となる

html 要素は head 要素と body 要素を内容に含む。含む側を**親要素**，含まれる側を**子要素**と呼ぶ。各要素には典型的な**親子関係**（図 8.6）がある。後述のスタイル記述を特定の親要素に対して行った場合には，その属性がそれを親にもつ子要素に継承される。

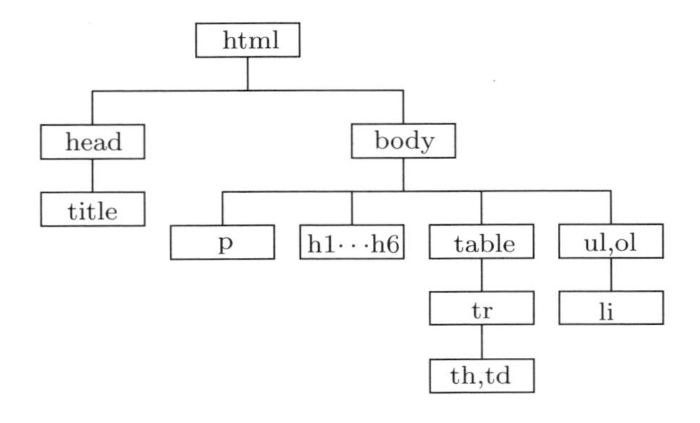

図 8.6　要素の親子関係

8.4.4 文字参照

HTML 文書は英数字・記号・日本語文字を用いて普通に文章を記述することができるが，ウェブページに表示させる文字の中には，文字参照の方法で表現する記号や文字が多数ある。たとえば，次の記号

<　　>　　&　　"

はタグの記述などに使用する記号として決められているので，これらの記号をウェブページに表示させるときには文字参照によって記述する。ここでは名前文字参照[13]の表記法を紹介する。名前文字参照は先頭が &（アンパーサンド）から始まり，最後は必ず ;（セミコロン）で終える表記となる。上の記号の場合は < > & " と表す[14]。表 8.2 には，これらの記号とギリシャ文字などの名前文字参照が示されている。

表 8.2 名前文字参照の例

文字	名前	文字	名前	文字	名前	文字	名前
<	<	>	>	&	&	ˆ	ˆ
"	"	'	'	‘	‘	’	’
α	α	β	β	γ	γ	δ	δ
ϵ	ε	ζ	ζ	η	η	θ	θ
ι	ι	κ	κ	λ	λ	μ	μ
ν	ν	ξ	ξ	o	ο	π	π
ρ	ρ	σ	σ	τ	τ	υ	υ
ϕ	φ	χ	χ	ψ	ψ	ω	ω
Γ	Γ	Δ	Δ	Θ	Θ	Λ	Λ
Π	Π	Σ	Σ	Φ	Φ	Ω	Ω
Ξ	Ξ	Ψ	Ψ	Υ	ϒ	ϑ	ϑ
♣	♣	♠	♠	©	©	¥	¥

8.5 リンクを張る

> **演習 8.2**
> （例 1）の index.html にリンクと著者情報を追加して，それをブラウザで確認する。

（例 1 追加）を参考にして，index.html に番号なしリスト要素とアドレス要素の記述を追加する。**追加 1** ではリスト要素<ul class="index">～</ul>の開始タグの class 属性にクラス名 index が指定されている。クラス名 index が何を意味するかはここでは明らかではないが，後述のスタイルシートの中で具体的なプロパティの記述が行われる。各リスト項目を li 要素，<li>～</li> によって記述している。各 li 要素の中にリンクを張るアンカー要素，<a href="……">～</a> が埋め込まれている。

13) HTML5 以降，named character reference（名前の付いた文字参照）の訳語として用いられる。
14) < は less than，> は greater than，& は ampersand，" は quotation の略称である。

図 8.7　index.html の Internet Explorer による表示

（例 1 追加） index.html の body 要素への追加

```
<body>
<h1>太郎のホームページ</h1>
 <ul class="index">
  <li><a href="index.html">ホーム</a></li>
  <li><a href="city.html">わたしのまち</a></li>              ⇐  追加 1
  <li><a href="hobby.html">わたしの趣味</a></li>
  <li><a href="campus.html">わたしの大学</a></li>
 </ul>
<hr>
<p>はじめてウェブページの制作に取り組んでいます。<br>
これから充実した内容にしたいと思っています。</p>
 <address>Written by Joho Taro on November 4th, 2017.<br>
 E-mail: johotaro [at] example.ac.jp</address>              ⇐  追加 2
</body>
```

各アンカー要素の内容「わたしのまち」,「わたしの趣味」,「わたしの大学」は開始タグの href 属性に記述されたそれぞれのファイル city.html, hobby.html, campus.html とリンクされる。

追加 2 ではアドレス要素<address>～</address>の内容には，ホームページの更新日付と著者名，改行タグ
の後に連絡先の電子メールアドレス表記を行っている。電子メールアドレスに用いる記号@を [at] と表記することはアドレス情報がロボットによって自動取得されるリスクを減らしている[15]。

15) ウェブページを公開する際には対応窓口の電子メールアドレスを記載することが慣例であるが，そのアドレスが検索ロボットにより自動的に取得されて迷惑メールの送信先に利用される可能性があるためである。

追加を完了したら，ファイルを上書きしてから，ブラウザに再表示して確認する。リスト項目はリンクされているので異なる色で表示される。そこはクリックすることができるが，対応するファイルを作成しない段階でクリックすると，ブラウザは「表示できない」旨のエラーメッセージを返すであろう。

8.6　スタイルシート

各要素のレイアウトや表現方法（字体，色，大きさなど）に関するプロパティ（属性）をスタイル要素`<style>`～`</style>` の中でまとめて記述するようになった。それをスタイルシートと呼んでいる。HTML に適用されるスタイルシート言語は **CSS（Cascading Style Sheet）**が広く用いられている。詳しくは W3C のホームページ[16]などに紹介されている。スタイルシートは次のように `head` 要素の中に記述してもよいし，外部ファイルのスタイルシート（以降は外部スタイルシートと記述）を `link` 要素で指定して用いてもよい。

```
<head>
<title>タイトル</title>
 ┌──────────────────────────────────────────────────────────┐
 │ <style type="text/css">                                   │
 │                          セレクタ  { プロパティ: 値 }     │
 │ セレクタ 1, セレクタ 2, ···, セレクタ n  { プロパティ: 値 } │  ⇐  囲まれた部分が
 │ セレクタ 1(親要素)  セレクタ 2(子要素)  { プロパティ: 値 } │      スタイルシート
 │ </style>                                                  │
 └──────────────────────────────────────────────────────────┘
</head>
```

上のスタイルシート（`style` 要素）の中に書かれているセレクタには，タイプセレクタ，クラスセレクタ，ID セレクタ，擬似クラスなどの種類がある。1 行目は 1 つのセレクタに対してプロパティの指定を行う最も単純な記述形式である。2 行目は複数のセレクタをカンマで並べて共通のプロパティの指定を行う記述形式である。3 行目は特定の親要素の中に含まれる子要素（たとえば，`p` 要素の内容に含まれる `a` 要素の場合，`p` 要素を親要素，`a` 要素を子要素と呼ぶ）に対するプロパティの指定を行う記述形式である。{ **プロパティ: 値** } の部分は次のように複数のプロパティの値を記述することができる。

セレクタ { **プロパティ: 値** ; **プロパティ: 値** ; ··· ; **プロパティ: 値** }

複数個の場合には，各プロパティごとに次のように改行するとわかりやすい。

```
セレクタ  { プロパティ: 値 ;
            プロパティ: 値 ;
               ···        ;
            プロパティ: 値 }
```

上で述べたタイプセレクタは要素名を，クラスセレクタはクラス名を，ID セレクタは ID 名を指す。セレクタの記述の中で，ピリオドの後に続く名称をクラス名，`#` の後に続く名称を ID 名と呼んでいる。

---

16) http://www.w3.org/Style/CSS/ の中の “LEARNING CSS” を参照されたい。

表 8.3 セレクタの種類とセレクタの例

種類		記述形式	セレクタの例
タイプセレクタ	=	要素名	body, h1, ···, h6, p, ul, ol, li, table 等の要素
クラスセレクタ	=	.クラス名，要素名.クラス名	.zebra または p.zebra（クラス名 zebra の p 要素）
ID セレクタ	=	#ID 名，要素名#ID 名	#panda または p#panda（ID 名 panda の p 要素）
擬似クラス	=	要素名:擬似クラス	a:link, a:visited, a:hover

セレクタが「.クラス名」や「#ID 名」ならば任意の要素に適用することができて，セレクタが「要素名.クラス名」や「要素名#ID 名」ならばその要素に限られることになる。

クラスセレクタや ID セレクタに対するプロパティの記述を HTML 文書の中の要素に適用するには，class 属性にクラス名を，id 属性に ID 名を指定する。表 8.3 のセレクタの例にある p.zebra と p#panda に対するプロパティの記述を p 要素（段落）に適用する場合には，次のように指定すればよい。

```
<p class="zebra">この内容はクラスセレクタ p.zebra の { プロパティ: 値 } が適用されます</p>
<p id="panda">この内容は ID セレクタ p#panda の { プロパティ: 値 } が適用されます</p>
```

これらの p 要素にはクラス名 zebra や ID 名 panda の { プロパティ: 値 } の記述が適用される。クラス名と ID 名は全く同じではない。1 つの HTML 文書の記述の中では，同一のクラス名を複数の要素で使用できるが，同一の ID 名を複数の要素に対して使用することはできないという制約がある。

表 8.3 で擬似クラスのセレクタの例は a 要素（リンク）の状態を表し，a:link は未訪問のリンク，a:visited は既訪問のリンク，a:hover はマウスポインタが置かれたリンクをそれぞれ意味している。

8.6.1 index.html にスタイルシートを適用する

演習 8.3

テキストエディタで index.html を開き，head 要素の中に外部スタイルシート mystyle.css をリンクする link 要素を追加する。また，div 要素を利用して，body 要素の内容を header，sidebar，main の 3 つの id 名のグループに分ける。

（例 1 再追加）を参考にして，最初に **追加 3** の link 要素を追加して，演習 **8.4** で作成する mystyle.css をリンクする。これにより mystyle.css が index.html の外部スタイルシートとして使用される。次に **追加 4** から **追加 9** までの div タグを追加する。これはグループ化を行うためで，div タグの id 属性に識別できる ID 名を付けてスタイルシートの中では ID セレクタによりプロパティの記述を行う。この例では body 要素の内容を header，sidebar，main の 3 つの ID 名のグループに分けている。

演習 **8.4** では外部スタイルシート mystyle.css の中に，これらの 3 つのグループに対して body 要素の中でのレイアウトや背景色の記述を入力する。同様に演習 **8.5** ～ 演習 **8.7** の作業でも mystyle.css の中にプロパティの記述を追加する。これらのスタイルシートへの記述は，ブラウザに index.html が読み込まれるときにすべて適用されて，ブラウザに表示されたときにその効果が明らかになる。

（例1 再追加） index.html にさらに追加

```
<head lang="ja">
<meta charset="UTF-8">
<title>Taro's Homepage</title>
<link rel="stylesheet" href="mystyle.css" type="text/css">   ⇐ 追加3
</head>
<body>
<div id="header">                          ⇐ 追加4
<h1>太郎のホームページ</h1>                                   = header グループ
</div>                                     ⇐ 追加5
<div id="sidebar">                         ⇐ 追加6
<ul class="index">
 <li><a href="index.html">ホーム</a></li>
 <li><a href="city.html">わたしのまち</a></li>               = sidebar グループ
 <li><a href="hobby.html">わたしの趣味</a></li>
 <li><a href="campus.html">わたしの大学</a></li>
</ul>
</div>                                     ⇐ 追加7
<div id="main">                            ⇐ 追加8
<hr>
<p>はじめてウェブページの制作に取り組んでいます。<br>
これから充実した内容にしたいと思っています。</p>             = main グループ
<address>Written by Joho Taro on November 4th, 2017.<br>
E-mail: johotaro [at] example.ac.jp</address>
</div>                                     ⇐ 追加9
</body>
```

演習 8.4

外部スタイルシート mystyle.css を作成する。テキストエディタの新規作成画面を開いて，演習 **8.3** で追加した header, sidebar, main の各グループの配置位置，領域の幅，領域の高さを入力して，新規ファイル名 mystyle.css で，文字コードセットを UTF-8 として保存する。ブラウザ上で index.html の表示を更新して効果を確認する。

演習 **8.3** で index.html に追加した3つの ID 名 header, sidebar, main の各グループに対して，それぞれ異なるスタイル記述を適用するため，# で始まる ID セレクタを使用する。具体的には ID セレクタ #header，#sidebar，#main に対する（例2）のプロパティ記述を mystyle.css に入力する。紙面の都合上，スタイルシートの内容を左から右の順に並べて示されており，同じ順番に入力すればよい。

（例 2） mystyle.css の内容

```
@charset "UTF-8";
#header {
    position: absolute;
    top: 0;
    left: 250px;
    width: 750px;
    height: 200px;
    background: #00ff00 }
```

```
・・・左から続く・・・
#sidebar {
    position: absolute;
    top: 200px;
    left: 0;
    width: 250px;
    height: auto;
    background: #ffff00 }
```

```
・・・左から続く・・・
#main   {
    position: absolute;
    top: 200px;
    left: 250px;
    width: 750px;
    height: auto;
    background: #00ffff }
```

左上の記述で最初の @charset "UTF-8"; はスタイルシートの文字エンコーディングを指定する。シフト JIS で符号化する場合は @charset "Shift_JIS"; と記述する。スタイルシートをファイルに保存するとき，文字コードセットの指定はこの記述と一致させる。

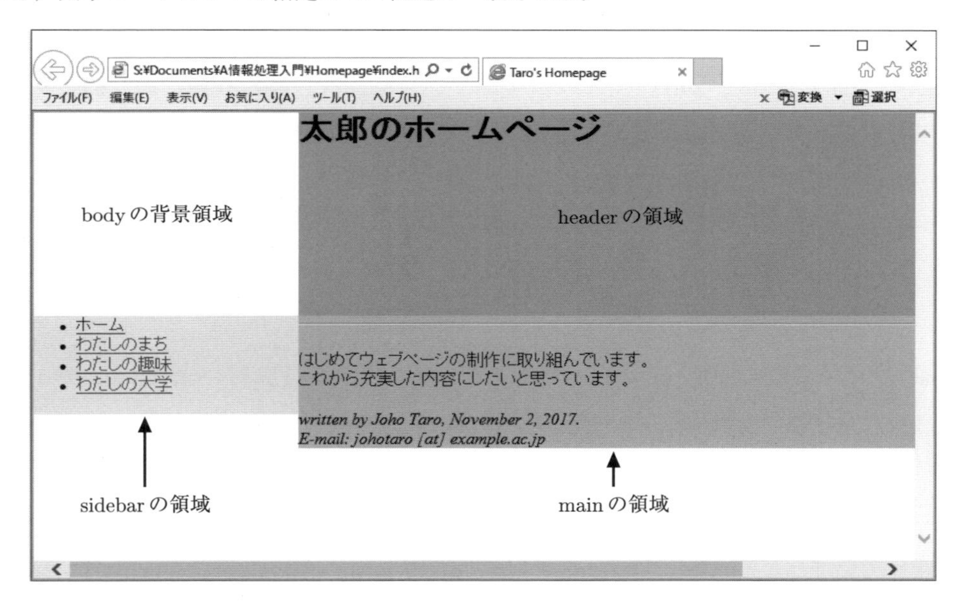

図 8.8 index.html の Internet Explorer による表示

ID セレクタ#header, #sidebar, #main のプロパティ記述を簡単に説明する。position は配置方法を表す。static（指定を無効にする：規定値），fixed（固定），relative（相対位置），absolute（絶対位置）の中から選択する。absolute は body 要素の左上角を基準に絶対位置で配置する。配置場所を top と left を併用して決めている。ID セレクタ #header を例に説明すると，top: 0; と left: 250px; は header 領域の左上角の位置，width: 750px は横幅，height: 200px は高さを表す。ID セレクタ #sidebar および ID セレクタ #main の場合は height: auto となっているため，2 つの領域は内容によって高さが自動的に変化する。以上で header, sidebar, main の各領域のレイアウトは確定した。これらの領域を明示するため，背景色を順番に#00ff00 (lime)，#ffff00 (yellow)，#00ffff (aqua) としている。左上の横 250px，縦 200px の body 要素の背景にはイラスト画像が入る。

演習 8.5

外部スタイルシート mystyle.css に body 要素，番号なしリスト要素 ul，リスト項目要素 li，アンカー要素 a に対して各プロパティの記述を追加する。入力は各セレクタ毎に，上書き保存（[Ctrl] + [S]）して，index.html をブラウザで再表示（IE の場合は [F5]）しながら進める。

テキストエディタで外部スタイルシート mystyle.css を開いて，（例 2 追加）の各要素のプロパティ記述を追加しては上書き保存する。index.html をブラウザに再表示して，画面上の変化を確認しながら作業を進める。下に示す記述内容は，左の内容を入力したら，続けて右の内容を入力すればよい。

（例 2 追加） mystyle.css の末尾に追加する内容

```
body {
     font-family: Sans-Serif;
     font-size: 16px;
     color: #000000;
     background: white}
ul.index {
         margin: 1.8em;
         padding: 0px;
         list-style-type: none;
         width: 12em }
```

```
・・・左から続く・・・
ul.index li {
     margin-bottom: 0.8em;
     padding: 0.5em 0.5em;
     border: solid 1px #228b22 }
a:link { text-decoration: none }
a:visited { color: #c71585 }
a:hover   { color: #ffe4e1 }
```

左上の記述内容を簡単に説明する。タイプセレクタ body の記述を見ると，字体を Sans-Serif，文字サイズを 16px，文字色を #000000（black），背景色を white としている。この記述を入力後「上書き保存（[Ctrl] + [S]）」して，ブラウザの［更新］ボタンで変化を確認する。クラスセレクタ ul.index はクラス名 index の ul 要素なので，演習 8.2 でファイル index.html に追加した要素<ul class="index">〜</ul>に適用するプロパティの記述である。ul 要素は 8.6.2 項に説明するボックスの構造をしている。margin が 1.8em，padding が 0 の記述により，ボックスの枠線の周りに 1.8 文字分の余白が取られる。詳しくは 8.6.2 項の説明および図 8.10 を参照してほしい。list-style-type: none[17]とはリスト項目の前に記号がないことを表す。最後の width の指定では 12 文字分の横幅をとっている。

右上の記述内容を簡単に説明する。セレクタ ul.index li は，クラス名 index の ul 要素の中の li 要素を意味する。要素<ul class="index">〜</ul>の中の要素<li>〜</li>に適用されるプロパティの記述である。margin-bottom（下のマージン）を 0.8em，padding（余白）を 0.5em（上と下），0.5em（左と右）としている。border（枠線）の種類は実線で，線幅が 1px，色は#228b22 と指定している。擬似クラス a:link，a:visited，a:hover については表 8.3 のところで述べている。text-decoration: none とは「文字飾りなし」を意味する。color プロパティは文字色の指定である。p.168 の表 8.5 と表 8.7 に説明のあるプロパティを参考にするとよい。

17) list-style-type には，ほかに disc（黒丸），circle（白丸），square（四角），decimal（数字），lower-alpha，upper-alpha などがある。

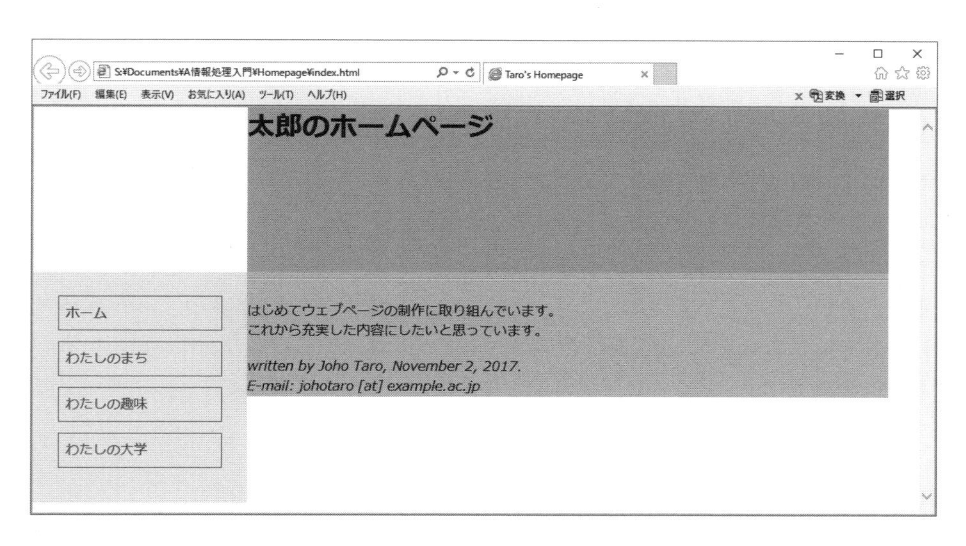

図 8.9 `index.html` の Internet Explorer による表示

8.6.2 ボックスに関連するプロパティ

見出し，段落，リストや表などの構成要素は「ボックス」と呼ばれる図 8.10 の構造で Content（内容）の周りに padding（内容と枠線の間），border（枠線），margin（枠線の外側）と呼ばれる領域がある。

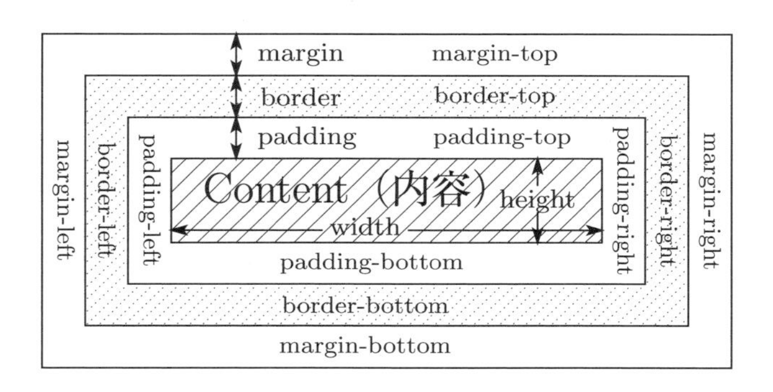

図 8.10 ボックス関連のプロパティ

これらのプロパティはハイフン `-` の後ろに，`top`（上），`bottom`（下），`left`（左），`right`（右）とつけて区別する。その幅を `em` や `px` や `%`[18]単位で指定する。`border` プロパティは線の種類，線の色を指定できる。

8.7 イメージファイル

8.7.1 静止画像ファイルの形式

一般に画像＝イメージデータは，文字＝テキストデータに比べると，データ量が格段に多いという特徴がある。たとえばノートパソコンの画面は，最低でも横 1024 点，縦 768 点の画素（ピクセル＝px）

18) `em`（エム）は 1 文字の高さの単位，`px` はピクセル単位，`%` はボックスの幅や高さに対する百分率の割合を表す。

で構成される。その場合，画面全体の画素の総数は $1024 \times 768 = 768\,\mathrm{kpx}$ である。画面は各画素ごとに異なる色光の情報をもち，赤緑青の3原色の強度をそれぞれ256段階で表すフルカラーが標準である。それは $256 \times 256 \times 256 =$ 約1678万色を表現できるが，このとき1画素につき3バイト $= 3 \times 8$ ビットが使われるので，画面全体を表現するには 768k × 3バイト = 2.25 MB のメモリを要する。

このメモリ上のイメージデータをビットマップ（Bitmap）と呼び，それをそのままファイルに保存したものをBMP形式と呼ぶ。BMP形式は各画素ごとにすべての色情報をもつので画像ファイルの中では容量が最も大きい。そのデータがネットワークに流れると負荷が大きいため，この形式はウェブページには用いられない。ウェブページに貼られる画像ファイルは圧縮したものが使われている。それは画像情報の冗長度を減らして，サイズを格段に小さくしたものである。表8.4にウェブページに使用されるコンパクトな画像ファイルの形式を3つ挙げる。

表 8.4 静止画像ファイルの圧縮形式

ファイルの形式	拡張子	用途・特徴
GIF(Graphics Interchange Format)	gif	256色までの画像
PNG(Portable Network Graphics)	png	256色超・可逆圧縮
JPEG(Joint Photographic Experts Group)	jpg	写真・国際規格

デジタルカメラやスキャナなどで取り込んだ画像データは解像度が高いので，JPEG画像でもファイルサイズは一般的にかなり大きなものになる。これらの画像データは，**8.7.2項 ペイント**などの画像編集ソフトによって編集を行い，サイズを縮小する必要がある。

8.7.2 ペイント

ペイントはマウス操作でイラストの描画，JPEG画像の編集などが行える。要点だけ列挙しておく。

起動　［スタート］メニュー ⇒［Windows アクセサリ］⇒［ペイント］により起動する。キャンバスの広さは右辺中央，底辺中央，右下隅のハンドルをドラッグすればいつでも調整できる。

描画　色1（最初は黒）または色2（最初は白）のパレットを選択して各色を決定する。線の幅を選択する。鉛筆，塗りつぶし，消しゴム，ブラシ，図形の中から1つ選択して，キャンバス上の任意の始点を色1ならば左クリックで，色2ならば右クリックでドラッグして描画する。図形の描画直後は輪郭線の各辺中央と四隅のハンドルにより大きさが調整できる。拡大鏡を選択すると右クリックで拡大，左クリックで縮小できる。その後，適当なツールを選択すれば精彩なイラストを比較的容易に描くことができる。

トリミング　最初に選択から四角形選択または自由選択を選び，残したい部分をマウスでドラッグして選択する。その後トリミングをクリックすれば，選択された部分だけのキャンバスとなる。

サイズ変更　「サイズ変更と傾斜」を選択する。パーセントまたはピクセルを選び，水平方向または垂直方向の数字を入力する。最後に［OK］をクリックするとキャンバス全体の拡大縮小が行われる。

ファイル保存　ファイルタブをクリック後，［名前を付けて保存］によって種類をPNG画像，JPEG画像またはGIF画像を選択した後で，フォルダーHomepageの中の適切な画像フォルダーを指定して，適当なファイル名をつけて保存する。

8.7.3 画像を貼る

画像を貼るときは img 要素を用いる。img 要素は空要素である。img 要素は段落（p 要素）やリスト（li 要素）の内容や，表を構成する 1 項目やアンカー要素の内容などに子要素として埋め込むことができる。簡単な書式は次のとおりである。各属性を半角の空白で区切る。

```
<img src="イメージファイル名" alt="代替文字列" width="幅" height="高さ">
```

必須の属性は src と alt である。src は画像ファイル名（例：src="apple.gif"）を指定する。alt には画像の代用に表示する文字列（例：alt="りんごの絵"）を与える。width と height はなくてもよい。その場合にはイメージファイルの画像がそのまま表示されるが，一方だけ，たとえば width だけを与えた場合は height は width と同じ倍率となるように調整される。

img 要素 1 つが 1 画像を表示する。写真集ページなども容易に作成することができるが，画像ファイルが多いとページの表示に時間がかかる。小さいサイズの画像ファイルに限定するように心がけること。

演習 8.6

1. Homepage フォルダーの中に image フォルダーを作成する。
2. パソコンに保存しておいた撮影画像をペイントで編集して image フォルダーの中に保存する。
   i) 1 枚目は横 750px，縦 200px に編集してから JPEG 形式で header.jpg に保存する。
   ii) あなたのまち，趣味，大学の写真を数枚ずつ用意して，縦横比を一定で横幅 300px のサイズに縮小する。JPEG 形式で半角英字の名前（拡張子は jpg）を付けて保存する。
3. index.html の header グループ h1 要素の内容と main グループ p 要素の内容に前項の画像ファイルを img タグによって指定する。上書き保存して，ブラウザの表示を確認する。
4. mystyle.css に段落（p 要素）の中の画像（img 要素）を右に配置する記述を追加する。
5. mystyle.css の ID セレクタ **#header**, **#sidebar**, **#main** の背景色を白に変更する。

1. エクスプローラーを起動して，Homepage フォルダーを開いて，その中に image フォルダーを新規作成する。
2. ［スタート］⇒［すべてのプログラム］⇒［アクセサリ］⇒［ペイント］によりペイントを起動する。
   i) 左端のタブをクリックして，［開く］ボタンで画像ファイルを読み込む。
   ii) 「サイズ変更と傾斜」を選択して，サイズ単位をピクセルで表示する。写真はサイズが大きいため，切り取る場合には，縦横比を維持するチェックマークが入った状態で，水平方向の欄に 1000 と入力して小さめのサイズにしてから，次項の範囲選択とトリミングを行う。単に画像全体のサイズを縮小するだけでよい場合には，水平方向の欄に 300 と入力すればよい。
   iii) 画像の切り取りは，選択ボタンをクリックしてから，切り取る範囲をドラッグして選択する。ドラッグはやり直しができる。header.jpg の場合，縦横比がおよそ 1 対 4 の横長の長方形範囲を選択して，トリミングで切り取る。再度「サイズ変更と傾斜」を選択して，縦横比を維持した状態で，垂直方向を 200px に変更する。水平方向は 750px より長めでもよい。
   iv) 保存するときは，左端のタブをクリックして，［名前を付けて保存］ボタンで，種類を選択してから，上で作成した image フォルダーの中にファイル名を指定して保存する。

3. HTML ファイル index.html の内容に，以下の例を参考に，用意した画像を貼り付ける。

i) header グループの h1 要素の内容を修正して，画像ファイル header.jpg を貼り付ける。

```
.....................
<h1> <img src="image/header.jpg" alt="太郎のホームページ"> </h1> ⇐ 編集
.....................
```

ii) main グループの段落（p 要素）の先頭に，画像ファイル Shinjuku_West.jpg を貼り付ける。

```
.........（画像ファイル名は自分で保存した名前にする）............
<p> <img src="image/Shinjuku_West.jpg" alt="西新宿">          ⇐ 追加
はじめてウェブページの制作に取り組んでいます。<br>
これから充実した内容にしたいと思っています。</p>
.....................
```

その後「上書き保存」して，ブラウザの［更新］ボタンで表示を確認する。

4. 外部スタイルシート mystyle.css の最後尾に，段落（p 要素）の中の画像（img 要素）を右側に配置する（テキストは左側に回り込む）記述を追加して，見出し（h1 要素）の margin を 0 にする。「上書き保存」して，ブラウザで再表示する。

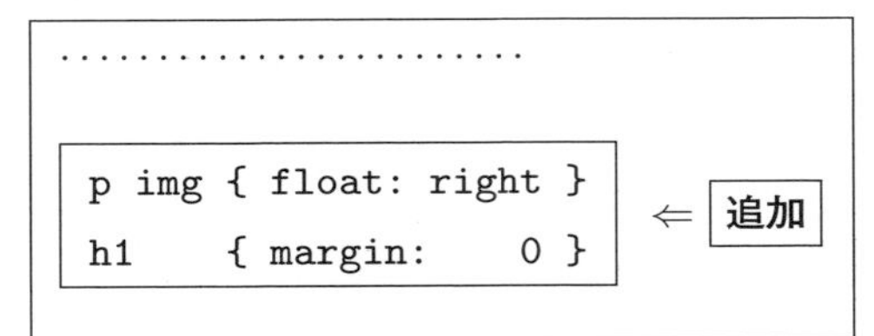

p img は p 要素の中の img 要素。float プロパティは right（要素を右側に配置，テキストは左側に回り込む）か left（その逆）が指定できる。

5. 外部スタイルシート mystyle.css の ID セレクタ #header, #sidebar, #main の background プロパティの背景色を #ffffff または white に変更する。

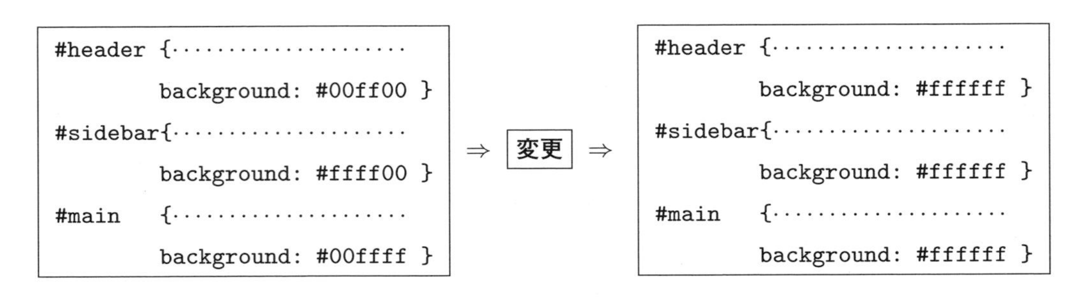

以上の変更を行い「上書き保存」して，ブラウザに再表示したものを図 8.11 に示す。

図 8.11 `index.html` の Internet Explorer による表示

演習 8.7

1. ペイントで横幅 250px，高さ 200px のイラストを描き，所属・氏名を入れて，`png` 形式で，フォルダー `image` の中に適当なファイル名（この例は `JohoTaro.eps`）で保存する。
2. ペイントで横幅 25px，高さ 25px のサイズの小さなイラストを描き，`png` 形式で，画像フォルダー `image` の中に適当なファイル名（この例は `gingko.eps`）で保存する。
3. `mystyle.css` のタイプセレクタ `body` の `color` プロパティを変更して，`background` プロパティに 1. で作成したイラスト画像（この例は `JohoTaro.eps`）を用いる記述を追加する。
4. `mystyle.css` の末尾に見出し `h1`, `h2`, `h3` 要素およびアドレス `address` 要素のプロパティの記述を追加する。`h3` には 2. で作成したイラストを利用する。
   各記述を入力したら上書き保存して，`index.html` をブラウザで再表示して確認する。

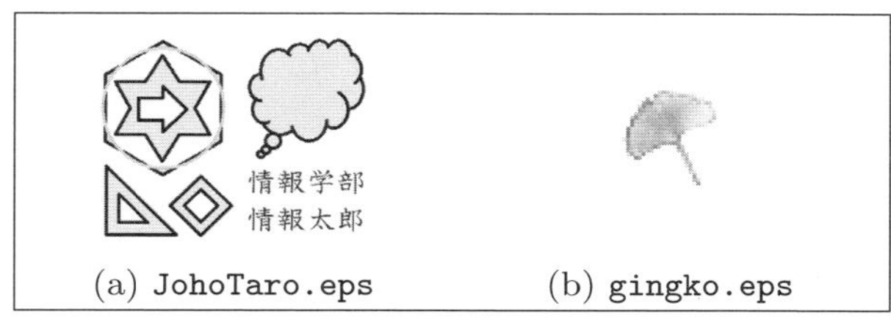

(a) `JohoTaro.eps`　　(b) `gingko.eps`

図 8.12 ペイントで作成するイラスト画像の例

1. ペイントで図 8.12(a) のようなイラスト画像を作成する。
   i) ペイントを起動して「サイズ変更と傾斜」を選択，単位は「ピクセル」，「縦横比を維持する」のチェックマークをはずして，水平方向 250px，垂直方向 200px にする。

ii) 表示タブでキャンバスを「拡大」してから，ホームタブのブラシや塗りつぶしツールを用いてイラストを描く。その後，**A**（テキスト）ボタンを選び，キャンバスにドラッグしてテキストの配置位置を定める。フォントとサイズを選び，所属・氏名を記入する。

iii) 左端のタブで「名前を付けて保存」を選択，PNG 画像で image フォルダーの中に JohoTaro.eps（自分の名前）で保存する。

2. ペイントで図 8.12(b) を参考にイラスト画像を作る。この例は次の方法で作成している。

i) ペイントを起動して，落ち葉の撮影画像を読み込み，落ち葉を正方形の形状でトリミングする。

ii) その後，消しゴムを選択して，葉の周りを白く塗りつぶし，「サイズ変更と傾斜」によって縦 25px，横 25px に縮小後，左端のタブの「名前を付けて保存」から PNG 画像を選択し，image フォルダーの中に gingko.eps（適切な名前）で保存する。

3. 外部スタイルシート mystyle.css を開き，タイプセレクタ body の color プロパティを#696969 に変更して，background プロパティには 1. で作成した画像ファイル url(image/JohoTaro.png) の指定を追加する。

```
body     {
      font-family: Sans-Serif;
      font-size: 16px;
      color: #696969;          ⇐ 変更
      background: white url(image/JohoTaro.png) no-repeat }     ⇐ 追加
.......................
```

4. 外部スタイルシート mystyle.css の最後尾にタイプセレクタ h2, h3, address の記述を追加する。

```
............ mystyle.css の最後尾に追加 ............
 h1      { margin:     0 }
 h2      { margin-top: 1em }
 h3      {
           padding-left: 1.5em;
           height: 1.5em;
           color: #6a8125;                                   ⇐ 追加
           background: url(image/gingko.png) no-repeat;
           clear: right }
 address { clear: right }
```

タイプセレクタ h1 と h2 は余白の設定をしている。タイプセレクタ h3 は左余白を 1.5 文字空け，背景に 2. で作成しておいた画像を貼る記述（url(image/gingko.png)）を行い，テキストの回り込みを解除（clear: right）している。タイプセレクタ address に対してもテキストの回り込みを解除している。

図 8.13 index.html の Internet Explorer による表示

演習 8.8

1. index.html をひな形の HTML ファイルと考えて，index.html をそのままコピーして，あなたのまちを紹介するページとなる city.html を作成する。ただし，main グループの部分は **(例 3)** を参考にして書き換える。保存するときの文字コードセットを UTF-8 とする。

(例 3) city.html の main グループの内容

```
<div id="main">
<h2>八王子市</h2>
<h3>多摩地域の中核市</h3>
<p><img src="image/Hachioji_Station.jpg" alt="八王子駅東口">
人口 56 万，学生数 10 万超の学園都市<br>
新宿から電車で 40 分，多摩地域の広域交通の要衝<br>
中央線，横浜線，八高線，京王線，京王高尾線・相模原線</p>
<h3>美しい街路樹と豊かな自然</h3>
<p><img src="image/KoshuKaido.jpg" alt="秋の甲州街道">
甲州街道沿いの美しい銀杏並木<br>
明治の森高尾の緑豊かな自然</p>
<address>Written by Joho Taro on November 4th, 2017.<br>
E-mail: johotaro [at] example.ac.jp</address>
</div>
```

1. index.html がひな形の HTML ファイルとする。index.html の内容を全て「コピー」してテキストエディタで新規作成画面に「貼り付け」てから，main グループの内容を，（例 3）を参考にして，あなたのまちの内容に書き換える。img タグで参照する画像ファイルは演習 8.6 2. ii) で用意したものである。保存するときのファイル名は city.html，文字コードセットを UTF-8 とする。
2. ブラウザで index.html のリンクから「わたしのまち」の表示（図 8.14）を確認する。

図 8.14　city.html の Internet Explorer による表示

演習 8.9

city.html から趣味のページ hobby.html を作成する。文字コードセットを UTF-8 とする。

1. city.html をひな形の HTML ファイルとする。city.html の内容を全て「コピー」して，テキストエディタの新規作成画面に「貼り付け」てから，main グループの内容を，（例 4）を参考にして，あなたの趣味の内容に書き換える。img タグで参照する画像ファイルは演習 8.6 2. ii) で用意したものである。保存するときのファイル名は hobby.html，文字コードセットを UTF-8 とする。
2. ブラウザで index.html のリンクから「わたしの趣味」の表示を確認する。

(例 4) hobby.html の main グループの内容

```
<div id="main">
<h2>わたしの趣味</h2>
<h3>スポーツ観戦</h3>
<p><img src="image/Yokohama_Stadium.jpg" alt="横浜スタジアム">
このあいだ横浜スタジアムで野球を観戦しました。<br>
サッカー観戦も大好きです。</p>
<h3>ぶらり一人旅</h3>
<p><img src="image/Yamanaka_Lake.jpg" alt="山中湖と富士山">
日常の世界から開放されます。<br>
気分を変えてリフレッシュ。</p>
<address>Written by Joho Taro on November 4th, 2017.<br>
E-mail: johotaro [at] example.ac.jp</address>
</div>
```

演習 8.10

大学紹介のページ campus.html を作成する。文字コードセットを UTF-8 とする。

1. city.html をひな形の HTML ファイルとする。city.html の内容を全て「コピー」して，テキストエディタの新規作成画面に「貼り付け」てから，main グループの内容を，(例 5) を参考にして，大学紹介の内容に書き換える。img タグで参照する画像ファイルは演習 8.6 2. ii) で用意したものである。保存するときのファイル名は campus.html，文字コードセットを UTF-8 とする。
2. ブラウザで index.html のリンクから「わたしの大学」の表示を確認する。

(例 5) campus.html の main グループの内容

```
<div id="main">
<h2>わたしの大学</h2>
<h3>八王子キャンパス</h3>
<p><img src="image/Student_Center.jpg" alt="STUDENT CENTER">
色々な研究室があります。1,2 年生には憩いの場。<br>
新しい建物，緑の多い環境が気に入っています。</p>
<h3>新宿キャンパス</h3>
<p><img src="image/Shinjuku_campus.jpg" alt="SHINJUKU CAMPUS">
高層ビルが立ち並ぶ西新宿 1 丁目。<br>
Shinjyuku Techno Campus 地上 28 階 地下 6 階。<br>
界隈では有名です。</p>
<address>Written by Joho Taro on November 4th, 2017.<br>
E-mail: johotaro [at] example.ac.jp</address>
</div>
```

8.7.4 字体（フォント），色，その他（抜粋）に関連するプロパティ

表8.5にフォントに関連するプロパティと典型的な値を示す。

表 8.5 フォントに関連するプロパティとその値

プロパティ	プロパティの意味と指定できる値
font-family	字体の総称名（=serif, sans-serif, monospace, fantasy など）や字体を指定
color	文字色を指定する。色の記述方法を参照
font-size	字体の大きさを px や pt 単位または % で指定する。極小，小，少し小，普通，少し大，大，極大の順に xx-small, x-small, small, medium, large, x-large, xx-large も可能
font-weight	文字の太さ（normal, bold, lighter, bolder など）
font-style	立体（normal）と斜体（italic）の区別

color プロパティや background-color で色を指定する場合，色の記述方法に決まりがある。色を表現する場合は3原色の強さをそれぞれ256段階で指定できるが，16進数表記で表すときには先頭に # をつけて #RRGGBB と書き，RR，GG，BB の部分に 00 から ff までの2桁の16進数を指定し，赤，緑，青の強さを表す。表8.6に挙げたHTMLの16色が定義されているので利用するとよい。

表 8.6 HTML の 16 色

色名	16進数表現	色名	16進数表現	色名	16進数表現	色名	16進数表現
black	#000000	gray	#808080	silver	#c0c0c0	white	#ffffff
maroon	#800000	red	#ff0000	purple	#800080	fuchsia	#ff00ff
navy	#000080	blue	#0000ff	teal	#008080	aqua	#00ffff
green	#008000	lime	#00ff00	olive	#808000	yellow	#ffff00

表8.7にその他のプロパティとその値についていくつか紹介しておこう。

表 8.7 その他のプロパティ（抜粋）

プロパティ	プロパティの意味と指定できる値
text-align	テキストの配置（left, center, right, justify）
background-color	背景色を指定する。色の記述方法を参照
line-hight	行の間隔（pt や px 単位，または % 単位（現在のフォントサイズが 100%))
letter-spacing	文字間隔（pt や px 単位で指定する。負の場合は字間が詰まる）
text-indent	段落の字下げ（インデント）の間隔（pt や px や em などの単位）
text-decoration	文字の装飾（none, underline, overline, line-through, blink）

Exercise 8.1 この章の演習で作成したファイルとフォルダーのすべてを以下に示す。

1) HTML ファイル　index.html, city.html, hobby.html, campus.html
2) 外部スタイルシート　mystyle.css
3) 画像データフォルダー　image（写真は JPEG 形式で，イラストは PNG 形式で収納する）

上記のすべてをウェブサーバ上の指定されたフォルダーに転送してホームページを完成させなさい。URL によってブラウザ上に表示して，ページ内のリンクや画像が表示されることを確認しなさい。

第9章

文書処理システム LaTeX

9.1 TeX とはどのようなものか

TeX システムは D.E.Knuth により作成された文書処理システムである[1)]。TeX は Word のようなワードプロセッサ・ソフトウェアではない。その基本的な機能は，入力であるテキストファイルを文書として「組版」することである。組版とは，この文を見出しとする，ここに図を入れる，これらの文字を大きくする，これらの行を箇条書きにする，といった文書の作成に必要な指示に基づいて，文書の紙面を構成することである。入力であるテキストファイルの作成機能自体は TeX には含まれておらず，適当なテキストエディタで行う。後の例で示すが，この入力ファイルは，組版の命令と文の文字が混在しているので実際に出力される文書の姿をしておらず，慣れるまでは暗号文書のようにみえるかもしれない。そのような「変な」ものでなぜ文書を作成しないといけないのかと最初はいぶかるであろう。しかしながら，多数のユーザーの支持により，世界的に理工系の報告書や論文は TeX で書かれることが多くなっている。以下でこの処理系の特徴を記す。

1. 美しい文書を作成できる。

   Knuth がこのシステムの開発を思い立った理由がこれである。当時彼は自分の本をワープロで執筆しようとしたところ，存在しているシステムの能力があまりに低いことに憤慨して自分で組版システムを開発することにしたのである。文書は単に文字が並んで出力されればよいというものではなく，読み手の美的感覚に合格しなくてはいけない，というのが彼の考え方である。
2. 広汎なコンピュータ環境で利用できる。

   TeX 処理系は世界中で利用されており，各種のワークステーション，パソコン（Windows，Mac など）で利用できる。
3. 定型文書の作成が容易である。

   簡単に，章・節といった構造をもつ文章が作成できる。また，箇条書きなどを作成する環境，レポートの表紙を作成する機能，脚注をつける機能などがあり，知的文房具と呼ぶにふさわしい。
4. 数式を作成する機能が強力である。

   複雑な数式でも美しく組み上げてくれる。一度 TeX で数式を作成すると，数式に関しては他のワープロを使う気がしなくなる。
5. マクロ作成機能がある。

---

1) 普通，TeX は「てふ」あるいは「てっく」と読む。同じく LaTeX は「らてふ」，「らてっく」などと読む。

マクロを作成することにより，ユーザーの必要に応じて機能を向上させることができる。LaTeX 自体も TeX にかぶせられたマクロの一種である。さまざまな LaTeX 用のマクロが世界中でパッケージとして作成されており，これを組み合わせると各種の拡張機能を使用できる。

6. 参照機能がある。

   節，式，図などの要素の参照，文献リストの作成と参照が容易である。目次の作成，索引の作成も自動的にできる機能をもつ。

7. 図，写真が取り込める。

   LaTeX 2_ε では機能が大きく改善され，各種のフォーマットの図形要素を扱うことができる。

8. フォントも作成できる。

   あまり初心者向きではないが，METAFONT と呼ばれるフォント作成支援システムがある。

この節では TeX のファミリーで現在広く使われている LaTeX 2_ε 処理系に説明を限定する[2)]。限られた紙数でその機能のすべてを解説することは不可能であり，詳細については参考書をみてもらいたい。また，インターネット上にもたくさんの情報があるので，わからないことがあれば検索してみるとよい。

LaTeX 2_ε 自体はエディタをもっておらず，個々の機能はコマンドを呼び出すことによりなされる。このためユーザーを助けるための環境がいくつか存在する。この章では，近年よく利用されており，日本語環境との相性もよい TeXworks を LaTeX 2_ε を利用してドキュメントを作成するためのシンプルな統合環境として紹介する[3)]。この章では入力文書は TeXworks の中で作成する方法を説明する。大きい文書を作成する際，TeXworks と適切なエディタ（サクラエディタ，秀丸など）を組み合わせて使うのもよい。

9.2 作業の手順

TeXworks を使って，LaTeX の文書を作成する手順の概略を示す。なお，最初のときは，作業用のフォルダーとして，フォルダー LaTeX を作っておくこと（p.43 参照）。

1. TeXworks を起動する（図 9.1）。標準環境では以下で起動できる。メニューで，スクロールが面倒なときは，「A」をクリックし，出てきた文字表で「W」をクリックする。

   ［スタート］ボタン ⇒ ［スタートメニュー］ ⇒ ［W32Tex］ ⇒ ［TeXworks］

図 9.1 TeXworks を起動したところ

2) LaTeX は L.Lamport により開発された。

3) 本書の旧版で紹介していた WinShell もよく利用される統合環境である。

左の緑色のボタン ▶ が［タイプセット］である。その右の窓に表示されているのは，組版（タイプセット）に使うコマンドの名前であるが，pdfpLaTeX から変更する必要はない。その右に並んでいるのが以下のボタンである。

新規作成	開く	保存	元に戻す	繰り返す	切り取り	コピー	貼り付け	検索	置換

これらのボタンの名前は Office などと類似であるので機能の意味はよくわかるであろう。

2. エディタの窓（入力領域）に LaTeX のテキストを入力する。あるいは，［ファイル］⇒［開く］または［最近開いた文書］で既存のファイルを呼び出す。そして，修正，追加などを行う。

　あとの事例でわかるように，エディタでの入力では，文書の中の文章となる文字と，文書の組版を LaTeX システムに指示する命令を並存させて書き込んでいく。命令は一定の規則に従って記述しなければならない。規則に違反したり，命令の綴りを間違えたりすれば，エラーとなって処理は中断する。LaTeX での命令の記述の規則などについては，9.7 節以降で説明している。

3. 新規作成したときは［ファイル］⇒［名前をつけて保存］を選択し，すでに作ってある作業用フォルダー `LaTeX` を保存場所として選び，適切なファイル名を「ファイル名」の欄に入力する。ファイルの拡張子は `tex` としなければいけない。

　既存のファイルを修正している場合は，すでにファイル名を指定しているので，この操作は不要であるが保存ボタンを押すか，あるいは，［ファイル］⇒［保存］と操作したほうがよい。

4. 緑の［タイプセット］ボタン ▶ を押して，組版処理を行う。（「コンパイルする」ともいう。）
（**注意**：この結果，TeXworks は自動的に，同じファイル名で拡張子が `aux`，`dvi`，`log`，`pdf`，`synctex.gz` の 5 つのファイルを，ソースである元の `tex` のファイルがあるのと同じフォルダーに作成する。9.6 節 参照。）

5. 画面の下のほうにエラーメッセージが出たら，それを確認し，ステップ 2 に戻り，テキストを修正する。エラーについては 9.5 節を読んでもらいたい。

　文法的なエラーがなければ，右側に pdf ビューアが開き，組版の結果が表示される。このように，標準的な状態の TeXworks では左半分が編集画面，右半分が結果の表示画面である。

6. 表示された組版結果が望むものと異なる場合は，ステップ 2 に戻り，テキストを修正する。

7. 表示された組版結果が適切であれば完了である。生成された pdf ファイルが結果としての文書ファイルである。もし，紙に出力する必要がある場合は，pdf 表示画面のほうで，［ファイル］⇒［pdf を印刷する］と操作して，プリンターに出力する。

　このときシステムの設定によっては，図 9.2 のようなメッセージが出る場合がある。この場合は［はい］を選び，PC システム内の別の pdf ビューアで出力する。

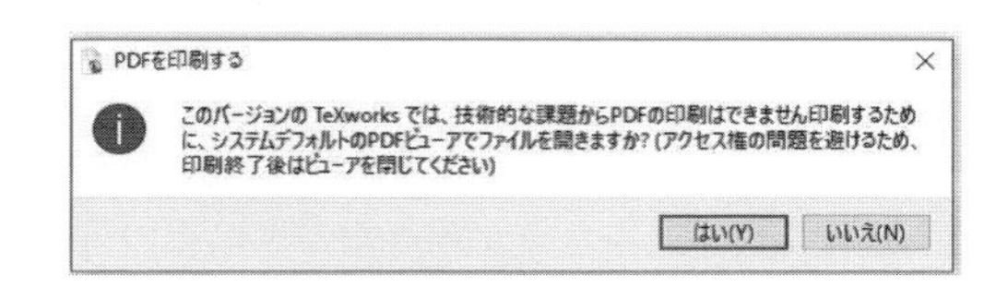

図 9.2　プリンターの出力のときの警告メッセージ

9.3 簡単な例

詳細な説明に先立ち，LaTeX がどのようなものか体験するための簡単な例である。左のテキストをLaTeX で処理すると右の組版された文書となる。それを実際にやってみるのが，この節の演習である。

演習 9.1

1. 9.2 節をよく読み，LaTeX の処理の進め方を理解する。
2. 入力は以下の左側のテキストである。ファイルとして保存するときは `newton.tex` のファイル名とする。9.2 節の手順に従い，以下の例の右側の結果を画面に表示させる。

```
\documentclass{jarticle}
\begin{document}
すべての物体の
  運動は
次の Newton の
運動方程式に従う。
\[
\vec F = m \frac{d^2 \vec r}{dt^2}
\]
\end{document}
```

→

すべての物体の運動は次の Newton の運動方程式に従う。

$$\vec{F} = m\frac{d^2\vec{r}}{dt^2}$$

左右を比較し，左にある文字で右側に表示されないものがあることに気づくであろう。それが LaTeX の命令である。また，数式を記述している部分は暗号のようにみえるであろう。

ここでみるとおり，LaTeX では入力ファイル中の改行は何の意味ももたない。左右不揃いのままで文章を入力すると，LaTeX が処理して，そのときのページの幅に収まるように適切に揃えて出力してくれる。

このテキストや参考書で現れる逆斜線(バックスラッシュ) \ は円記号￥と同じものである。

9.4 エディタ

文書を入力する領域である（図 9.1）。すでに，例題の入力で経験したはずだが，この領域では内容に応じて文字の表示色が自動的に変わる。LaTeX のキーワードが青，`\begin{ }` ～ `\end{ }` の対が緑，数式関係の記号類が暗い赤，コメント部分が赤，などである。本来色がつくべき場所に色がついていない場合には入力タイプミスが考えられるので，エラーが起きたときにその箇所を調べるのに役立つ。

次の節で説明するように，エラー処理をする場合，行番号がわかったほうがよい。行番号を表示するには，［フォーマット］⇒［行番号表示］とする。［編集］⇒［設定］のメニューで指定しておくと，次回の起動から行番号が表示される。

TeXworks のエディタには補完機能がある。その機能をつかうときは，命令をある箇所まで入力して Tab キーを押す。たとえば \newp まで入力し Tab キーを押すと

　　\newp Tab　→　\newpage

となる。結果が望むものであれば Enter キーを押す。

\newp でなく，\new で Tab キーを押すと，このときは，複数の候補があるので，適切なものが出るまで Tab キーを繰り返し押し Enter キーで選択する。同様に\begin{e まで入力して Tab キーを押すと

```
\begin{enumerate}
\item

\end{enumerate}•
```

までが自動的に入力される。このとき最後に，黒い点 (placeholder) が表示される。これは，Ctrl + Tab でこの点にジャンプする機能があり，それを利用するためである。

ギリシャ文字を入力するときは，9.11 節に示すように，数式のモードで\alpha，\beta などと入力するのであるが，xa Tab，xb Tab と入力すると，\alpha，\beta となる。

スペルチェックの機能もあり，入力するのが英文の場合は効果的である。ただ，辞書が適切に設定されていないと，この機能は作動しない。

9.5　エラー処理

LaTeX の文法に合わない入力があった場合，画面の下部にエラーメッセージが出力される。

図 9.3 はその一例である。この例では，エラーが検出された位置が l.8 つまり 8 行目であり，エラー内容が Undefined control sequence. であることを示している。間違いは \vec と書くべきところを \bec と誤ったために生じた。

このとき，タイプセットボタンは，赤で × のボタン になっているので，これを押して組版を中断し，入力テキストの誤りを訂正する。

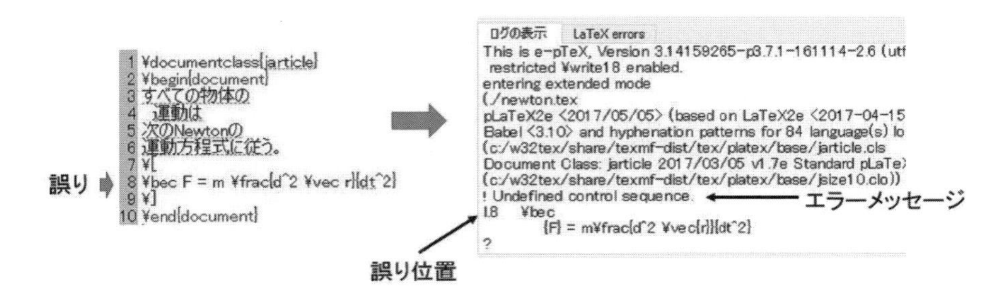

図 9.3　文書をコンパイルしたらエラーとなった例

LaTeX の命令の綴りを間違えている場合には，この Undefined control sequence. が表示されるので，それを正しく直せばよい。

状況によっては，メッセージで表示されるエラー検出位置と，実際に間違えた場所が一致しない場合もあるので，経験を積みながらうまく直せるようになって頂きたい。

LaTeX の命令には \begin{...} ~ \end{...} のように対になっているものがある。この対の一方が欠けていたり誤っていたりすると，その箇所よりもかなり後の位置でエラーが指摘される場合がある。例えば，

```
LaTeX Error: \begin{enumerate} on input line 11 ended by ...
```

は，\begin{enumerate} ~ \end{enumerate}（enumerate は箇条書きの環境）と対で使うべきときに，最後の \end{enumerate} を忘れたときに出てくるエラーメッセージである。このときエラーの行番号は \end{enumerate} を入れるべき位置よりかなり後になる。

9.6 LaTeX の利用するファイル

LaTeX では1つの入力テキストファイル（tex）に対して，同じファイル名で異なる拡張子のファイル（以下の表で2番目以降）が，入力テキストファイルのあるフォルダー内にシステムにより作成される。以下に主要なものを示す。また，LaTeX が利用する図のファイルの拡張子もいくつか示す。

拡張子	意味
tex	ユーザーが作成する入力テキストファイル
dvi	組版処理（コンパイル）の結果できるファイル これがプレビューや印刷の入力となる。
aux	相互参照情報などを含む補助ファイル
log	コンパイルの結果などログ情報のファイル
bak	エディタが作成するバックアップファイル
toc	目次を作成させたときにできる補助ファイル
bib	文献リスト用データベース
idx	索引を作成させたときにできる補助ファイル
pdf	pdf 形式のファイル，最終的な組版結果の表示，印刷に使う
synctec.gz	TeXworks が左右の画面を連携させるために使う作業ファイル
bmp	Windows でのビットマップ形式の画像ファイル
pbm	PNP 形式の画像ファイルの一種（白黒2値画像）
ps, eps	Postscript 形式の画像ファイル

9.7 基本事項

9.3 節の最初の演習で，LaTeX の仕組みがどのようなものかが大体わかったであろう。適切な文書を作るためには，入力のテキストを決まった約束事に従って記述しなくてはいけない。これは，WWW のページを作るために，第 8 章で HTML という規約に従って入力テキストを作ったのと同じことである。以下で，LaTeX の規約を順次説明する。

LaTeX の入力テキストファイルは次の形をもつ。

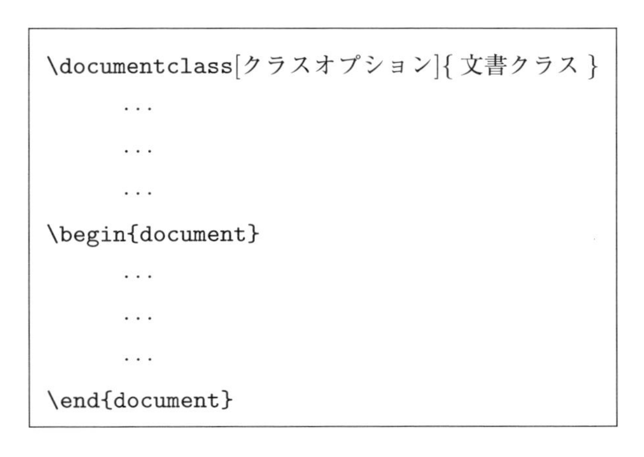

入力テキストファイルは \documentclass 命令が最初になければならない。\documentclass は 2 つのパラメータ，クラスオプション（[ ] で囲む）と文書クラス（{ } で囲む）をもつ。

\documentclass に続くプリアンブルは文書の体裁やマクロなどを記述する部分である。必要なければ省略してもよい。

プリアンブルに続いて本文が記述される。この部分が処理されて実際に表示され，あるいは印刷される。本文は \begin{document} と \end{document} ではさまれている。

最初の例（newton.tex）では，文書クラスは jarticle，クラスオプションは指定なしであり，プリアンブルはなかった[4]。

文書クラスとして主要なものを以下に示す。クラスの実体は拡張子 cls をもつファイルである。

種類	欧文用	和文横書き用	和文縦書き用
短い文書	article	jarticle	tarticle
やや長い文書	report	jreport	treport
長い文書，本	book	jbook	tbook
OHP スライド		slides	
手紙		letter	

クラスオプションを与えるときは

```
\documentclass[a4paper]{jarticle}
```

[4] jarticle は短めのレポートなどを作成するのに適したクラスである。慣れるまでは，この最初の例 (newton.tex) に従っていればよい。

あるいは

```
\documentclass[b5paper,12pt]{jarticle}
```

などと与える。ここで，a4paper, b5paper は印刷用紙の大きさ（印刷領域の大きさ）を指定するオプションであり，12pt は文字の大きさのオプションである。上に例で示したように，オプションは複数指定することもできる。代表的なオプションを下に示す。これ以外のオプションは参考書を参照されたい。下線をつけたものは，デフォルト，つまり，無指定の場合に使われるオプションである。pt は文字のポイント数（印刷業界で利用される単位）で，数字が大きいほど文字が大きくなる。

種類	クラスオプション
文字サイズ	10pt , 11pt , 12pt
用紙の大きさ	a4paper , a5paper , b4paper , b5paper
用紙の方向	(無指定) , landscape　(無指定は縦置き，landscape 指定で横置き)
段組	onecolumn , twocolumn　(1 段組，2 段組)
印刷面	oneside , twoside　(片面，両面)

作成される文書は，ページ番号が自動的にふられる。ページ番号をつけたくない場合，プリアンブルに

```
\pagestyle{empty}
```

という行を入れる。

「パッケージ」と呼ばれるファイル（スタイルファイル）を読み込むことにより，各種の拡張された機能を利用することができる。このためには \usepackage 命令をプリアンブルに記述する。たとえば，図形を取り込むための機能を使うためには，プリアンブルに

```
\usepackage{graphics}
```

という行を入れる。

9.8 基本的な要素

文字

テキストに入力する文字は任意であるが，以下の 10 個の文字は特殊な意味をもつ記号である。

```
\ { } % $ & # ~ ^ _
```

もし，これらの文字を命令ではなく，文字それ自身としてテキストに含めたい場合はその文字の前に \ を，\{，\% のようにつける必要がある。ただし，\ 自身は \verb+\+ あるいは $\backslash$ と書かなくてはいけない。(\\ には別の意味がある。)

日本語（全角文字）を入力する際は 半角/全角 キーで入力モードを変更する。半角カナ文字を使ってはいけない。また，全角文字の空白（日本語の空白）は，しばしばトラブルの原因となるので使わない

ことを勧める[5]。命令や制御文字は半角文字であるので，日本語の入力の後は再度 半角/全角 キーを押して，半角文字の入力に戻すことを忘れないでもらいたい。

グループ化，コメント

ある一部分に対して何らかの指定をしたい場合に { ... } で囲み，その部分をグループ化する。これはフォントを変更する範囲や，ある命令の有効範囲（引数）を表すのに使われる。

また，文字 % があると，その行のそこから右はコメント（注釈）とみなされ，システムはその部分を読み飛ばし処理せず，次の行へ処理が移る。

命令

命令はすべて，\ から始まる英字の文字列（ただし数字は含まない）である。命令はさまざまなものがあり，使いこなすためにはレファレンスマニュアルが必要である[6]。命令名では大文字と小文字は区別されるので注意が要る。（だいたい小文字だが，大文字で書かないといけないものや，大文字と小文字で別の命令になる場合がある。）命令にはパラメータ（引数）をもつものと，もたないものがある。

\命令名	パラメータをもたない命令
\命令名 { パラメータ }	パラメータをもつ命令
\命令名 [オプション]{ パラメータ }	オプションパラメータとパラメータをもつ命令

命令名が正しくシステムに認識されるために，パラメータをもたない命令については，命令の直後は英字や日本語の文字であってはいけない。半角の空白を 1 字以上あけるか，命令の直後は数字，記号でないといけない。

フォント

フォント（字体および大きさ）を変えるには，以下の命令を使えばよい。普通は，一部分だけイタリックにしたり，文字を大きくしたりするので，その変更したい部分をグループ化（{ }）して，その中でフォント指定命令を使えばよい。

入力テキスト	組版の結果
`This is {\bfseries an example} of bold style.`	This is **an example** of bold style.
`{\Large 大きい}文字を使う`	大きい文字を使う

上記の `\bfseries` に対応する字体を指定する命令と，`\Large` に対応する文字の大きさを指定する命

[5] IME の場合は付録 A.4.6 の［ツール］⇒［プロパティ］のメニューで「スペースの入力」を「常に半角」に設定するとよい。

[6] 命令名はおおむね基本的な英単語やその合成となっているので，意味の推定は容易であろう。

令を次の表に示す。字体命令の最後の 2 つは全角文字（和文）用である。文字サイズ命令は順に大きくなり，\normalsize が通常のサイズを表す。

字体命令	意味	文字サイズ命令
\rmfamily	ローマン（通常）	\tiny
\sffamily	サンセリフ	\scriptsize
\itshape	イタリック（斜体）	\footnotesize
\bfseries	ボールド（肉太）	\small
\mdseries	ミディアム	\normalsize
\slshape	スラント（斜め）	\large
\scshape	スモールキャップス	\Large
\ttfamily	タイプライタ	\LARGE
\mcfamily	明朝体	\huge
\gtfamily	ゴシック体	\Huge

アクセント

フランス語やドイツ語などでは，文字にアクセント記号などがつく場合がある。これらは次のように表現される。

\'{o}	ó	\`{o}	ò	\^{a}	â	\"{a}	ä	\~{a}	ã
\={o}	ō	\.{o}	ȯ	\v{o}	ǒ	\c{c}	ç	\ss	ß
\oe	œ	\ae	æ	\AA	Å	\o	ø	?`	¿

空白，改行，改ページ

LaTeX では文字の間に空白があっても，行が入力ファイルの中で改行されていても，全部つなげてページの範囲内で適切に調節して組版する。そこで強制的に空白をいれる方法を説明する。

テキスト中のよく使われる空白文字には以下のものがある[7)]。\, は狭い空白を作る。\␣（\ と半角空白，␣ は半角の空白文字を意味している）は単語間サイズの空白を作る。

強制的に改行したい場合には空の行をそこで 1 行入れておく。したがって，テキストはエディタを使って行末は不揃いのまま適当に Enter しながら打ち込み，段落の終わりで空の行を入れればよい。

段落の先頭は，通常，字下がりにすること（インデント）を行うが，そうして欲しくない場合は，行頭に \noindent と書けばよい[8)]。

命令 \hspace{ 長さ }, \vspace{ 長さ } はそれぞれ，水平および垂直方向の空白を作る。たとえば，\hspace{10mm}, \vspace{2cm}とする。ただし，行末とかページ末尾で意味のないときは無視される。強制的に空白をとりたいときは，代わりに \hspace*{ 長さ }, \vspace*{ 長さ } を使う。

ページに余白を残して，そのページを終わらせ，以降は次のページに組版したいときは，\newpage 命令を強制的に改ページしたい箇所に入れる[9)]。

7) 数式モードでの空白はまた別であるので注意。
8) これは命令なので空白をはさむのを忘れないように。
9) 他にも類似の命令あり。参考書参照。

9.9 よく利用される環境

演習 9.2

1. enumerate 環境を利用して，「私が選んだ今年の3大ニュース」という文書を作り，(pdf ビューアのウィンドウに) 表示させよ。
2. center 環境，flushleft 環境，flushright 環境などを利用して，文字が集まって作る面白い形を (pdf ビューアのウィンドウに) 表示させよ。

ある特定の組版方法が使われる範囲を 環境 と呼ぶ。環境は \begin{環境名} ～ \end{環境名} として利用される。入力のときに 9.4 節で説明した補完機能をつかうとよい。

たとえば，箇条書き環境 enumerate は次のようにして使われる。1つの項目の先頭は \item で始まる。 \item は命令なので，その後に半角の空白を置く必要がある。

```
今年の目標
\begin{enumerate}
\item 遅刻しないように早起きする
\item 英会話を毎日ラジオで聞く
\item 旅行資金をバイトで貯める
\end{enumerate}
```

→

今年の目標

1. 遅刻しないように早起きする
2. 英会話を毎日ラジオで聞く
3. 旅行資金をバイトで貯める

enumerate と類似の環境として，itemize 環境，description 環境がある。使い方は enumerate 環境と同様である。itemize 環境では通し番号の代わりに，項目の先頭に黒丸 (あるいは別の記号) をつける。description 環境では項目に自分で個別に見出しをつける。このため，\item の代わりに，\item[　　　] と書き，[　　　] の中には項目の見出しのための文字を記入する。これらの箇条書き環境は別の環境の内部でさらに繰り返して (何重でも入れ子にして) 使うことができる。

行のセンタリングを行う center 環境がある。下に例を示す。行の終わりには \\ を置く。類似の環境として，行の左寄せ，右寄せをする flushleft 環境，flushright 環境を同じ形で利用できる。

```
\begin{center}
あ \\
これは \\ なんとなく \\
変 \\ ですね。\\
\end{center}
```

→

あ
これは
なんとなく
変
ですね。

verbatim 環境というものもある。\begin{verbatim} ～ \end{verbatim} ではさまれた間は改行や空白などを，すべてそのまま組版する環境である。この節で示されている例の左の欄はこれを利用している。

9.10 表

演習 9.3

表を作成する環境を利用して，「私の時間割」を記述する文書を作成し，プリンターに出力して提出せよ。(文書の上部に大きめの文字で氏名と学籍番号を明記すること。)

表を書くには tabbing 環境と tabular 環境があり，ここでは後者のみを説明する。大雑把な形式は次のとおりである。

```
\begin{tabular}{項目の様式指定子}
1 行目
2 行目
  :
  :
\end{tabular}
```

項目の様式指定子は，1 行の中に項目がいくつあって，それをどんな形式で欄内に表示するかを決める[10]。代表的な様式指定子は，l (左)，c (中央)，r (右) である。たとえば \begin{tabular}{lcc} なら，項目数は 3 で最初の列は左寄せ，あとの 2 つの列は要素を中央に置くことを表す[11]。

各行の記述の中で，各欄の要素の区切りは & であり，行末には \\ を置く。空欄にしたい場合は何も書かなくてよいが，& は区切りとして必要である。

次に示すのは簡単な 2 行 3 列の表の例である。

```
\begin{tabular}{ccc}
長さ & 質量  & 時間 \\
メートル & キログラム & 秒 \\
\end{tabular}
```

→

長さ	質量	時間
メートル	キログラム	秒

表に罫線を引く場合，タテとヨコではやり方が違う。タテに線を引く場合は次の例のように様式指定のところで | を使う。ヨコに線を引く場合は，以下の 2 番目の例のとおり，\hline 命令を使う。もちろん，両者を同時に使ってもよい。| あるいは \hline を 2 回続けて指定すると二重線となる。

```
\begin{tabular}{|c|c|c|}
長さ & 質量  & 時間 \\
メートル & キログラム & 秒 \\
\end{tabular}
```

→

長さ	質量	時間
メートル	キログラム	秒

10) 1 つの項目の欄のサイズはその列内の最大幅の要素から自動的にシステムが計算してくれる。

11) すべての行は同一の様式指定子に従う。各行ごとに様式指定子を変更できる命令もあるが説明は略す。

```
\begin{tabular}{ccc}
\hline
長さ & 質量  & 時間 \\
\hline
メートル & キログラム & 秒 \\
\hline
\end{tabular}
```

→

長さ	質量	時間
メートル	キログラム	秒

様式指定子にどのようなものがあるかを以下の左に表形式で示す。

項目の様式指定子	⊙ 意味
l（エル）	⊙ 欄内で左寄せする
r	⊙ 欄内で右寄せする
c	⊙ 欄内で中央にする
|（縦線）	⊙ そこに縦線を引く
p{ 長さ }	⊙欄の幅を長さに指定
@{ 文字列 }	⊙そこに文字列をおく
*{ 数 }{ 様式指定子 }	⊙ 数だけ繰り返す

```
\begin{tabular}{ l|@{$\odot$}r }
\hline
項目の様式指定子 & 意味 \\
\hline
\hline
l（エル）     & 欄内で左寄せする \\
r            & 欄内で右寄せする \\
c            & 欄内で中央にする \\
$|$（縦線） & そこに縦線を引く \\
p\{長さ\} & 欄の幅を長さに指定 \\
@\{文字列\} & そこに文字列をおく \\
$*$\{数\}\{様式指定子\}
& 数だけ繰り返す \\
\hline
\end{tabular}
```

上の左は表であって，これも tabular 環境を利用して書かれている。やや複雑な表だが，この表がどのように書かれたかを右側に示す。

表の各項目のサイズは中に入る文字列をみてシステムが自動的に決めるが，場合によっては，すこし大きめの欄や空白がほしい場合がある。そのときの技法を説明する。水平方向に空白を強制的にとりたいときは，前に説明した，\hspace*{ } を使う。上下方向の空白を作る 1 つの手法は \rule 命令の活用である。もともと \rule 命令は \rule[a]{b}{c} の形で使い，「ぬりかべ」を表示する。ここで a, b, c は，下端が基準線からどれだけずれるか，幅，高さを表す。基準線とは行をなす文字の下端の位置と思えばよい。たとえば，\rule{3mm}{2mm} は ■ となる。ここで，b の長さを 0 にすると，「幅のないつっかい棒」ができるので，それを表の中に入れておくと欄の中身と無関係に縦方向に幅をとることができる。

```
\begin{tabular}{|c|c|c|}
\hline
長さ  & 質量  & 時間\hspace*{1cm} \\
\hline
\rule[-5mm]{0mm}{15mm} メートル &
    キログラム & 秒 \\
\hline
\end{tabular}
```

→

長さ	質量	時間
メートル	キログラム	秒

9.11 数　　式

演習 9.4

1. 「2次方程式の解の公式」を記述した文書（第5章の文例 (5) 参照）を作成し，プリンターに出力して提出せよ。
2. 「微積分の公式」を記述した文書を作成し，プリンターに出力して提出せよ。（文書の上部に大きめの文字で氏名と学籍番号を明記すること。）

数式を使う際には以下の環境のどれかを使う。

`\( ... \)` または `$ ... $`	文章中に埋め込まれる式
`\[ ... \]`	独立した式
`\begin{equation}` ～ `\end{equation}`	独立した式で式番号がつく
`\begin{eqnarray}` ～ `\end{eqnarray}`	複数の独立した式

ここで文章中に埋め込まれる式とは，$ax^2 + bx + c = 0$ と書く場合であり，独立した式というのは

$$ax^2 + bx + c = 0$$

とする場合である。

数式の表現力は非常に強力で,「何でも」できる。まず，以下に例を4つ示し，その後で説明を加える。左側のテキストを処理すると右側の数式が得られる。これらの例では上で説明した環境のうち,「式番号のない独立した式」の環境（`\[ ... \]`）を使っている。

数式例 (1) 上付き，下付き
```
\[
  x_1^2+y_1^2 = r_{min}^2
\]
```
→

$$x_1^2 + y_1^2 = r_{min}^2$$

数式例 (2) 分数，根号
```
\[
 T=2\pi \sqrt{\frac{\ell}{g}}
\]
```
→

$$T = 2\pi\sqrt{\frac{\ell}{g}}$$

数式例 (3) 積分記号，記号，ギリシャ文字
```
\[
f(\xi) {\mathmc が奇関数}  \Rightarrow
\int_{-\alpha}^{\alpha} f(\xi)d\xi= 0
\]
```
→

$$f(\xi)\ \text{が奇関数} \Rightarrow \int_{-\alpha}^{\alpha} f(\xi)d\xi = 0$$

```
数式例 (4) 行列
\[
A= \left(
    \begin{array}{lll}
    a_{11} & a_{12} & a_{13} \\
    a_{21} & a_{22} & a_{23} \\
    a_{31} & a_{32} & a_{33} \\
    \end{array}
   \right)
\]
```

→

$$A = \left(\begin{array}{lll} a_{11} & a_{12} & a_{13} \\ a_{21} & a_{22} & a_{23} \\ a_{31} & a_{32} & a_{33} \end{array} \right)$$

文字

数式環境の中では変数などはイタリック (斜体) となる。立体としたい場合は, `\mathrm{ }` の { } 中に書く。同じく数式環境の中に日本語を入れる際は, `\mathmc{ }` を使う。

関数

一般に関数は立体で書く。このときは `\mathrm` を使うよりも, 関数名に `\` をつけたほうがよい。たとえば $\sin x$ は `\sin x` と記述する。命令なので, `sin` の後に半角の空白を 1 つ挿入する必要がある。`\sinx` と書くとエラーとなる。

`\log x` → $\log x$　　`\sin^2\theta` → $\sin^2\theta$

分数

分数は `\frac{ }{ }` の形で書き, 前の { } に分子, 後の { } に分母を書く。

`\frac{a}{b-c}` → $\dfrac{a}{b-c}$

根号

平方根は `\sqrt{ }` の形で書き, { } の中に中身を書く。n 乗根も書ける (下の例は 3 乗根)。根号の大きさは中身に応じて自動的に変わる。

`\sqrt{ab}` → $\sqrt{ab}$　　`\sqrt[3]{x}` → $\sqrt[3]{x}$

添字, 指数

文字を下付き, 上付きにするには `_`, `^` を使う。添字や指数が 2 文字以上ある場合は, { } でグループ化する必要がある。

`x_a`	→	x_a	
`y^2`	→	y^2	
`z^20`	→	z^20	(失敗!)
`z^{20}`	→	z^{20}	
`x_a^2`	→	x_a^2	

空白

数式環境の中で，空白を積極的にとる場合に使われる命令の代表的なものを示す。2 番目のものは \ と半角空白（便宜上，半角の空白文字を ␣ と表記した）である。

`\,`	`\␣`	`\quad`	`\qquad`
細い空白	半角程度の空白	全角程度の空白	全角 2 字程度の空白

総和，積分など

これらの記号には上付き，下付きと同じ指示で和の範囲や積分範囲をつけることができる。

$$\texttt{\textbackslash sum\_\{n=0\}\^{}\{10\}\textbackslash sin nx} \quad \rightarrow \quad \sum_{n=0}^{10} \sin nx$$

`\sum`	$\sum$	`\prod`	$\prod$	`\int`	$\int$	`\oint`	$\oint$
`\bigcap`	$\bigcap$	`\bigcup`	$\bigcup$	`\bigwedge`	$\bigwedge$	`\bigvee`	$\bigvee$
`\bigodot`	$\bigodot$	`\bigotimes`	$\bigotimes$	`\bigoplus`	$\bigoplus$		

ギリシャ文字

正しくつづりを書く。大文字は先頭の文字を大文字にする。（例：γ =\gamma と Γ =\Gamma ）

`\alpha`	α	`\beta`	β	`\gamma`	γ, Γ	`\delta`	δ, Δ
`\epsilon`	ϵ	`\varepsilon`	ε	`\zeta`	ζ	`\eta`	η
`\theta`	θ, Θ	`\vartheta`	ϑ	`\iota`	ι	`\kappa`	κ
`\lambda`	λ, Λ	`\mu`	μ	`\nu`	ν	`\xi`	ξ, Ξ
`o`	o	`\pi`	π, Π	`\rho`	ρ	`\sigma`	σ, Σ
`\tau`	τ	`\upsilon`	υ, Υ	`\phi`	ϕ, Φ	`\varphi`	φ
`\chi`	χ	`\psi`	ψ, Ψ	`\omega`	ω, Ω		

記号類

数学の専門家でもないと使わない記号や，他で代替できる記号は省略した。詳細は参考書をみよ。

`\leftarrow`	$\leftarrow$	`\rightarrow`	$\rightarrow$	`\uparrow`	$\uparrow$	`\downarrow`	$\downarrow$
`\nearrow`	$\nearrow$	`\searrow`	$\searrow$	`\swarrow`	$\swarrow$	`\nwarrow`	$\nwarrow$
`\leftrightarrow`	$\leftrightarrow$	`\updownarrow`	$\updownarrow$	`\mapsto`	$\mapsto$	`\hookrightarrow`	$\hookrightarrow$

矢印はおおむね，最初の文字を大文字にすると，太い（二重線）矢印になる。先頭に long をつけると長い矢印になる。Long では長く太くなる。

`\pm`	$\pm$	`\mp`	$\mp$	`\times`	$\times$	`\div`	$\div$	`\cdot`	$\cdot$
`\circ`	$\circ$	`\bullet`	$\bullet$	`\ldots`	$\ldots$	`\cdots`	$\cdots$	`\oplus`	$\oplus$
`\cap`	$\cap$	`\cup`	$\cup$	`\wedge`	$\wedge$	`\vee`	$\vee$	`\otimes`	$\otimes$

`\le`	$\le$	`\ge`	$\ge$	`\ll`	$\ll$	`\gg`	$\gg$	`\equiv`	$\equiv$
`\sim`	$\sim$	`\simeq`	$\simeq$	`\approx`	$\approx$	`\neq`	$\neq$	`\propto`	$\propto$
`\mid`	$\mid$	`\perp`	$\perp$	`\parallel`	$\parallel$	`\subset`	$\subset$	`\supset`	$\supset$
`\in`	$\in$	`\ni`	$\ni$	`\prec`	$\prec$	`\succ`	$\succ$		

\ell	ℓ	\partial	∂	\nabla	∇	\Re	$\Re$	\Im	$\Im$
\bigcirc	$\bigcirc$	\triangle	$\triangle$	\infty	∞	\hbar	$\hbar$	\aleph	$\aleph$
\forall	$\forall$	\exists	$\exists$	\neg	$\neg$	\emptyset	$\emptyset$	\surd	$\surd$
\angle	$\angle$	\spadesuit	$\spadesuit$	\heartsuit	$\heartsuit$	\diamondsuit	$\diamondsuit$	\clubsuit	$\clubsuit$

数式モードでの文字修飾（以下では例として，文字 a を修飾）

\vec{a}	$\vec{a}$	\hat{a}	$\hat{a}$	\bar{a}	$\bar{a}$	\tilde{a}	$\tilde{a}$	\dot{a}	$\dot{a}$
\ddot{a}	$\ddot{a}$	\check{a}	$\check{a}$	\overline{a}	$\overline{a}$	\acute{a}	$\acute{a}$	\grave{a}	$\grave{a}$

大きな文字修飾（以下では例として，文字列 $a+b$ を修飾）

\overline{a+b}	$\overline{a+b}$	\underline{a+b}	$\underline{a+b}$	\overbrace{a+b}	$\overbrace{a+b}$
\underbrace{a+b}	$\underbrace{a+b}$	\overrightarrow{a+b}	$\overrightarrow{a+b}$	\overleftarrow{a+b}	$\overleftarrow{a+b}$

数式を「大きく」する

文章中あるいは表の要素に埋め込まれた式で分数などの複雑な構造を使用すると，一般に周囲に合わせた小さな文字が使われる。たとえば，`$\frac{\pi^2}{6}$` は $\frac{\pi^2}{6}$ となる。このように小さくなるのが困るときは，`$\displaystyle{\frac{\pi^2}{6}}$` とすれば $\displaystyle{\frac{\pi^2}{6}}$ となる。

かっこの類（ ( ) { } [ ] | | ）と分数や積分などの「大きな」式を併用するとき，両者のサイズがうまく合わないことがある。左かっこに \left，対応する右かっこに \right をつけると，この問題は解消する。

```
[ (x-\frac{1}{2})^2 ]_a^b
```
→ $[(x-\frac{1}{2})^2]_a^b$

```
\left[ \left(x-\frac{1}{2}\right)^2 \right]_a^b
```
→ $\left[\left(x-\frac{1}{2}\right)^2 \right]_a^b$

なお，{ } は \left\{, \right\} としなくてはいけない。\left ～ \right では，別の種類のかっこを対応させてもよい。また，左側あるいは右側だけに大きいかっこをつけたい場合は，表示しないほうをピリオドにすればよい。その具体例は次の配列のところで現れる。

配列を利用した配置

複雑な数式では要素をタテヨコに配置しないといけない。また，複数の式を並べて書くとき，上下をきちんとそろえて記述しないと見苦しい。このとき，前節の tabular 環境 と似た使い方で array 環境を数式中で使う。

前に示した数式例 (4) では行列を記述するときに array 環境を使っている。もうひとつ例を示す。

```
\begin{array}{rrrrrrr}
 2x &   &   & - & 3z & =& -10 \\
  -x& + & y & + & z  &= &2
\end{array}
```
→

$$\begin{array}{rrrrrrr}
2x & & & - & 3z & = & -10 \\
-x & + & y & + & z & = & 2
\end{array}$$

数式例 (4) で行列を記述するときには，`\left( \begin{array}` ～ `\end{array} \right)` という使い方をしている。前に説明したように，`\left` ～ `\right` では，間にあるものの大きさをみて，かっこの大きさを自動的に調整するからである。次のようにかっこをピリオドに置き換えると片側だけを表示できる。

```
\left\{
  \begin{array}{rrrrrrr}
   2x &   &   & - & 3z & =& -10 \\
    -x& + & y & + & z  &= &2
  \end{array}
\right.
```

→

$$\left\{ \begin{array}{rrrrrrr} 2x & & & - & 3z & = & -10 \\ -x & + & y & + & z & = & 2 \end{array} \right.$$

9.12 図

LaTeX には簡単な図を描く機能があるが，それで絵を描こうというのは結構大変で，あまり勧められない。むしろ，他のソフトウェアで図を作成し，LaTeX 文書の中に取り込むことになる。

円や四角，矢印などからなる簡単な説明図，構成図などは tpic というシステムで容易に作成できる。標準環境には WinTpic があり，[スタート] ボタン ⇒ [スタートメニュー] ⇒ [W32TeX] ⇒ [WinTpic] で起動できる。作図を行い結果を拡張子 `tex` をつけたファイル名で保存する。たとえば，`fig1.tex` を作成したとすると，この図を文書の中で使うには次のように `figure` 環境を使用する。ここで `\caption` は図の下に表示する図の見出し（説明文）を与える命令である。`[h]` はページ内での図の位置の優先順位を指定する（`h`=here, `t`=top, `b`=bottom）。

```
\begin{figure}[h]
\input{fig1.tex}
\caption{tpic で絵をかきました}
\end{figure}
```

Windows 環境では，ペイントで絵を描くことができる。ペイントを起動するには，[スタート] ボタン ⇒ [スタートメニュー] ⇒ [Windows アクセサリ] ⇒ [ペイント] とする。絵を描いた後，ファイルを保存するとビットマップ形式のファイル（拡張子 `bmp`）ができる。この絵を文書の中に取り込むためには，プリアンブルに `\usepackage{graphics}` を記述しておく。そして，取り込むファイル名を `fig2.bmp` とすると

```
\begin{figure}[h]
\includegraphics[10cm,4cm]{fig2.bmp}
\caption{ペイントで絵をかきました}
\end{figure}
```

と記述する。上の例で，`[10cm,4cm]` は図の横と縦の大きさを表す。これは，図に応じて変更する必要がある。指定がまずいと絵が荒れたり，縦横比が歪む場合がある。

2 次元，3 次元グラフや分析図を作成するツールでは，Postscript 形式のファイルが出力となる場合がある。これらの拡張子は `ps` あるいは `eps` である。この形式の図も上のビットマップファイルと同様な記述で文書に取り込むことができる。

9.13 相互参照

理科系のレポートでは式，図，表などに通し番号をつけ，その番号を引用して議論を進める。また，必要に応じて関係する文献を引用しながら記述していく。ところが，これをきちんと整備するのは面倒な作業である。たとえば，議論の内容を検討していくうちに，さらに式を追加したり文献の引用の順序を変更したりすることはよくあるが，このとき式の番号や文献番号が皆ずれてしまう。

LaTeX は相互参照テーブルを自動的に作ってくれるので，書き手がこの問題で悩む必要はなくなる[12)]。

ここでは式の参照の方法を説明する。式を書くとき，その中にラベル（`\label`）をつけておく。そしてその式を引用するときは，そのラベルで呼ぶ（`\ref`）。以下に例を示す。

```
\begin{equation}
\frac{d^2x}{dt^2} =
    -\omega^2 x + \lambda f(t)
  \label{daijinasiki}
\end{equation}
さて，式\ref{daijinasiki}では
復元力と共に時間に依存する力が
働いている。
このパラメータ\(\lambda\)が
小さければ ...
```

→

$$\frac{d^2x}{dt^2} = -\omega^2 x + \lambda f(t) \qquad (9.11)$$

さて，式 9.11 では復元力と共に時間に依存する力が働いている。このパラメータ λ が小さければ ...

9.14 表紙

レポートの表紙は次の記述で簡単に作れる。例のように項目内での改行は `\\` である。なお，日付を，`\date{\today}` とすると（コンピュータのクロック設定を使って）処理した日付が入る。

```
\title{超越画期的大論文}
\author{ Dr.X.Unknown \\
         Fiction University }
\date{2018.12.31}
\maketitle
```

→

超越画期的大論文

Dr.X.Unknown

Fiction University

2018.12.31

12) この機能を使うときは 2 回コンパイルする必要がある。

9.15 章，節

知的文房具として，章や節，小節の構造をもった文書が簡単に作れる。jarticle クラスでは節（section）→ 小節（subsection）→ 小小節（subsubsection）という構造になる。これが jreport，jbook ではさらに，章（chapter）→ 節（section）→ 小節（subsection）→ 小小節（subsubsection）という構造になる。このとき，節や章の番号は自動的につけられる。

```
\section{はじめに}
ここから節が始まる。


\subsection{最初の小節}
ここから小節が始まりました。


\subsection{2 番目の小節}
ここから次の小節が始まりました。


\section{つぎに}
そこで，少し話を変えることにします。
```

→

1　はじめに

ここから節が始まる。

1.1　最初の小節

ここから小節が始まりました。

1.2　2番目の小節

ここから次の小節が始まりました。

2　つぎに

そこで，少し話を変えることにします。

この章で説明したのは LaTeX の機能の一部分である。LaTeX をフルに活用したい方は，多数の参考書が市販されているので，そこで詳細を学んでもらいたい。また，インターネット上でも多くの解説や利用のコツが見つかる。

LaTeX は Microsoft Office のような形では市販されていない。自分のパソコンで LaTeX を利用したい場合は，インターネットで「LaTeX インストール」と検索を行うと，多くのダウンロードサイトが見つかる。そこから無料でシステムをダウンロードし，そこで指示されている手順に従って自分のパソコンにインストールできる。TeXworks についても同様である。参考書によっては，パソコンに LaTeX 2_εをインストールするための CD-ROM が付いている場合もあるので，それを使用すると楽にシステムをインストールできるであろう。

LaTeX は多くのパッケージや拡張機能がインターネット上で公開されており，それらを追加することで機能を強化することができる。化学式を記述するためのパッケージ，楽譜を書くためのパッケージ，$\cdots$，等々さまざまなものがある。必要に応じ各種の機能を活用して頂きたい。

付　録

A.1　キーボードの操作

下図は標準的な Windows 用キーボード（鍵盤）で，OADG109A 形式に準拠した 109 個のキーが配置されている製品である。キーの個数と配置，あるいは個別のキーのデザインなどは，機種の違いによって多少の差があるけれども，この節で操作方法を紹介しているキーを見つけ出すことは難しくないだろう。次頁以降でも，重要なキーについては，その位置がわかるような図版が示されている。

図 A.1　109 日本語キーボードの例

キーボードは主として文字を打ち込むための入力装置だが，文字入力以外の機能をもつキー（特殊キー）も少なくない。初心者は最初からすべてのキーの機能を覚えようとしなくてもよいが，まずは半角の英数字と記号が打てるようになり，自分のユーザー ID やパスワードを正しく入力できる必要がある。日本語の文字入力を練習し，電子メールを書いたりワープロで文書を作って印刷したりできるようになることが，その次の課題である。

キーボードを実用的なレベルで使いこなすために，それなりの練習量が必要であることは，楽器のキーボードと変わらない。これからパソコンを本格的に使おうと考えている読者には，まず，英文・英単語の入力練習をすることを勧めたい。回り道のようだが，かな漢字変換に煩わされず，文字キーの位置を覚えることだけに集中できるから，効率よく練習できるはずである。タッチタイピング[1)]の練習法を調べたりタイピング練習ソフトなどを活用したりすれば，手で紙に字を書くのと同程度の速さには容易に到達できるだろう。パソコンを自由自在に使いこなしたいと希望するなら，文字入力は最初に克服するべき課題である。キーボードが手に馴染むまで，よく練習していただきたい。

1) キーボードを見ずに指の感覚だけで文字入力をすること。単に文字の位置を暗記するだけでなく，反射的に指が動くようになるまで訓練する必要がある。

A.1.1　必須のキー操作

ここの見開き2ページには，キーボードを操作した経験がほとんどない読者に向けて，パソコンを利用するために必須と思われるキーの操作方法をまとめてある。Windowsへのサインインを試みる前に，これだけは知っておかなければならない。

各キーの上面（文字や記号が書かれている部分）をキートップというが，普通の文字キーを打つときは，**指でキートップを真下に押し込み，すぐに離す。**押してから離すまでの時間間隔が長すぎると「長押し（ながおし：キーを押し続ける操作）」とみなされてリピート機能が働き，同じ文字がたくさん入力されてしまうので注意。なお，キーを押すときに強い力を加える必要はない。叩き付けるような打ち方は不適切である。

文字キーを取り囲むように配置されている特殊キーの中では，まず Space キー・Back Space キー・Enter キー・Shift キーの使い方を覚えるとよい。

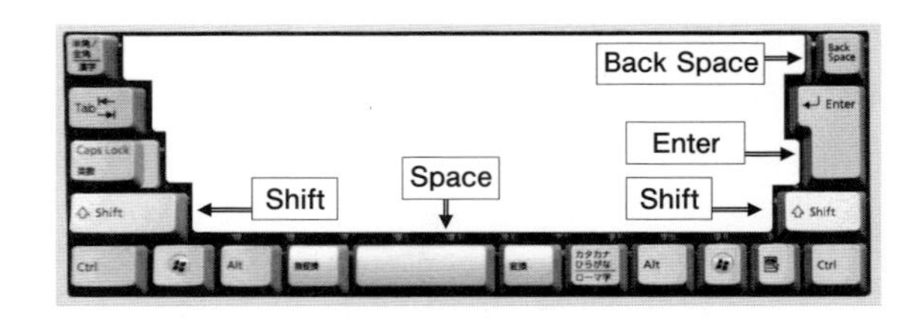

図 A.2　基本の特殊キー

Space キー：　スペースキー　(別名　スペースバー)

空白文字を入力するためのキー。キートップには何も書かれていない。打ちやすい大型キーで配置されており，頻繁に使われる。親指で打つとよい。棒のような形状から，スペースバーとも呼ばれる。

Back Space キー：　バックスペースキー

文字を消すためのキー。間違った文字を入力してしまったら，このキーを打てば取り消せる。「A.1.2 テキスト編集時のキー操作」に詳しい解説がある。

Enter キー：　エンターキー　(別名　リターンキー)

入力を確定するためのキー。複数行にわたる文字入力を行っているときは，改行文字を入力するためのキーとしても働く。大型キーで配置されており，頻繁に使われる。

用途：　かな漢字変換で変換結果を確定する。
　　　　サインイン画面でユーザーIDとパスワードを入力した後に押す。

以上の3つのキーでは，文字キーと同様にリピート機能が働くことに注意。

Shift キー：　シフトキー

このキーは「修飾キー」の1つである。修飾キーは，

① **このキーを押下したらそのまま押えておく**
② **他のキー（修飾されるキー）を打つ**
③ **このキーを離す**

という手順で操作する。こうした一連の操作を，修飾キー＋修飾されるキーと表現する。修飾キーにはリピート機能が働かないから，ゆっくり操作しても差し支えない。

Shift キーは文字入力に必須の修飾キーで，頻繁に使われる。左右どちらの手でも操作できるよう，キーボードの両側に1つずつ配置されており，例えば Shift ＋ A であれば，右手の小指で Shift キーを押さえながら左手で A を打ち，Shift ＋ K であれば，左手の小指で Shift キーを押さえながら右手で K を打つ，というように使うことができる。Shift キーの効果は，以下を読めばわかる。

文字キー（英字・数字・記号を打ち込むためのキー）のキートップに書かれている2〜4個の文字については，図A.3のように，キートップを4分割して考える。このキーを単独で打ったときは，①の位置（下段）に書かれた文字が入力され，Shift キーを押下した状態[2)]で打ったときは，②の位置（上段）に書かれた文字が入力される。

右側の列（③④の位置）に書かれている文字は，「かな入力方式」で日本語入力をするときの文字である。「ローマ字入力方式」を使うのであれば，必要ない。

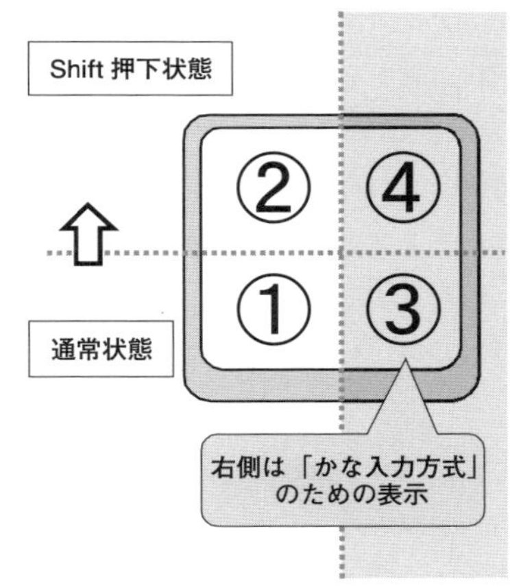

図 A.3　文字キーの見方

英字キー

図A.4の Q キーで説明すると，②の位置に大文字で **Q** と書かれている。①の位置には何も書かれていないが，単独でこのキーを打つと小文字の **q** が入力される。大文字の **Q** を入力したいときは，Shift ＋ Q と打てばよい。つまり①の位置に小文字の **q** が書かれ，②の位置に大文字の **Q** が書かれているつもりで扱えばよい。機種によっては，②の位置ではなく，キートップの中央に大きく **Q** と書かれているデザインのキーもあるが，キーの機能に違いはない。A 〜 Z はすべて同様。

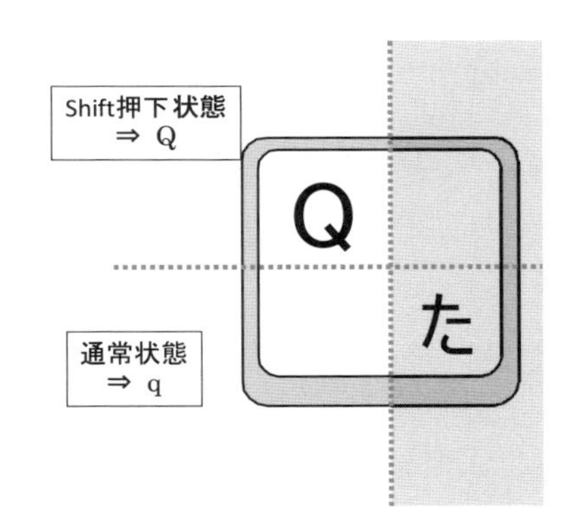

図 A.4　文字キーの具体例

数字キー・記号キー

上下段に文字がある。図A.5に示した2つのキーではそれぞれ，単独で打てば **1** と **,** が入力され，Shift キー押下状態で打てば **!** と **<** が入力される。

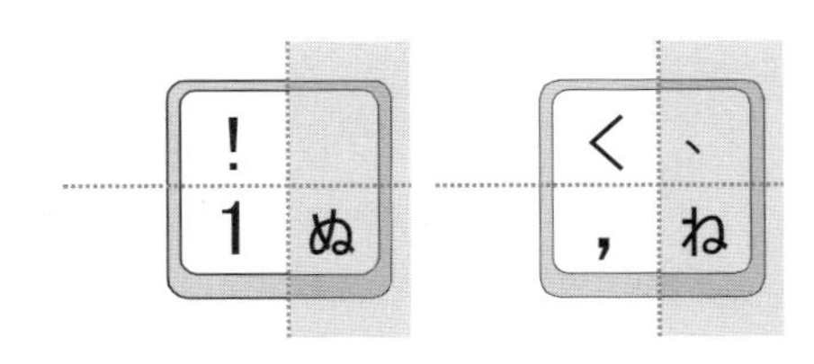

図 A.5　数字キー，記号キー

ここまでが理解できたら，
Windows にサインインしてみよう。

2) 入力するキーが Shift キーで修飾される。シフトアップ状態ともいう。

A.1.2　テキスト編集時のキー操作

キーボードから入力された文字は「テキストカーソル（画面上に点滅表示されている┃印）」の位置に書き込まれるから，テキストの編集中はテキストカーソルの現在位置を常に意識しておく。編集中のテキストの一部または全部が選択された状態（青色反転表示や灰色の網掛け表示となっている状態）になると，テキストカーソルは非表示となる。この状態で文字を入力すると，選択範囲内の文字がすべて消去され，新しい文字で置き換わる。

方向キー（[→]，[←]，[↑]，[↓]）

テキストカーソルを移動するときは方向キーを押す（リピート機能あり）。選択範囲を拡げたり狭めたりするときは [Shift] +方向キーという操作をする。ただし，マウスでも同等の操作が可能であるから，無理にキーを使わなくてもよい。

文字を消すためのキーとして，[Back Space] キーと [Delete] キーがあるが，両者の働きは違う（図 A.6）。2 つのキーの働きをうまく使い分ければ，能率よくテキストを修正できる。なお，テキストの一部または全部が選択された状態では，両者とも「選択範囲をすべて消去する」という同じ働きをする。

[Back Space] キー：　バックスペースキー

テキストカーソルの左側にある文字を 1 個消す。

[Delete] キー：　デリートキー

テキストカーソルの右側にある文字を 1 個消す。

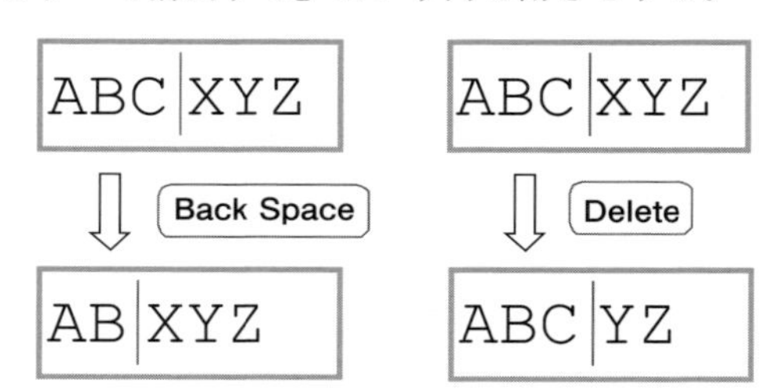

図 A.6　文字を消すキー

[Insert] キー：　インサートキー

「挿入モード」と「上書きモード」を切り替えるためのキー。

上書きモードでは，新たに入力された文字の分だけ，既存の文字が消えて置き換えられる。上書きモードは，便利に使える場面もある一方で，初心者には混乱しやすいモードであると思われる。

複数の文字を消したいのであれば，消したい範囲を選択して [Back Space] または [Delete] を押せばよい。挿入モードのままでも十分に手際よく作業できるので，無理に上書きモードを使う必要はない。

[Tab] キー：　タブキー　　　タブコードを入力する。

用途：　タブ停止位置で文字を縦に揃えることにより，表を整える。
テキストのインデント[3]（行の書き出し位置を字下げすること）を整える。
Excel，Word などの表中では，次のセルに移動する。

[Esc] キー：　エスケープキー　　　実行中の操作を取り消すためのキー。

用途：　変換中の漢字変換をキャンセルする。ドラッグ＆ドロップをキャンセルする。

---

3) 行を選択した状態で，[Tab] を押せば一段分下がり，[Shift] + [Tab] なら一段分戻る。

A.1.3　その他のキーの役割

前節までに取り上げなかったキーのうち，主なものを挙げておく。

F1 〜 F12 キー：　ファンクションキー

個別のアプリごとに機能を割り当てて使うための汎用キー。

Microsoft IME では，F6 〜 F10 を文字種の選択に使う。

半角/全角　変換　無変換　英数　ひらがな キー

日本語入力時に使うキー。英数 キーは Caps Lock キーと同居している。

Caps Lock キー：　キャップスロックキー　　連続して大文字入力をするときに使う。

Num Lock キー：　ナムロックキー　　テンキーの状態（数字入力の状態）を切り替える。

ひらがな キー：　ひらがなモードとカタカナモードを切り替える。また，かなの入力方式を切り替える。

この 3 つのキーは，とくに誤操作に注意する必要がある。（⇒「A.5　補遺」を参照）

Ctrl キー：　コントロールキー

Alt キー：　オルトキー　（別名　オルタネートキー）

Win キー：　ウィンドウズキー　（別名　ウィンドウズロゴキー）

これら 3 種のキーは，Shift キーと同様の仕方で扱う修飾キーである。文字入力には使われないが，各種のショートカットキー操作（⇒ A.1.4 節）で使われる。長押ししてもリピート機能は働かない。

なお，Ctrl キーを単独で押しても何も起きない。Alt キーを単独で押すと，アクセラレータキー操作（⇒ A.1.4 節）が開始される場合がある。Win キーを単独で押すと，スタートメニューが表示される。

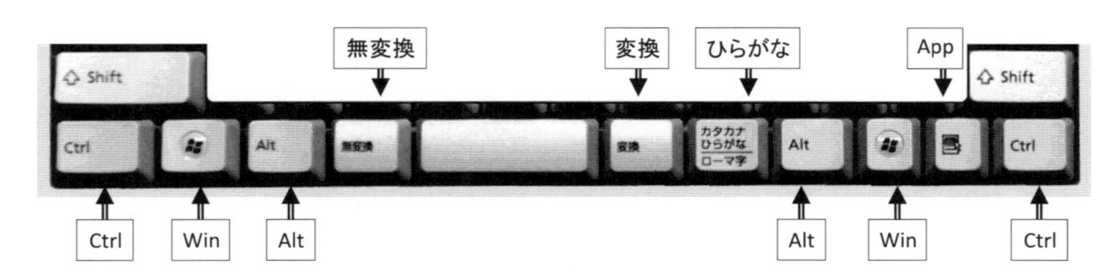

図 A.7　修飾キーなど

App キー：　アプリケーションキー　（別名　メニューキー）

コンテキストメニューを表示する。ただし，マウスを右クリックするという操作と結果に違いはないので，無理にこのキーを操作する必要はない。

A.1.4 ショートカットキー操作

マウスだけでさまざまな操作ができるGUIは便利なようだが，実は操作の効率があまりよくない。そこで，よく使う操作は，マウスに頼らず特別なキー操作（ショートカットキー操作という）を用いて，素早く実行することもできるようになっている。膨大な数のショートカットキー操作が用意されているが，気に入ったものだけ使えばよい。参考例として，ごく一部を挙げておく。

エディタ類に共通のショートカットキー操作

サクラエディタ・TeXworks・Wordで共通に使える操作の中からいくつかを挙げた。テキストの選択・コピー・貼り付けに関する操作は，各種画面のテキストボックス（例えば，ユーザーID入力欄）や，エクスプローラーでファイル名を変更するときの文字入力でも有効である。

キー	操作
Ctrl + A	すべて選択
Shift + Home	行頭からカーソル位置まで選択
Shift + End	カーソル位置から行末まで選択
Ctrl + C	選択範囲をコピー
Ctrl + X	選択範囲を切り取り
Ctrl + V	カーソル位置に挿入（貼り付け）
Ctrl + Z	元に戻す
Ctrl + S	上書き保存
Ctrl + N	新規作成

文字入力以外のショートカットキー操作

一般的なショートカットの例	
Alt + Tab	開いている各項目間で切り替える
Esc	現在の作業を取り消す
F1	ヘルプを表示する
F2	選択した項目の名前を変更する
Win	スタートメニューを開く
App	コンテキストメニューを開く
Ctrl + Shift + Esc	タスクマネージャーを起動
Ctrl + Alt + Delete	Windowsに問題が生じ，スタートボタンからサインアウトできなくなった場合に使ってみるとよい。

IE に関するショートカットの例	
Ctrl + +	拡大
Ctrl + −	縮小
Ctrl + 0	100%に戻す
F4	以前入力したアドレスの一覧を表示
F5	現在の Web ページを更新
Ctrl + F5	タイムスタンプにかかわらず強制的に更新
F11	全画面表示と通常表示を切り替える
拡大鏡に関するショートカットの例	
Win + +	拡大
Win + −	縮小
Ctrl + Alt +方向キー	矢印キーの方向に表示を移動する
Ctrl + Alt + F	全画面表示
Win + Esc	拡大鏡の終了

アクセラレータキー操作

サクラエディタを例として解説する。最初に Alt F と連打すればメニューバーの［ファイル (F)］項目が選択されて，［ファイル］メニューが開く（図 A.8）。続けて N を打てば［新規作成 (N)］が選択できる。あるいは S を打てば［上書き保存 (S)］が選択できる。**メニュー項目の ( ) 内に書かれた文字**がその項目に割り当てられた「アクセラレータキー」を示している。Alt に続けて所定のキーを連打すれば，マウスなしでメニュー項目を辿り，目的の機能を呼び出せる。アクセラレータキーはメニュー項目を見ればわかるので，事前に覚えている必要はなく，メニューを見ながらゆっくり操作すればよい。

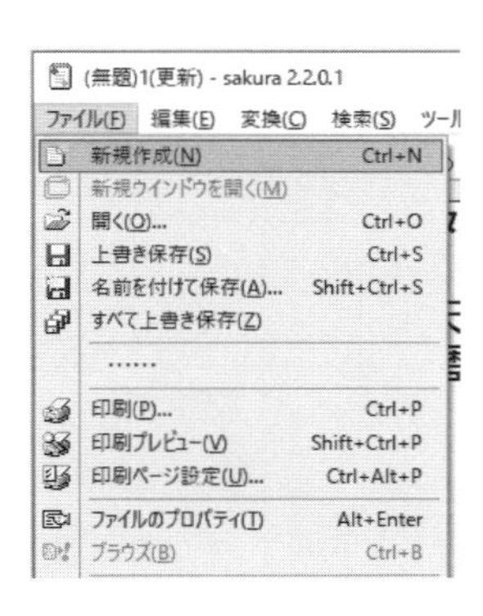

図 A.8 アクセラレータ

サクラエディタに関するアクセラレータキーの例	
Alt F S	上書き保存
Alt F V	印刷プレビュー
Alt F B	編集中のファイルをブラウザで表示（HTML 編集時）

Word や Excel など，メニューバーの代わりにリボンが配置されているアプリでは，Alt キーを打てば右図のような表示となり，アクセラレータキーの文字がわかるようになっている。

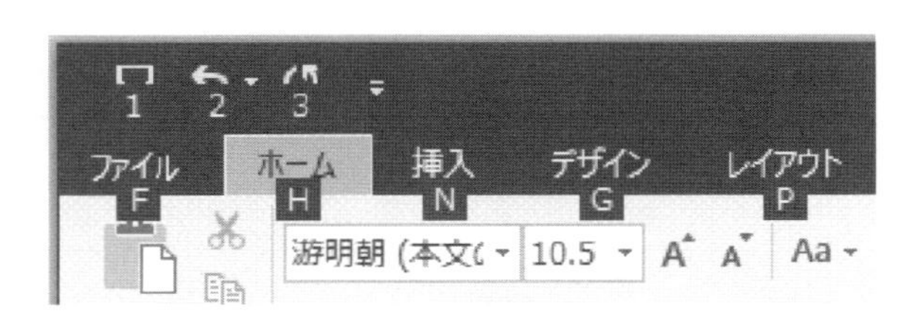

図 A.9 リボンのアクセラレータ（Word）

A.2 キートップの半角記号

キーボードの文字キーはASCIIコード表にある文字（20H〜7EHの英数字と記号）を入力するために並んでいる。ここでは英字と数字を除いた記号類の文字とその読み方（呼称）を表にまとめておく。

記号	主な読み方	その他の読み方　　※備考
!	エクスクラメーション	感嘆符，びっくり
?	クエスチョン	疑問符，はてな
;	セミコロン	
:	コロン	
,	カンマ	コンマ　※セディーユと兼用
.	ピリオド	終止符，ドット
'	アポストロフィ	※シングルクォートと兼用
-	ハイフン	※マイナスと兼用
_	アンダースコア	アンダーバー，下線
'	シングルクォート	単引用符　※‘と’で兼用
"	ダブルクォート	二重引用符　※“と”で兼用
`	バッククォート	※グレイブ・アクセントと兼用
=	イコール	等号
<・>	小なり・大なり	不等号
+	プラス	
-	マイナス	※ハイフンと兼用
* *	アスタリスク	星，スター，アスター
/	スラッシュ	
\	バックスラッシュ	※円記号とは区別できない
#	シャープ	ナンバー記号，井桁，ハッシュ
$ $	ダラー	ドル記号
%	パーセント	
¥	円	円記号　※バックスラッシュとは区別できない
& &	アンド	アンパーサンド，アンド記号
|	縦棒	縦線　※キーに ¦ と表示されている場合もある
@ @	アット	単価記号
^	キャレット	ハット，脱字記号　※サーカムフレックスと兼用
	スペース	空白

※フォントによって文字の外見が大きく変わるもの（$ と $ など）は，両方を示した。
※一般に通用している読み方を示した。規格上の文字記号の名称と一致しない箇所もある。

もともと違う文字であったものが同一の文字キー・文字コードに統合され，兼用となっている場合がある。例えばハイフンとマイナスは兼用であり，1バイト文字として区別することはできない。表中では便宜的に別立てとした上で，兼用であることを明示した。他のいくつかの文字についても同様である。

なお，¥（円記号）と \（バックスラッシュ）については，兼用という意味ではなく別の経緯によって，同一の文字コードに配当されている。このため，キーボード上には個別のキーが配置されているにもかかわらず，1バイト文字として区別することができないという，残念なことになっている。

括弧（かっこ）類の記号

(・)	丸かっこ（ひらく・とじる）	左・右パーレン　※「小かっこ」
{・}	波かっこ（ひらく・とじる）	左・右カーリーブラケット　※「中かっこ」
[・]	角かっこ（ひらく・とじる）	左・右スクエアブラケット　※「大かっこ」
<・>	山かっこ（ひらく・とじる）	左・右アングルブラケット　※不等号と兼用

※ひらき括弧・とじ括弧 を同じ行内に示した。

丸括弧の「パーレン」は parenthesis が省略された呼称である。波括弧は「ブレース」と読まれることも多い。数学の習慣からであろうか，丸・波・角括弧をそれぞれ小・中・大括弧とする読み方も珍しくないが，多分に紛らわしくなる場合があるので，注意して使うようにするとよいだろう。単に「かっこ」といえば丸括弧のことを指す，という言葉遣いをする人もあるが，やはり紛らわしくなる場合には避けるべきである。

アクセント類の記号

^	サーカムフレックス	アクサン・シルコンフレクス（仏）　※キャレットと兼用
′	アキュート	アクサン・テギュ（仏）　※アポストロフィと兼用
`	グレイブ	アクサン・グラーブ（仏）　※バッククォートと兼用
,	セディーユ（仏）	※カンマと兼用
~ ˜	チルダ	ティルド，ティルデ

アクセント類の記号文字（` ^ ˜ など）については，もともと他の文字と重ねて印字することにより，À Â Ã のような補助記号付きの字形を再現する目的でキーに採用されていた。しかし，独自の文字コードをもつ文字となったことで，手軽に入力できる単独の記号文字として扱われるようになり，今に至っている。各種のコンピュータ言語で文法的な役割を果たすことをはじめ，さまざまな使い方が行われている。

Word で Microsoft IME を「半角英数」モードにして入力している場合，補助記号付きの字形を入力するという本来の用途にこれらの記号キーを使うこともできる。例えば，Ctrl + ^ A で **â**（アクサン・シルコンフレクスのついた **a**），Ctrl + , C で **ç**（セディーユのついた **c**），Ctrl + Shift + 7 E で **é**（アクサン・テギュのついた **e**）というように入力する。なお Ctrl + : U で **ü**（トレマのついた **u**）となる。

A.3 マウスの操作

A.3.1 マウスの移動

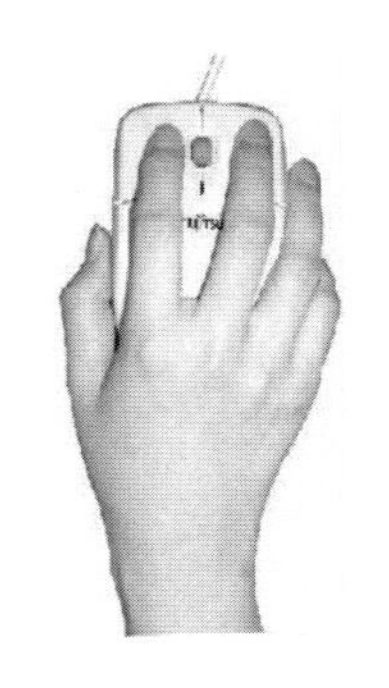

図 A.10 マウスの持ち方

マウスはビットマップディスプレイ上で位置を指すための入力装置（ポインティングデバイスという）である。机上を滑らせるようにマウスを移動すると，その距離と方向がパソコンに伝わる。右図のように上から機体を軽く押さえる感じで持ち，机上でマウスの向きが変わらないよう平行に移動すればよい。右手で操作を行うときは，人さし指と中指をそれぞれ，左ボタンと右ボタンの上に軽く添えておく。

マウスがディスプレイ上を指している位置には，マウスポインタという矢印 が表示されているので，その位置を確認しながらマウスを動かす。ディスプレイ上の任意の位置へ，素早くマウスポインタを移動させることができればよい。

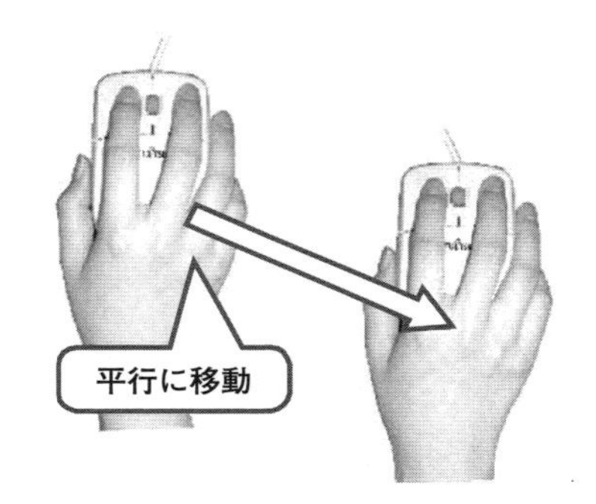

図 A.11 マウスの移動

A.3.2 マウスのボタン操作

マウスポインタは状況に応じて形が変わる。現在位置でマウスのボタン操作を行った場合に何が起きるか，マウスポインタの現在の形を手掛りとして判断できる場合が多い。

通常の選択	リンクの選択	待ち状態
領域選択	テキスト選択	手書き
拡大／縮小		利用不可

マウスの上面にある左右のボタンは，左側が選択やドラッグなどで主に使用する主ボタンであり，右側は副ボタンである。ボタンを押すときと，押したボタンを離すときにパソコンに信号が伝わる。

ポイント

目標位置を指す操作。アイコンなどにマウスポインタを乗せることだけを行い，ボタンは押さない。

クリック

ボタンを押してすぐに離す操作。途中でマウスを移動させてしまうと，クリック操作ではなくてドラッグ操作とみなされ，予想外のことが起きる場合もあるので注意。操作説明で単に「クリック」と書かれているときは，主ボタン（左側ボタン）をクリックする。副ボタンを操作する場面では「右クリック」というように表現されている。

ダブルクリック

上のクリック操作を素早く2回繰り返すこと。うまくいかない場合，操作の素早さ不足よりも途中でマウスが移動していないか意識してみるとよい。

用途：　デスクトップアイコンを開く。単語を選択する。

ドラッグ

ボタンを押したままマウスを移動する操作。特に指示がない場合は主ボタンを操作。

用途：　ウィンドウを移動する。ウィンドウのサイズを変更する。スクロールバーを動かす。
ペイントで線を描く。手書き入力で漢字を書く。

ドラッグ＆ドロップ

デスクトップ上にある物体を手で「掴んで」「移動して」「離す」というイメージのもとで進行する作業手順。「ボタンを押す」「ドラッグする」「ボタンを離す」という一連の操作でアイコンなどが移動できる。ドラッグ操作の一種であるが，最初にボタンを押す位置（ドラッグ開始位置）と最後にボタンを離す位置（ドラッグ終了位置＝ドロップ位置）だけが重要であり，マウスポインタの途中経路は意味をもたない。

[Shift] キーや [Ctrl] キーを併用する操作もできる。

ドラッグ＆ドロップ操作を途中で取りやめたい場合は [Esc] キーを押す。

用途：　ファイルをごみ箱に捨てる。選択した文字列を他の位置に移動する。

ホイール

マウス上面にホイールの付いている機種では，ホイールを前後に回転させることによりウィンドウ内の画面スクロールや，拡大・縮小などの操作ができる。第3のボタンとして，ホイールをクリックするという操作もできる。

A.3.3　左右ボタンの入れ替え

マウスの左・右ボタンに割り当てられている主・副ボタンの役割は，入れ替えることができる。左手でマウスを操作したいような場合は，次の手順を試してみるとよい。

デスクトップの何もないところを右クリックして現れるメニューから，［個人用設定］⇒［テーマ］⇒［マウスポインターの設定］と進んで現れる［マウスのプロパティ］ダイアログボックス（図A.12）で，［ボタン］⇒［主と副のボタンを切り替える］にチェックを入れ，［OK］ボタンを押す。チェックを入れた直後から左右ボタンの役割が入れ替わっているので，最後に［OK］ボタンを押すときはマウスの右ボタンをクリックしなければ［OK］ボタンが反応しないことに注意。

図 A.12　左右ボタンの入れ替え

A.4　Microsoft IME

漢字かな混じり文を入力する際の，Microsoft IME の基本的な使い方は第 5 章で詳しく解説されている。ここでは，IME の設定変更や，特殊な入力方法などについて紹介する。

A.4.1　入力モードの変更

Microsoft IME は Windows に標準で搭載されている IME（Input Method Editor）であり，キーボードからの日本語入力を支援してくれる。Microsoft IME には下表のような 5 つの入力モードがあり，現在の入力モードは，通知領域に［あ］［カ］などの文字を表示しているインジケーターを見ればわかる。このインジケーターが IME のボタンである。

表示	入力モード名	動作
あ	ひらがな	ひらがな（全角）の入力　漢字変換有効　自動文節分解
カ	全角カタカナ	カタカナ（全角）の入力　漢字変換有効　一文節になる
Ａ	全角英数	日本語無効　漢字変換無効　すべて全角文字になる
_カ	半角カタカナ	カタカナ（半角）の入力　漢字変換有効　一文節になる
A	半角英数	日本語無効　漢字変換無効　キー入力を透過

文字入力が有効な状態では，IMEのボタンを右クリックして現れるコンテキストメニュー（図A.13）で，入力モードを選ぶことができる[4]。また，よく使われる［ひらがな］モードと［半角英数］モードの2つについては，IMEのボタンをクリックするだけで切り替わるようになっており，切り替えのためにコンテキストメニューを出す必要はない。

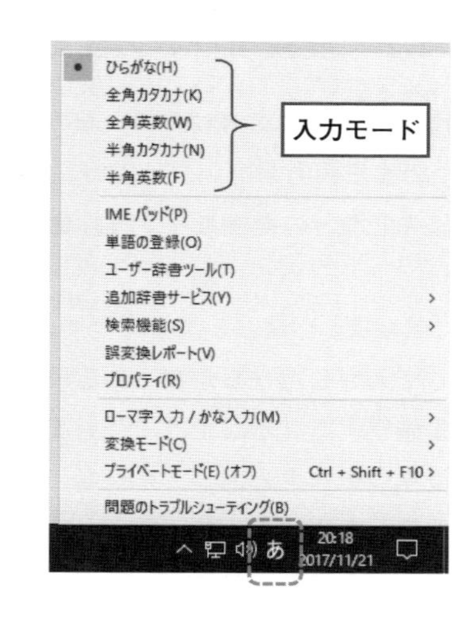

図 A.13　IMEのボタンとメニュー

入力モードの切り替えについては，マウスを操作する必要のないショートカットキー操作も用意されている。

図A.14は，ショートカットキーによる入力モードの変更をまとめた見取り図である（Word2016による文章入力時，未確定文節が残っていない状態で確認）。このような図を「状態遷移図」という。全部のショートカットを覚える必要はなく，気に入ったものだけ使えばよいのだが，状態遷移ということ自体に興味があるなら，片端から試しに辿ってみることにも意味はあるだろう。ただ ------→ で示した 英数 キーの操作に対しては，異なる挙動を示す環境もあるようだ。

IMEはユーザ側からモードを変更できるだけでなく，アプリ側からもモードを制御できるように作られている。そのため，場面によっては遷移可能なモードが制限されたり，ユーザが変更しなくても自動的にモードが変わったりすることもある。また，アプリごとにIMEの挙動には，いくらかの違いもある。

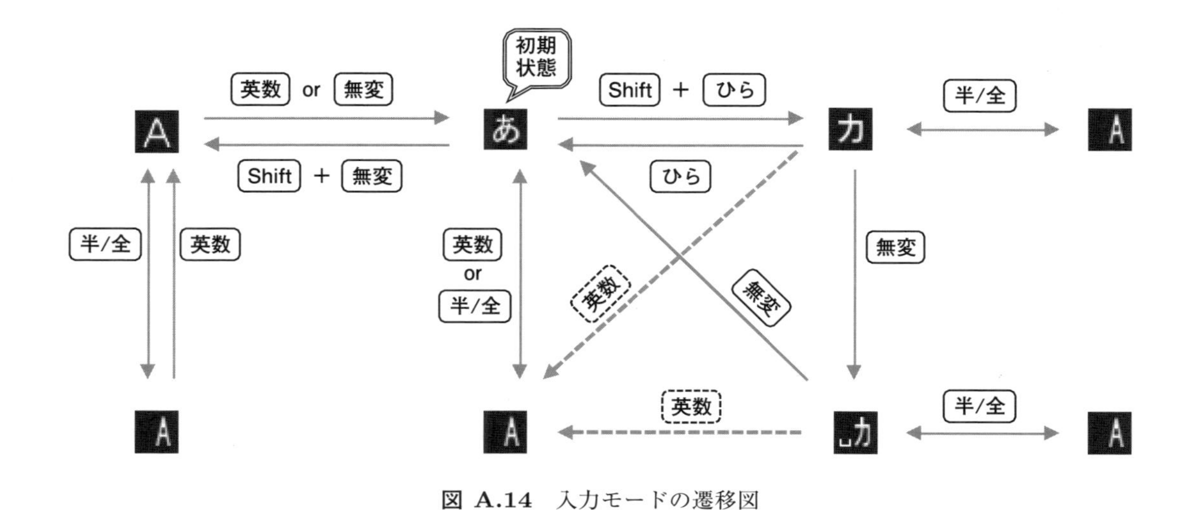

図 A.14　入力モードの遷移図

---

4) 表示が ⊗ となっているときは，文字入力が無効な状態である。この状態でコンテキストメニューを出しても，図A.13のような各種の設定項目は現れないことに注意。

A.4.2　変換モードの変更

［変換モード］のサブメニュー（図 A.15）からは［一般］と［無変換］が選べるが，ほとんどの場合［一般］のまま入力していればよい。旧いバージョンの Microsoft IME にあった，「人名／地名」や「話し言葉優先」などの変換モード（言葉の種類によって辞書が切り替わる）は，現バージョンには存在しない。

［無変換］を選ぶと漢字に変換されなくなり，“よみ”として入力したひらがな（あるいはカタカナ）がそのまま確定する。かなだけで長い文を書こうとするときに役立つモードである。しかし，漢字かな混じりで一度確定した文でも，後から 変換 キーで再変換を掛ければ，かなに戻すことが可能（図 A.16）であるから，ぜひとも［無変換］モードを活用したいというべき場面は，稀であろう。

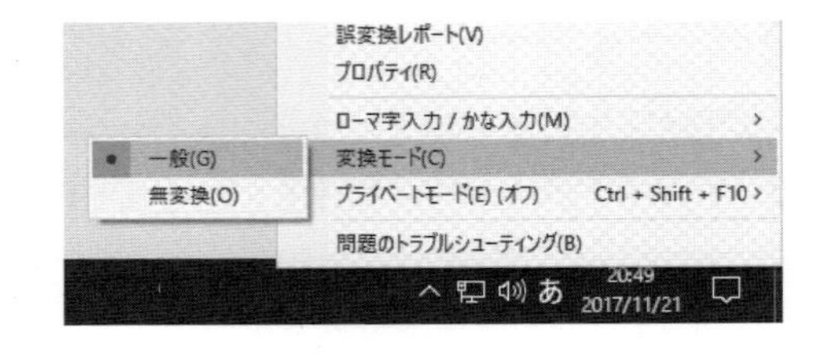

図 A.15　変換モードの変更

なお， 無変換 キーを押しても［無変換］モードにはならない。

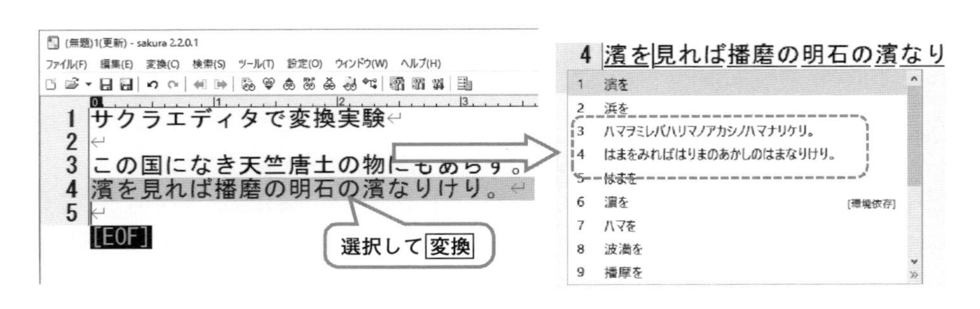

図 A.16　再変換でかなに戻す

A.4.3　入力方式の変更

よみがなを入力する仕方は，「ローマ字入力方式」と「かな入力方式」のどちらかを選べる（図 A.17）。ショートカットキー操作で切り替えることもできるが，その場合は警告が現れる（⇒ A.5 補遺）。

例えば「たけ」というかなを入力する場合において，2 通りの方式を比べれば， Tか Aち Kの Eい と 4 回キーを打つのがローマ字入力方式であり， Qた ：け と 2 回打つだけでよいのがかな入力方式である。前者は英字の位置だけ覚えればよいので，少ない練習量で早く打てるようになる。後者はひらがなの数だけキーの位置を覚えなければ打てない。

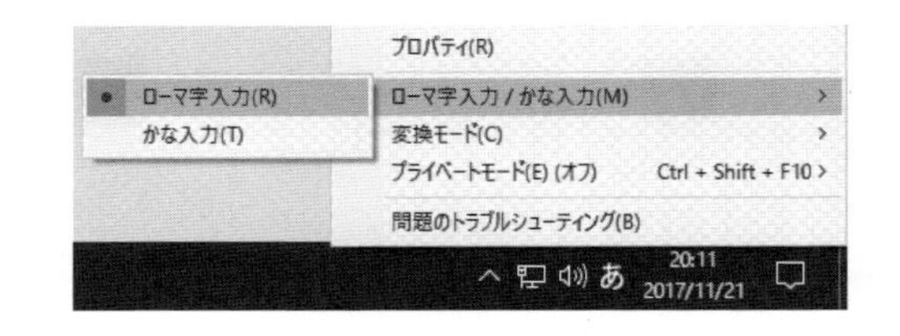

図 A.17　入力方式の変更

かな入力方式は，キーの位置を覚えるまでが大変だが，その努力に見合うだけの速度で日本語文を入力できるようになるから，練習すれば十分に元は取れる。ただ，英文を書いたり，プログラムのソースコードを書いたりする人は，英字キーの位置も別に記憶することが求められる。

理工系の学生で，これから練習しようとする方には，「ローマ字入力方式」をお勧めする次第である。

A.4.4 IME パッド

読みがわからない漢字や記号，変換候補として出てこない漢字などを入力したいときは，IME のメニューから「IME パッド」を出して利用するとよい。ダイアログボックスの左端に縦に並んだボタンから，「手書き」「文字一覧」「ソフトキーボード」「総画数」「部首」などの入力画面が選択できる。

「手書き」画面ではマウスのドラッグ操作で文字を書ける（図 A.18）。一画ずつ書き足していくと候補が絞り込まれてくるので，目的の漢字が見えたところでその漢字をクリックすればよい。（文字を最後まで書き上げる必要はない。）マウスで文字を書くという操作は，思いの外難しいものだが，文字を書き込むペインは，右端をドラッグすれば拡げられる。ペインを十分に拡げてから書き込むとよい。

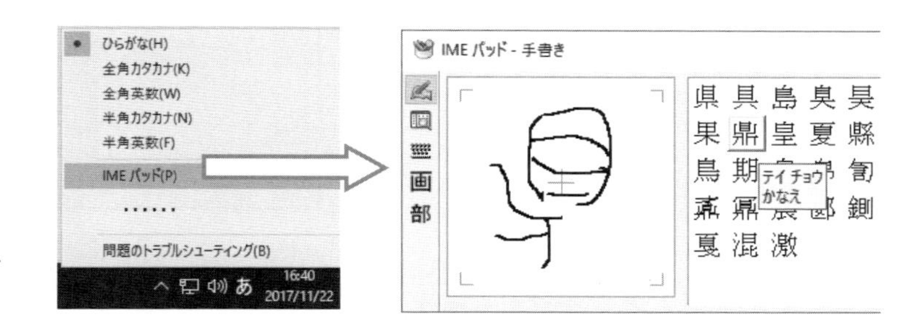

図 A.18 IME パッド（手書き）

「文字一覧」画面は Unicode 文字を入力できるので大変便利である。Unicode には非常に多くの言語の文字が取り入れられている。また⤵⤴（矢印類）や␣（空白記号），さらには ♈（おひつじ座）や ♘（白のナイト）といった記号類まで，豊富な文字が利用できる。

「総画数」画面と「部首」画面は漢和辞典と同じ要領で文字を探せばよいが，候補を絞り込む機能がないことが難点であると言えるかもしれない。異体字があれば右クリックから選択できる。

図 A.19 IME パッド（文字一覧）

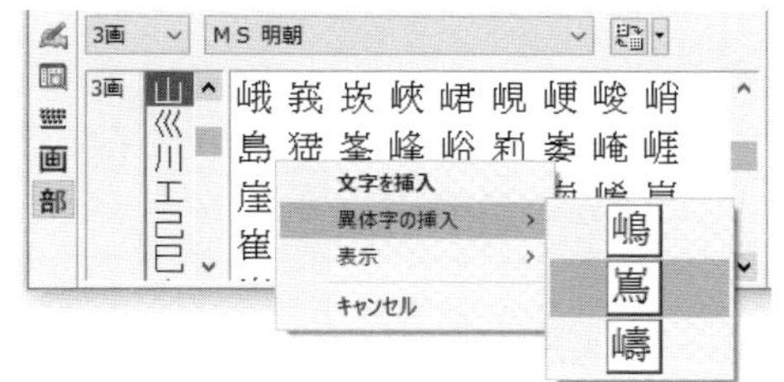

図 A.20 IME パッド（部首 異体字）

A.4.5　単語の登録

自分がよく入力する言葉で，IME では手際よく変換ができないものがあれば，メニューの［単語の登録］からダイアログボックスを開き，登録しておけばよい（図 A.21）。「ユーザー辞書」と呼ばれるファイル（`S:¥IMJP15¥imjp15cu.dic`）がユーザーごとに用意されており，登録した単語や用例はここに保存されるので，シャットダウン後も消えずに残る。

単語を登録するときは適切な品詞を選ぶことに注意する。例えば「数列・微分・対角化・演算子」を登録するならば，これらはすべて名詞だから［名詞］を選んで登録しても差し支えないが，微分・対角化は「○○する・△△される」のような使い方も許されるから［さ変名詞］を選んだ方がよい。

ユーザーコメントは変換時に選択肢の説明として表示されるが，空欄のままでも差し支えない。

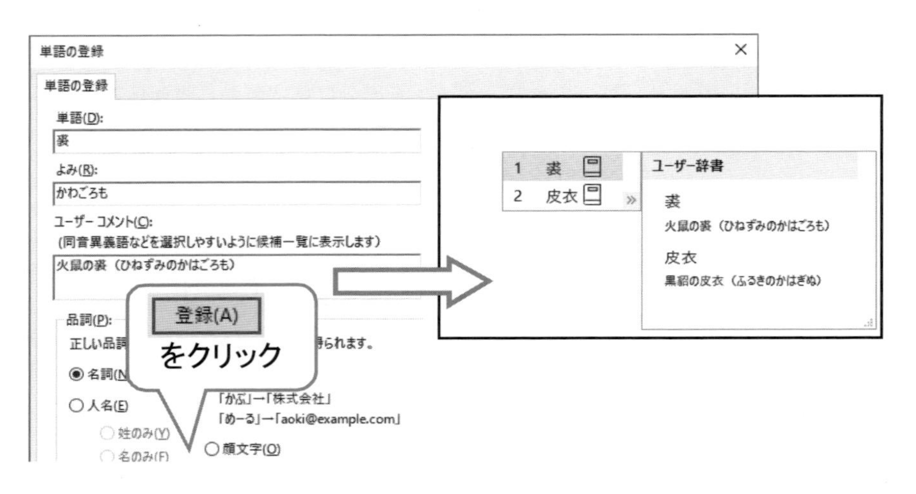

図 A.21　単語の登録

A.4.6　詳細設定

［プロパティ］⇒［詳細設定］で現れるダイアログボックス内のタブから，各種の細かい設定をするための画面が開く。例えば，［全般］タブの画面では句読点の組み合わせ（「。、」「．，」など）を選んだり，テンキーから入力する数字の全角／半角を指定したりするようなことができる（図 A.22）。

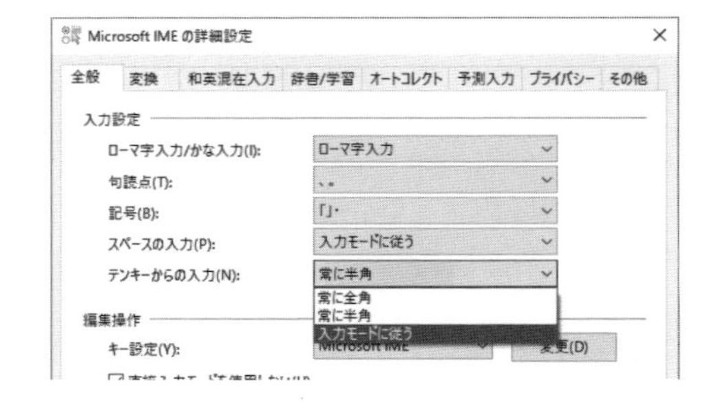

図 A.22　詳細設定

他にも［変換］［和英混在入力］［辞書/学習］［オートコレクト］［予測入力］等々のタブがあるので，興味があれば，いろいろな設定項目を変えて試してみるとよい。変えてしまった設定を元に戻したいときのため，［その他］⇒［プロパティの設定を既定値に戻す］という機能もある。

A.5 補遺

A.5.1 ON／OFF を切り替えるキー[5)]

たいていの機種で，キーボードのロック状態を表示する図 A.23 のような 3 種のランプがある。ランプが点灯していれば ON，消灯していれば OFF である。各ロック状態は，キー操作によって切り替わる。

Caps Lock キー： キャップスロックキー （別名 キャピタルロックキー）

Shift ＋ Caps Lock というキー操作を行うと，Caps Lock 状態が切り替わる。ON 状態では英字キーの上下段が逆転する。つまり，単独で英字を打てば大文字，Shift キーを押下して英字を打てば小文字が入力される。**数字キーや記号キーの上下段は逆転しない。**

注意： Caps Lock キーを単独で打っても，英数 キーとして IME の状態を変えるだけで，Caps Lock 状態には影響しない。

図 A.23 Lock のランプ（3 種）

Num Lock キー： ナムロックキー

Num Lock 状態を切り替えるためのキー。ON 状態ではテンキー部分による数字入力が有効になる。初期状態で ON に設定されていることが多い。特別な理由がなければ，ON 状態のまま使うとよい。OFF 状態にすると，テンキーが他の特殊キーに割り付けられるので要注意（例えば 0 ⇒ Insert）。

キーの数が少ない機種（ノート PC など）ではテンキーと通常の文字キーが同居しており，キーの割り付けが図 A.24 に示したように切り替わる。Num Lock が ON の状態では，U，J，M などいくつかの文字を打てるキーがなくなることに注意。

独立したテンキーが存在しない機種の場合，普段は OFF 状態で使うとよい。

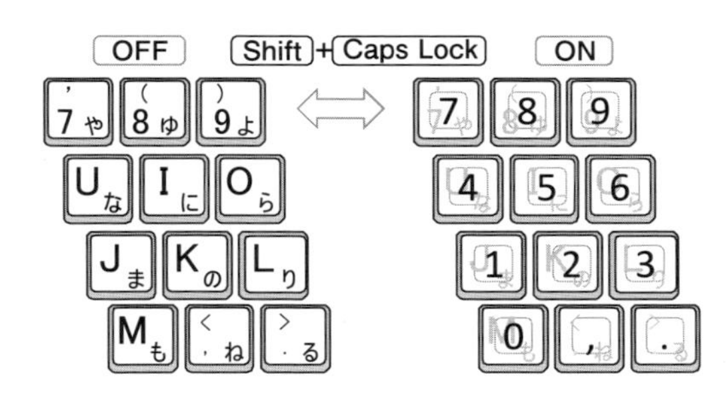

図 A.24 ノート PC の Num Lock

Scroll Lock キー： スクロールロックキー

Scroll Lock 状態を切り替えるためのキー。ただ，現在の Windows 用アプリを使うとき，ON か OFF かによる違いを気にする必要はない。このキーは，かつてパソコンが CUI 環境であった頃の名残である。

ひらがな キー

日本語入力時に，Alt ＋ ひらがな というキー操作を行うと，「ローマ字入力方式」と「かな入力方式」が切り替わる（⇒ A.4.3 節）。図 A.25 のような警告が現れ，誤操作で切り替わってしまうことを防ぐようになっている。

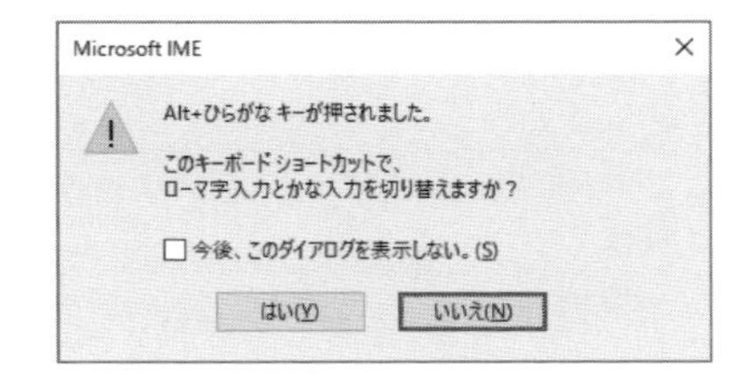

図 A.25 入力方式の変更

5) この頁で紹介している ON／OFF 切り替えは，すべてのウィンドウで一斉に切り替わる。個別のアプリの動作モード変更ではなく，キーボードという装置の状態変更であると理解するとよい。

A.5.2 よくある質問

《Q. 文字が出ません》

Ans. テンキーの [0]（[ゼロ]）を押して「0」が出ないときは，Num Lock 状態が OFF になっています。[Num Lock] を押せば ON になります。

Ans. Word の数式ツールなどで文字が入力できないときは，「上書きモード」になっています。
間違って [Insert] を押してしまったか，Num Lock が OFF のときにテンキーの [0] を押してしまったのでしょう。[Insert] を押せば，「挿入モード」に戻ります。

《Q. 違う文字が出ます》

Ans. [U] を押して「な」が出てしまうときは，「かな入力方式」になっています。
間違って [Alt] + [ひらがな] を押してしまったのでしょう。もう一度 [Alt] + [ひらがな] を押すか，図 A.17 の方法で，「ローマ字入力方式」に戻ります。

Ans. [U] を押して「4」が出てしまうときは，（ノート PC で）Num Lock 状態が ON になっています。[Num Lock] を押せば OFF になります。

Ans. 小文字が出ない（すべて大文字になってしまう）ときは，Caps Lock 状態が ON になっています。
間違って [Shift] + [Caps Lock] を押してしまったのでしょう。もう一度 [Shift] + [Caps Lock] を押せば OFF になります。

《Q. 文字が消えてしまいます》

Ans. 文字を打つと前からあった文字が消えてしまうときは，「上書きモード」になっています。
[Insert] を押せば，「挿入モード」に戻ります。

《Q. 日本語が出ません》

Ans. [半角/全角] を何度か押したり，IME のボタンを何度かクリックしたりしても IME が［あ］にならないときは，IME にトラブルが発生しています。
IME のボタンを右クリックして現れるメニューから［問題のトラブルシューティング］を選ぶと，直ることがあります。（管理者のパスワードを求められたら［いいえ］を選びます。本当にトラブルシューティングをする必要はありません。）
上の方法で直らない場合は，使っているアプリ（Word など）を一度終了し，再び起動すると直ることがあります。（パソコンを再起動する必要はありません。）

《Q. 簡単に日本語入力がしたい》

Ans. 次のように操作します。もし，「これだけではわからない」なら，第 5 章でしっかり学びましょう。

IME のボタンをクリックして［あ］に変える	文字種の変更は，[F6] ～ [F10]
一文節ずつひらがなで“よみ”を入力	再変換は，選択して [変換] を押す
[変換] を押して候補を選択，[Enter] で確定	

索　引

【ア　行】

【カ　行】

著者紹介（五十音順）

加藤　潔（かとう　きよし）　第 5 章，第 6 章，第 9 章 担当
工学院大学 教育推進機構 基礎・教養科 教授，理学博士

田中　久弥（たなか　ひさや）　第 1 章，第 3 章 担当
工学院大学 情報学部 コンピュータ科学科 教授，博士（工学）

飛松敬二郎（とびまつ　けいじろう）　第 4 章，第 7 章，第 8 章 担当
工学院大学 教育推進機構 基礎・教養科 准教授，理学博士

山崎　浩之（やまざき　ひろゆき）　第 2 章，付録 担当
工学院大学 教育推進機構 基礎・教養科 講師，理学博士

理工系コンピュータリテラシーの活用　―MS-Office 2016 対応―

Introduction to Computing and Basic Software for Engineers

2018 年 3 月 25 日　初版 1 刷発行

編　者　工学院大学情報基礎教育運営委員会　（検印廃止）

著　者　加藤　潔・田中久弥・飛松敬二郎・山崎浩之　©2018

発行所　**共立出版株式会社**／南條光章
東京都文京区小日向 4 丁目 6 番 19 号
電話 (03) 3947-2511 番（代表）
〒 112-0006/振替口座 00110-2-57035 番
URL　http://www.kyoritsu-pub.co.jp/

一般社団法人 自然科学書協会 会員
NDC 007
ISBN 978-4-320-12433-2
Printed in Japan

印刷：加藤文明社　　製本：協栄製本